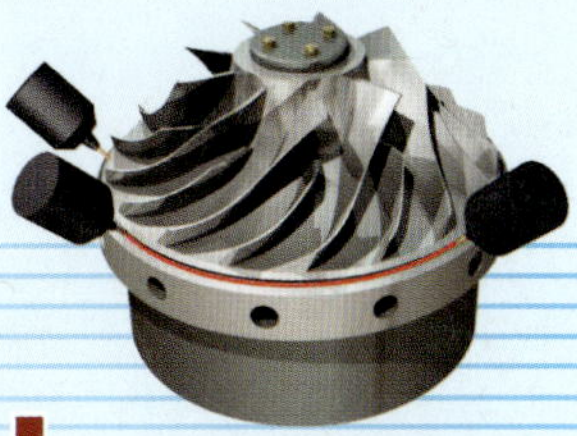

powerMILL을 이용한
5축 가공기술

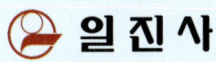

엄정섭 저

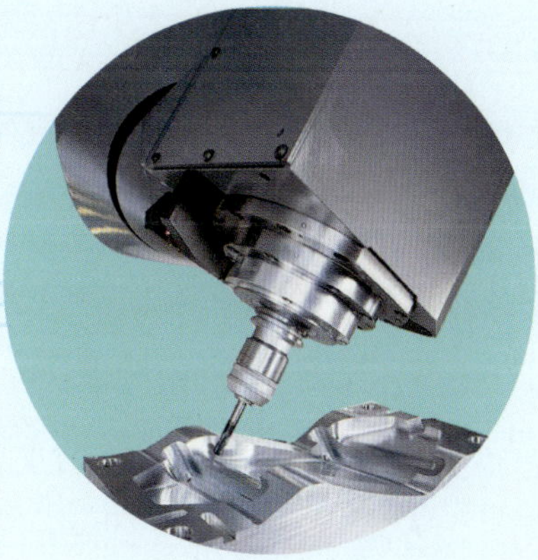

일진사

머리말 foreword

현대 산업은 디지털 도입으로 생산과 고객의 니드(Need)충족을 위하여 양질의 엄청난 변화를 가져왔다. 이와 같은 변화를 충족시키기 위하여 첨단 CADCAM 시스템을 보급하기 위해 최초 연구개발이 시작된 지 올해로 40년이 되었다. 국내 금형업계 및 기계 제조 산업계에 CADCAM 시스템을 본격적인 도입하기 시작했던 1990년 이래 불과 20여 년 만에 국내 제조기술은 마침내 세계최고의 수준에 이르게 되었다.

하지만 글로벌 경쟁 환경에서 제조기술은 매순간 격변하고 있으며, 새로운 것을 받아들일 준비와 역량을 갖추게 된 작금에 이르러 가장 필요한 것은 바로 혁신이다. 이에 제조업 강국의 지속적 성장을 위해 오랫동안 해오던 방식을 과감히 버리고 새로운 위기의식을 갖는 것으로부터 혁신의 첫걸음을 시작해야 할 것이다.

powerMILL은 전 세계 120여개 국가에서 사용하고 있으며 의료기, 덴탈, 자동차, 가전, 항공, 플라스틱 제조 산업 등 다양한 산업 분야에서 전반적인 제조 공정에 광범위하게 활용되어 산업체와 교육현장에서 필수적인 핵심요소가 되었다. 이것을 바탕으로 세계적으로 가공법의 혁신을 일으킬 신기술 5축 CAM에 대하여 처음으로 발간되는 powerMILL 5축 교재는 사용자의 지침서 역할이 될 수 있도록 집필하였다.

powerMILL 5축은 위치결정 5축(Positional 5-Axis)은 물론 연속 5축(Continuous 5-Axis)을 완벽하게 지원하는 세계 최고의 자동 5축 CAM System이며, 이를 활용하여 누구나 완벽하고 손쉽게 5축 가공 데이터를 작업할 수 있다. 또한 powerMILL은 사용자에게 다양한 공구 축 정의 방식을 지원하며, 3축 가공 데이터를 5축 가공 데이터로 변환이 가능하고, 공구 및 홀더의 충돌을 자동으로 체크하여 작업자가 5축 가공 데이터를 완전하게 산출할 수 있는 방법이 기술되어 있다. 또한 완벽한 Machine Simulation 기능을 이용하여 가공 전에 기계의 움직임을 체크함으로써 사용자가 보다 완전한 작업을 할 수 있게 지원하였으며, 현장 엔지니어들도 본인의 가공 경험들을 체계적으로 정리할 수 있는 길잡이가 되도록 하였다.

아무쪼록 처음 5축 가공을 접하는 학생 및 가공 전문가에게 이 책이 밑거름이 되어 유능한 인재로 양성되고 가공분야의 신기술인으로 성장하시기 바랍니다. 끝으로 이 책은 그 동안 한국델켐㈜ 정찬웅 사장님의 아낌없는 성원과 기술부, 교육 사업부의 지원으로 완성될 수 있었음을 감사드립니다.

저자 씀

차 례 contents

Chapter >> 01 5축 개론

Chapter >> 02 3+2축 가공

C.h.a.p.t.e.r 01

5축 개론

1절 5축 가공기의 종류

1 5축 가공기의 정의

수요자의 다양한 제품에 대한 욕구를 만족시키기 위한 다품종 소량생산 방식에서의 경쟁력을 확보하고 시장의 요구에 신속하게 대응하기 위해서는 5축 가공기 도입의 필요성이 높아지고 있는 추세이다. 5축 가공기란 X, Y, Z, 3축에서 제어되는 가공기에 2개의 부가축을 추가한 것으로써 5축 가공기의 구조에 따라 크게 Table－Table Tilting형, Head－Head Tilting형, Head－Table Tilting형으로 나누어 진다.

2 5축 가공기의 종류

① Table－Table Tilting형

수직형 머시닝 센터에 X축이나 Y축을 중심으로 회전하는 경사테이블을 설치하고 Z축을 중심으로 회전하는 회전테이블을 추가한 형태로 일명 그네형이라고 한다.

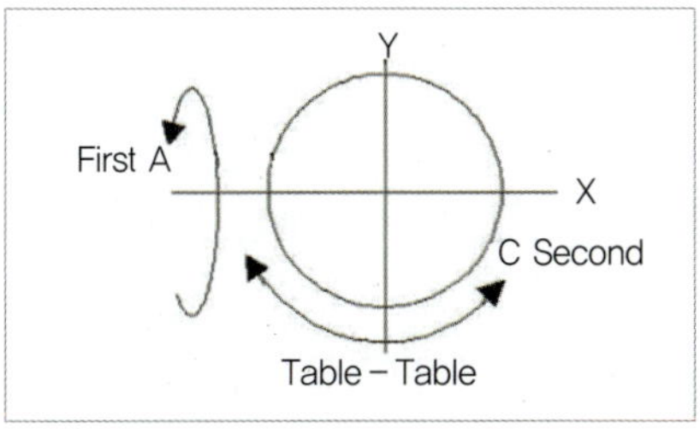

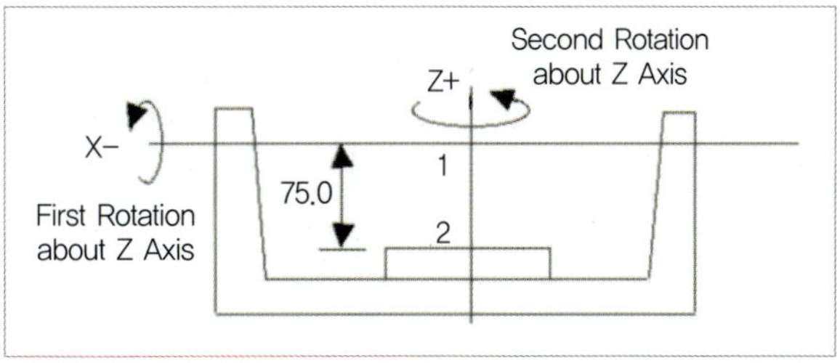

2 Head-Head Tilting형

주축의 Head가 X축이나 Y축을 중심으로 회전하는 경사 Head를 추가하고 Z축을 중심으로 회전하는 Head를 추가하는 형태로 주로 대형 5축 가공기에 많이 적용되는 형이다.

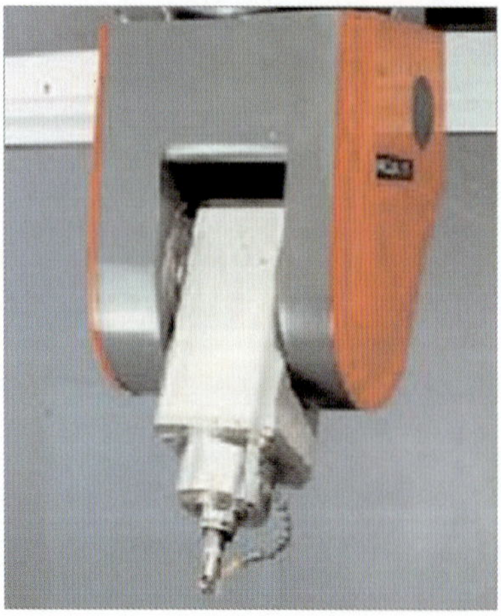

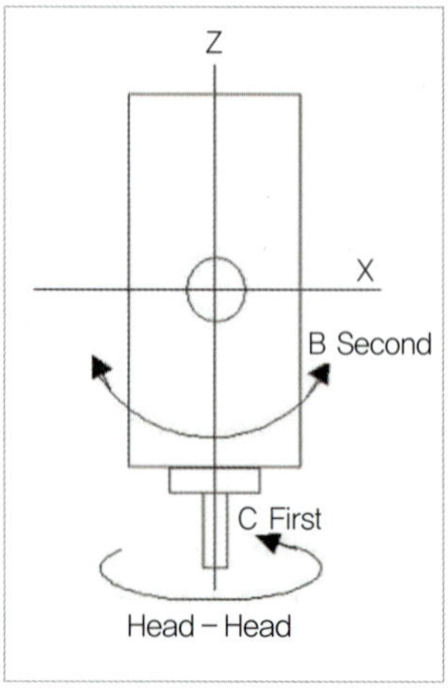

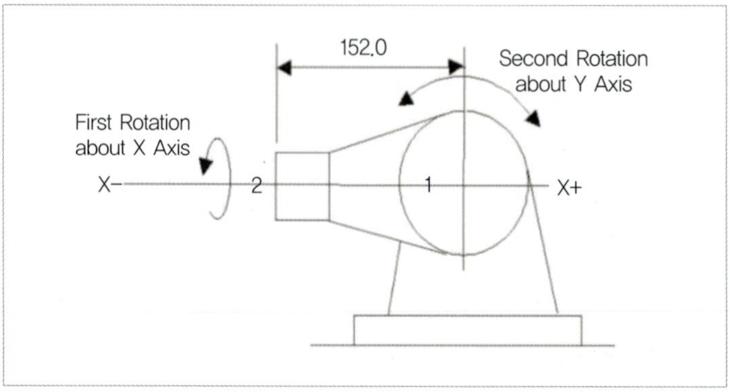

3 Head-Table Tilting형

Z축을 중심으로 회전을 하는 X축이나 Y축을 중심으로 회전하는 Table을 추가한 형태로 주로 중형의 5축 가공기에 많이 적용되는 형이다.

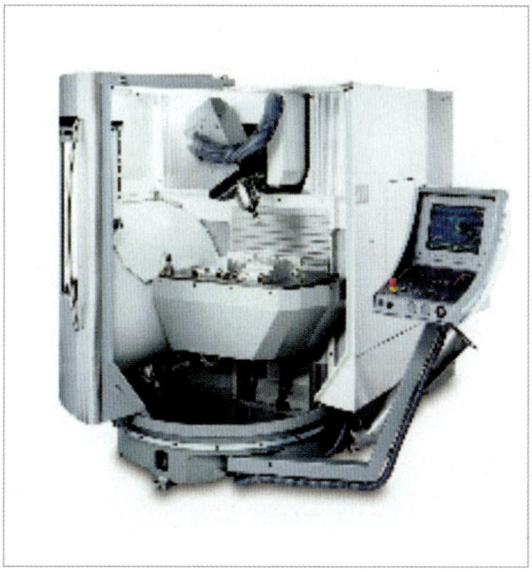

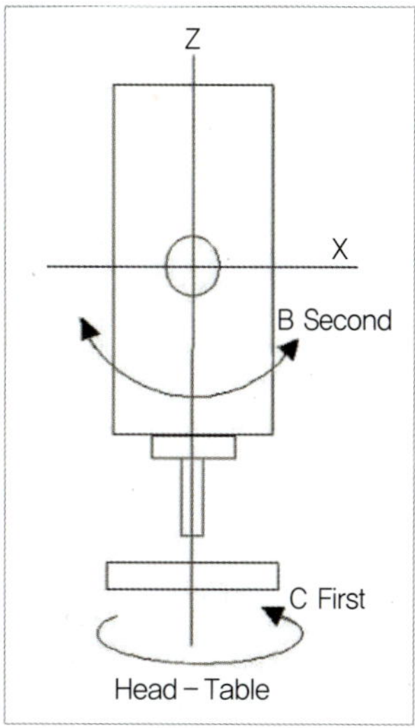

3 5축 가공기의 기본 개념

1 좌표축과 운동방향

좌표축의 정의는 ISO 및 KS 규격에 규정되어 있으며, CNC 공작기계의 좌표축과 운동 방향은 오른손 직교 좌표계를 표준 좌표계로 지정하고 있다.

아래 그림은 직교 좌표계 및 방향을 나타내고 있으며 공작기계의 주축방향을 Z축으로 설정하고 있다.

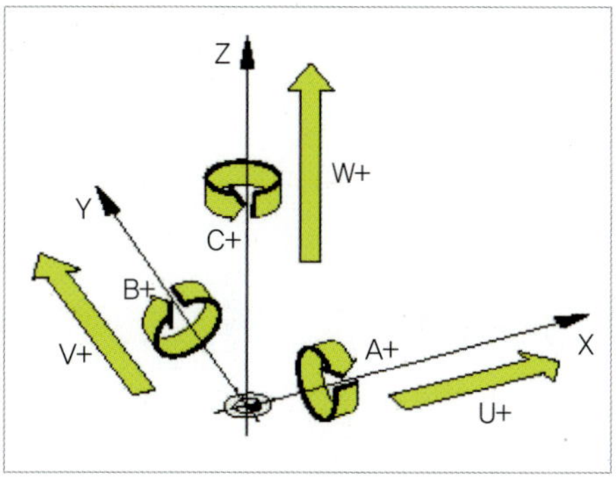

Rotational Axis Parallel to Which Axis	Axis Label
X	A
Y	B
Z	C

2 좌표계

프로그램 작성 및 CNC 공작기계 동작의 기준이 되는 좌표계는 기계 좌표계, 공작물 좌표계, 구역 좌표계 3종류가 있다.

❶ 기계 좌표계(Machine Coordinate System)

기계 제작사에서 일정 위치에 설정한 기계의 기준점을 기계원점이라 하며, 기계원점을 기준으로 하는 좌표계를 기계 좌표계라 한다.

기계 좌표계는 공작물 좌표계 및 각종 파라미터(Parameter) 설정 값의 기준이 되며, 기계에 최초 전원을 공급하면 수동으로 원점복귀를 수행하여야만 기계 좌표계가 활성화된다.

❷ 공작물 좌표계(Work Coordinate System)

제품을 가공하기 위해 설정하는 좌표계를 공작물 좌표계라 한다. 공작물 죄표계의 원점을 제품도면의 프로그램 원점으로 지정하기 때문에 이 원점을 프로그램 원점이라고도 한다. 또한 프로그램 원점과 기계원점을 일치시키는 작업을 공작물 좌표계 설정이라고 한다.

❸ 구역 좌표계(Local Coordinate System)

공작물 좌표계로 프로그램하기 어려운 특정 부분의 형상에 대한 프로그램 작성 시 특정 부분에만 적용되는 별도의 원점을 설정하여 프로그램 작성을 간단하게 하기 위한 좌표계를 구역 좌표계라 한다. 구역 좌표계를 이용한 후에는 반드시 설정을 해제하는 프로그램이 필요하다.

4 5축 가공기의 이점

1 가공시간 단축을 통한 생산성 향상

① 한 번의 세팅(Setting)으로 5면을 완성가공
② 경사면 가공 시 공구를 틸팅(Tilting)하여 가공
③ 공구의 Speed Zero 현상 방지를 통한 가공효율 증대
④ 동일한 Peed에서도 절삭량 증가를 통한 가공효율 증대

2 제품의 품질 향상

① 한 번의 세팅(Setting)으로 제품을 완성가공함으로써 치수 정밀도 및 형상공차 정밀도가 높은 고품질의 제품 생산
② 경사면 가공 시 공구를 틸팅하여 한 번에 가공함으로써 표면조도 향상

3 원가 절감

① 별도의 특수도구가 필요하지 않기 때문에 제품의 생산원가 절감
② 별도의 치구가 필요하지 않기 때문에 제품의 생산원가 절감
③ 장비의 활용도를 높여 생산성 향상

5 고속가공

1 고속가공의 개요

고속가공(High Speed Cutting)이란 기존에 가공 방법에 비해 아주 높은 주축의 회전수와 공구의 빠른 이송속도로 가공하는 가공 방법을 의미한다.

이와 같은 고속가공이 필요하게 되는 사회적 환경을 보면 수요자 측면에서는 고품질의 제품을 원하고, 생산업체 측면에서는 국내 · 외 업체 간의 무한경쟁에 따른 생산성 향상의 필요성 및 고급기술을 보유한 기능인력 부족에 따른 인건비 상승 등의 문제점들을 해결하기 위한 측면에서 고속가공기술에 대한 관심이 고조되고 있다.

2 고속가공의 장점

① 절삭속도의 증가로 인한 가공시간의 단축
② 기계의 유휴시간 최소화를 통한 생산성 행상
③ 단위 시간당의 칩 배출 능력이 높으므로 고능률 가공이 가능
④ 고 경도의 소재를 연삭 공정을 거치지 않고 완성가공
⑤ 고속가공에 의한 표면조도 및 형상 정밀도 향상에 공정 단축을 통한 납기 단축
⑥ 임계속도 이상의 고속가공에 의한 낮은 절삭저항으로 얇은 리브형상의 가공 및 공구수명 연장(임계속도 이상에서는 절삭저항 감소 및 절삭온도 저하됨)
⑦ 열처리한 고 경도의 소재료 완성가공으로 공정 수 단축, 경면가공 시간 단축 등으로 납기 단축

3 가공기술에 영향을 주는 요인

① Tooling 기술 : 고속 및 고온에서 경도를 유지하고 내마모성이 높아 고강도의 소재를 절삭할 수 있는 공구기술

② Programming : CAD/CAM 시스템에 의한 정확한 형상 모델링 및 공구 경로를 최적화할 수 있는 형상 데이터 생성기술

③ 제어기술 : 이송기구의 고속 이송에 따른 정확인 위치결정 및 데이터의 신속한 송 · 수신기술

④ 기계특성 : 주축의 고속회전, 이송기구의 성능(리니어 모터방식), 기계의 강성, 진동 및 열 변형에 대한 보정기술 등

4 고속가공의 적용 분야

고속가공의 적용 분야를 보면 항공기 산업분야, 금형분야, 자동차 산업분야, 공구 제작 분야 등 절삭가공 전 분야에 광범위하게 적용되고 있다.

2절 5축 가공기 작동법

1 5축 가공기의 조작반

사용할 5축 가공기는 DMU60 MONOBLOCK 모델이며, 여기에 탑재된 컨트롤러는 HeidenHain iTNC 530이다.

1 조작반을 구성하고 있는 키보드와 모니터의 주요 기능

❶ 키보드

HeidenHain iTNC 530 컨트롤러의 키보드 구성은 아래 그림과 같으며, 주요 버튼의 그룹별 기능은 다음과 같다.

① 문자나 파일 이름 입력 시 알파벳 입력 버튼
② 파일 관리자, 계산기, MOD 기능, HELP 기능
③ 프로그램 작성 모드
④ 프로그램 실행(기계운전) 모드

⑤ 프로그램 대화상자 초기화

⑥ 커서 이동 및 GOTO 키

⑦ 축 선택 키 및 숫자 입력 키

⑧ 마우스 패드

❷ 모니터

HeidenHain iTNC 530 컨트롤러의 모니터 화면 구성은 아래 그림과 같으며, 주요 버튼의 기능은 다음과 같다.

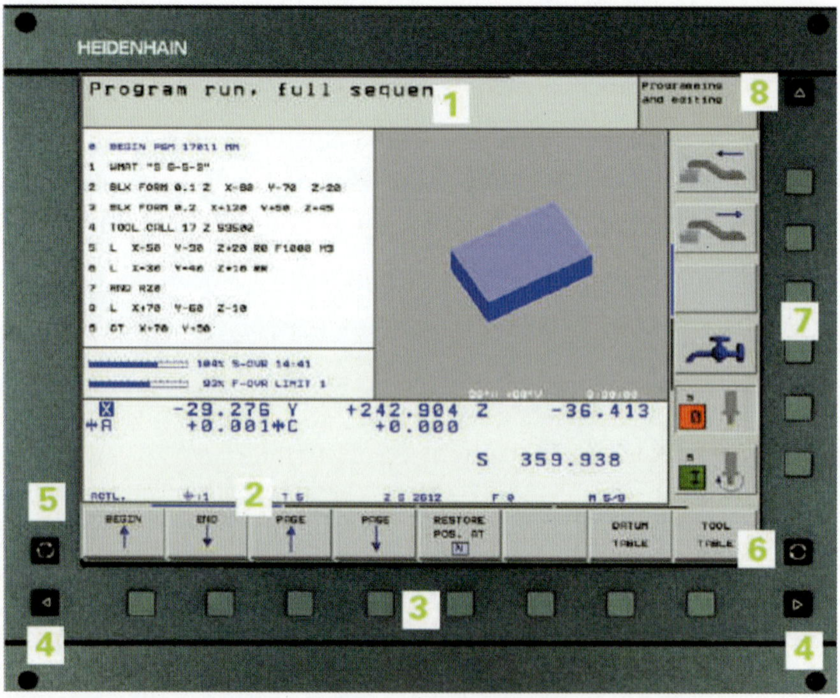

① 주화면

② 소프트 키

③ 소프트 키 선택 버튼

④ 소프트 키 페이지 변환 버튼

⑤ 화면설정 변환 버튼

⑥ 가공 모드와 프로그램 모드 전환 버튼

⑦ 기계 제조업체용 소프트 키

⑧ 기계 제조업체용 소프트 키 페이지 변환 버튼

2 조작반의 주요 버튼 기능

HeidenHain iTNC 530 컨트롤러의 조작반을 구성하고 있는 주요 버튼의 기능

키	작동 모드	작 동
	작성, 편집	프로그램(RSC-232-C / V. 24) 작성 및 편집
	실 행	프로그램 / 그래픽 시험 기구학적 불일치 빠진 데이터
	수동 조작	기계 축의 움직임 축의 디스플레이 상태 기준점 세팅
	핸드 휠	전자 핸드 휠로 이동 기준점 세팅
	MDI	간단한 이송 프로그램을 작성할 때 원점 설정을 할 때
	프로그램 Single Block 실행 모드	블록을 하나씩 실행
	프로그램 전체 실행	프로그램 전체 실행

3 5축 가공기의 프로그래밍 기초

❶ 파일 관리자 기능 PGM MGT

- 연결 가능 드라이브
  - 인터넷
  - RS-232 인터페이스
  - RS-422 인터페이스
  - TNC 하드 디스크

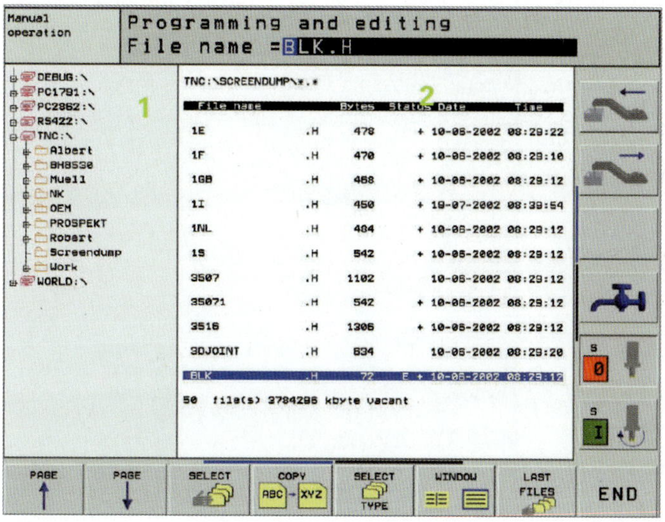

- 디렉터리
  - TNC의 모든 디렉터리
  - 서브 디렉터리의 파일
- 선택된 파일, 파일 이름 및 파일 정보

표 시		의 미
File Name		최대 16자까지 입력 가능
Bytes		파일 크기
Status		파일 특성
	M	실행 모드에서 선택된 프로그램
	S	그래픽 시뮬레이션 모드에서 선택된 프로그램
	E	프로그램 작성 모드에서 선택된 프로그램
	P	파일 쓰기 방지된 프로그램

❷ Network 설정

01 >> neroNT를 설치한 후에 기계 IP를 설정한다.

02 >> 기계의 IP…(ip 169.254.0.1, 255.255.0.0)

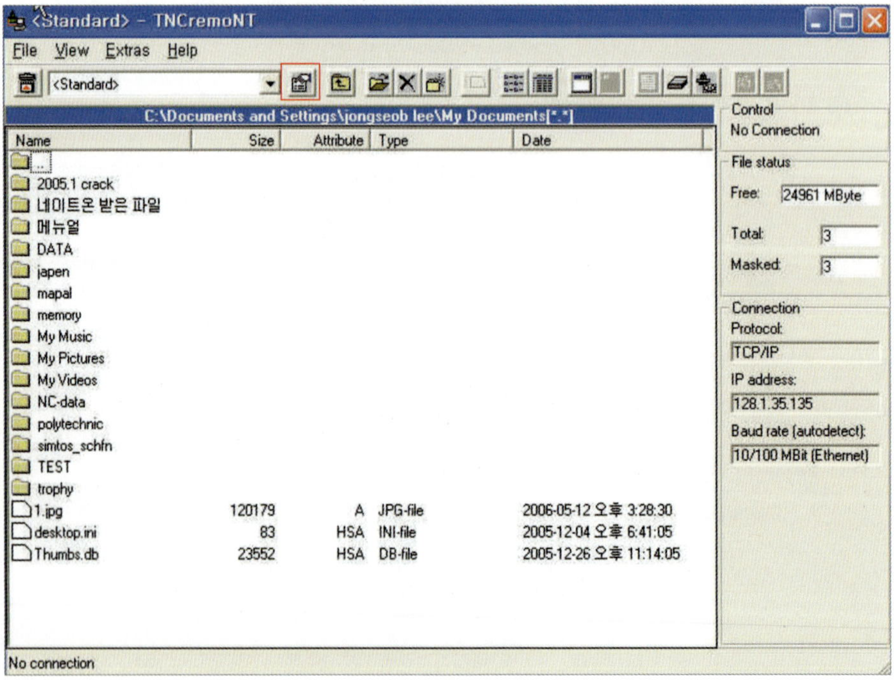

03 >> 빨간 버튼을 누르면 설정 창이 나온다.

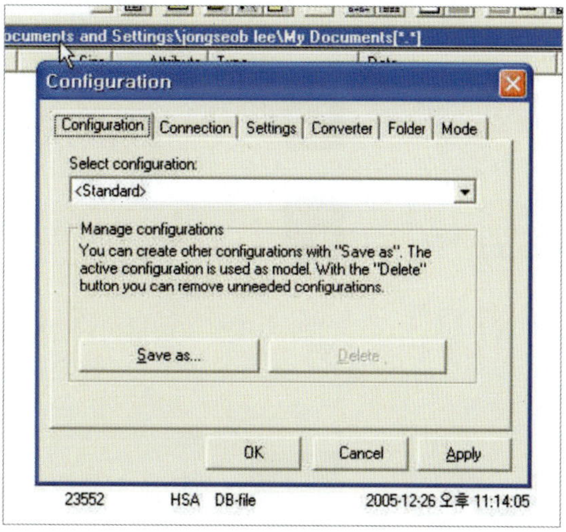

04 >> Settings를 누르면 기계 IP를 설정할 수 있는 창이 나온다. 그곳에 기계 IP를 넣으면 된다.

- 랜 연결
  - 직접 연결 시 : 크로스 케이블로 연결한다.
  - 간접 연결 시 : 다이렉트 케이블로 연결한다.

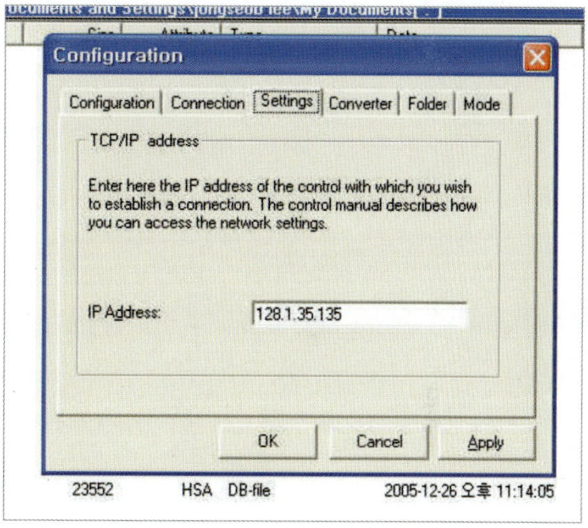

Note

- 기계의 IP와 컴퓨터의 IP가 한 자리를 틀리게 설정(동일하게 설정 시 충돌이 발생)
- 컴퓨터 IP를 설정하는 위치는 위의 그림에서 설정하면 된다.

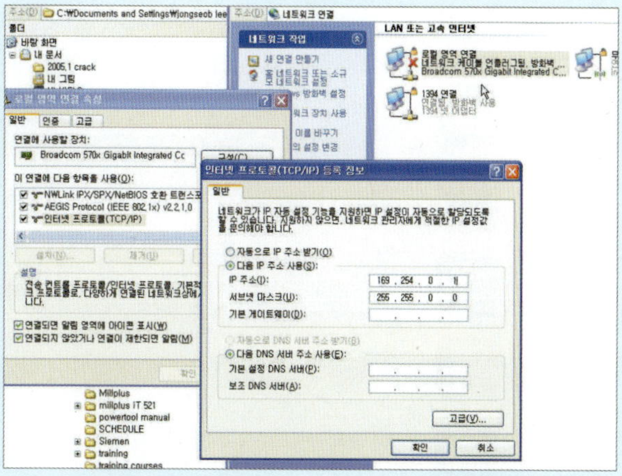

❸ 새로운 파일 프로그램 만들기

01 ›› – 프로그램을 작성하기 위해 프로그램 작성 → 편집 모드를 선택한다.

02 ›› PGM MGT – PGM MGT 키를 눌러 파일 관리자를 부른다.

03 ›› 디렉터리를 선택하거나 안에 새로운 폴더를 만들 수 있다.

FILE NAME = * . h

04 ›› ENT – 새로운 이름을 입력하거나 기존의 파일을 선택 후 ENT 키를 누른다.

05 ›› MM – BLK FORM(작업 평면) 설정 및 입력 단위를 선택한다.

06 ›› 공정에 따라 오른쪽 그림과 같이 프로그램을 작성한다.

프로그램을 입력하거나 편집할 때에는 아래 표에 나열된 숫자 입력키 그룹의 키를 사용한다.

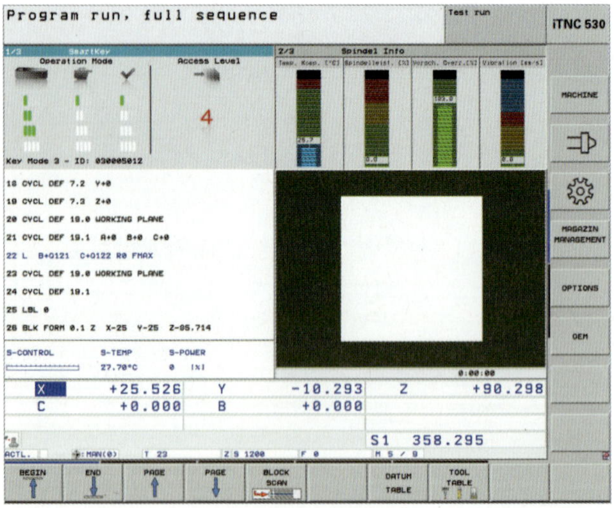

Keys	의 미	상 태
ENT	Enter	입력하기
NO ENT	No Enter	입력 치수 지우기
CE	Clear Entrance Message	잘못된 입력 지우기
END □	End of Block	대화 상자 닫기
DEL □	Delete Block	블록 지우기

④ 작업 평면 정의

그래픽 시뮬레이션을 보기 위해서, 또는 FK 프로그램을 실행하기 위해서는 BLK FORM(소재 크기 설정)이 반드시 필요하다. 아래 예제와 같이 설정하면 한다.

예) BLK FORM 설정
BLK FORM 0.1 Z X 0, Y 0, Z –40(그림에서 MIN점)
BLK FORM 0.2 X 100, Y 100, Z 0(그림에서 MAX점)

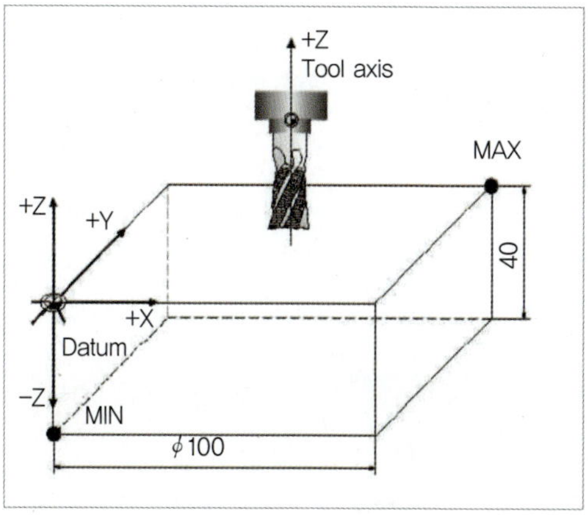

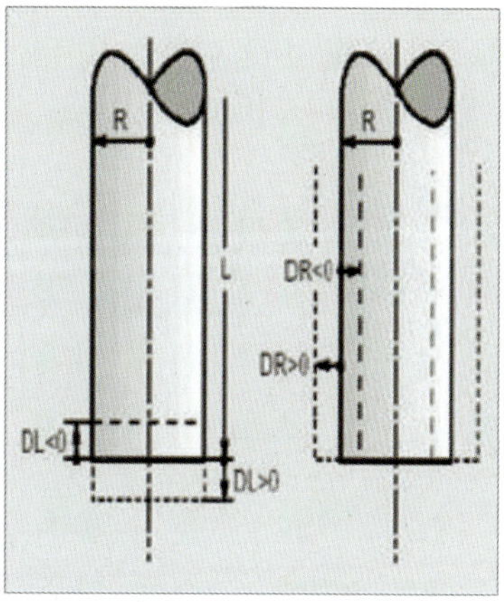

⑤ 공구 정의 및 호출

• 공구 정의 

– 공구 번호 지정 : 0~254 사이의 번호 사용
– 공구 길이(L) 지정
– 공구 반지름(R) 지정
예) TOOL DEF 1 L+7.5 R+4
TOOL DEF 블록 또는 TOOL 테이블을 프로그램 안에 등록시켜야 한다.

• 공구 호출 

– 공구 번호 지정
– 스핀들 평행 축(X, Y, Z) 지정
– 스핀들 속도(S) 설정
– 공구 마모량 보정 값(DR/DL) 설정 : 최대 보정 입력 값 : ±99.999 mm
예) TOOL CALL 1 Z S3000 DL+1 DR+0.5

⑥ 윤곽 가공 기능

직교 좌표(Cartesian Coordinates)에서 윤곽 가공을 위한 기능은 아래 표와 같다.

HeidenHain의 L 코드와 C 코드라고 하는 대표적인 기본 기능으로, 프로그램 및 블록의 기본 포맷은 다음과 같다.

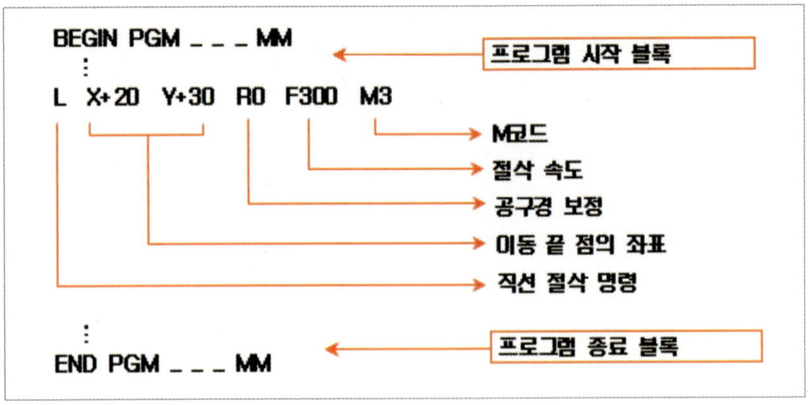

키	기 능	입 력
L	직선이동	좌표 끝점 입력
CHF	모따기	C 값
CC	원 중심	원 중심 좌표
C	원 시작과 끝	좌표와 회전 방향
CT	직선에 접선으로 시작하는 원	좌표
CR	반지름을 가진 원호	좌표, 원호 반지름 회전 방향
RND	라운드 가공하기	R 값, 절삭속도
APPR DEP	윤곽 진입, 후퇴 방법	진입 방법 기능 선택
FK	직선, 원호를 이용 프로그램	FK 프로그래밍 참조

또한, 극좌표(Polar Coordinates)에 의한 윤곽 가공 기능은 다음 표와 같다.

키	기 능	입 력
	원 중심	증분 값으로 원 중심 입력
	직선	극 반지름, 좌표 값
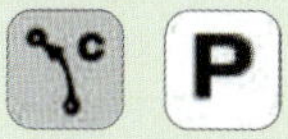	반지름	좌표 값, 회전 방향
	직선에서 접선으로 시작	극 좌표, 회전 각

⑦ 보조기능(M 기능)

주요 보조기능은 아래의 표와 같다.

M 코드	기 능
M00	프로그램 정지, 스핀들 정지, 절삭유 정지
M01	프로그램 선택 정지, 소프트키로 활성화
M02	프로그램 종료, 스핀들 정지, 절삭유 정지
M03	주축 정회전
M04	주축 역회전
M05	주축 정지
M06	공구 교환, 스핀들 정지, 절삭유 정지
M08	절삭유 토출
M09	절삭유 정지
M13	주축 정회전 + 절삭유 토출
M14	주축 역회전 + 절삭유 토출
M30	프로그램 종료, 스핀들 정지, 절삭유 정지, 1번 블록으로 이동

⑧ 5축 포스트 프로세싱 기본 폼

5축 CAM에 의해 생성된 NC 데이터(Post Processing)의 기본 폼은 다음과 같다.

```
0 BEGIN PGM Model1 MM
1 BLK FORM 0.1 Z X27.1263 Y-21.0279 Z18.955
2 BLK FORM 0.2 X62.7519 Y43.4927 Z57.409
3 ; T1 - L0 R5 R2=2 - BULLNOSE ENDMILL
4 * - OPERATION 1
5 ; BULLNOSE ENDMILL
6 M127 ; SHORTER PATH TRAVERSE OFF ; 짧은 패스 취소
```

```
7 M129 ; TCPM OFF ; 동시 5축 취소
8 ; * RESET WORKING PLANE *
9 LBL 1
10 CYCL DEF 7.0 DATUM SHIFT ; 원점 좌표 이동
11 CYCL DEF 7.1 X+0
12 CYCL DEF 7.2 Y+0
13 CYCL DEF 7.3 Z+0
14 CYCL DEF 19.0 WORKING PLANE ; 틸팅 기능 취소
15 CYCL DEF 19.1 A+0 B+0 C+0 (파라메타 상의 취소 → 실제 기계축은 동작 없음)
16 CYCL DEF 19.0 WORKING PLANE
17 CYCL DEF 19.1
18 LBL 0
19 LBL 2
20 CYCL DEF 247 DATUM SETTING~ ; 공작물 좌표계 세팅
Q339=8 ; DATUM NUMBER
21 LBL 0
22 L Z-1 R0 F MAX M91 ; 기계 좌표 Z-1까지 Z축 방향으로 올림
23 L X-500 Y-1 R0 F MAX M91 ; 좌측 뒷면 방향으로 이동
24 TOOL CALL 1 Z S2000
25 L Z-1 R0 F MAX M91
26 L X-500 Y-1 R0 F MAX M91
27 FN 0:Q2=200 ; XY FEED RATE ; feed 값을 Q 변수로 정의
28 FN 0:Q1=50 ; Z FEED RATE
29 FN 0:Q3=100 ; RED. FEED RATE
30 CALL LBL 2
31 CYCL DEF 7.0 DATUM SHIFT ; 원점 좌표 이동
32 CYCL DEF 7.1 IX40.3429
33 CYCL DEF 7.2 IY11.2432
34 CYCL DEF 7.3 IZ35
35 CYCL DEF 19.0 WORKING PLANE ; 가상의 틸팅 위치(실제로 기계축은 움직이지 않음)
36 CYCL DEF 19.1 A0 B-45 C180 F9999
37 L C+Q122 B+Q121 R0 F MAX M126 ; 틸팅 위치로 기계가 이동
38 CYCL DEF 32.0 TOLERANCE ; 곡면에 대한 공차 값 적용
39 CYCL DEF 32.1 T0.01
40 CYCL DEF 32.2 HSC-MODE:1
가공 데이터 시작
41 L X-6.6911 Y-0.0175 R0 F MAX M13
42 L Z87 R0 F MAX
43 L Z25 R0 F MAX
44 L Z20 FQ1
45 L X-4.4911 FQ2
⋮
413 L Y-0.0052
414 L Z87 R0 F MAX
가공 데이터 종료
```

```
415 CYCL DEF 32.0 TOLERANCE
416 CYCL DEF 32.1
417 L M09
418 L M05
419 CALL LBL 1 ; 데이덤 취소 및 틸팅 취소 기능
420 L Z-1 R0 F MAX M91 ; → M140 MB MAX로 대치하는 것이 좋음
421 L X-500 Y-1 R0 F MAX M91
422 L B0 C0 R0 F MAX
423 M30
424 END PGM Model1 MM
```

2 5축 가공기 작동순서

1 5축 기계 켜기(ON)

공압 ON → AVR ON → 기계 MAIN S/W ON → CE → CE → POWER ON → Door Close → 카드키 ON → 자동원점복귀 완료 → 기계 워밍업

2 5축 기계 끄기(OFF)

수동 모드 → 모니터 좌측 하단 OFF 누름 → YES 누름 → E-STOP 누름 → 카드키 OFF → 기계 MAIN S/W OFF → AVR OFF → 공압 OFF

3 Touch Probe에 의한 공작물 좌표계 설정

❶ Touch Probe 설정 방법

01 >> 수동 모드 매뉴얼에서 스크린 밑에 있는 Touch Probe를 누른다.

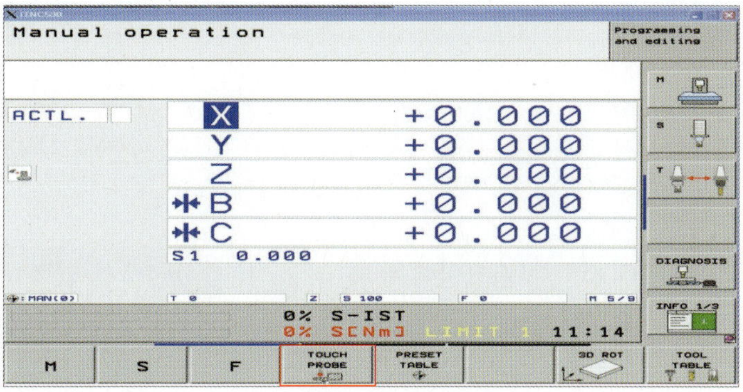

02 >> 그림의 ①번, ②번은 Touch Probe를 설정할 때만 사용하며 공작물 설정할 때는 사용하지 않는다.

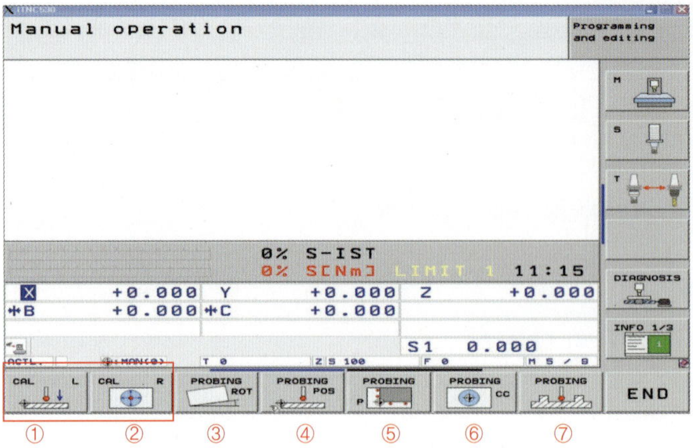

03 >> ③번의 그림은 각도를 조절하는 것임

04 >> ④번 그림은 한 점의 위치를 설정할 때 사용

05 >> ⑤번 그림은 공작물의 끝점을 설정할 때 사용

06 >> ⑥번 그림은 원형 모형을 설정할 때 사용

07 >> ⑦번 그림은 소재의 중심을 설정할 때 사용

❷ 공작물 최고점을 설정할 때

01 >> ④번을 설정하고 Z- 방향을 설정하여 Cycle Strat를 누르면 값이 입력이 된다.

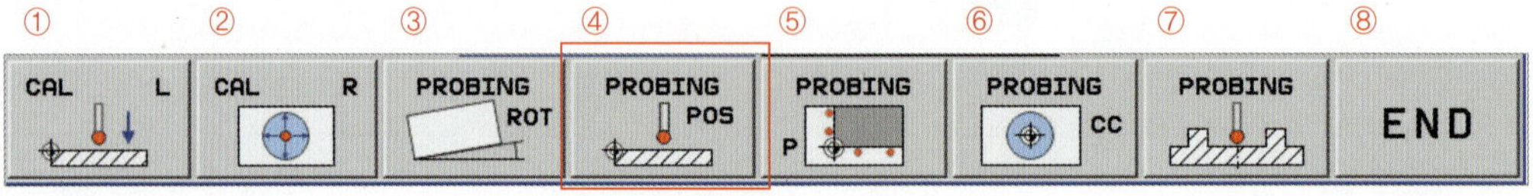

02 >> 스크린에서 Number in Table에서 입력할 Preset 번호를 입력하고 [ENTRY IN PRESET TABLE] 밑에 있는 Enter in Preset을 누르면 입력된 값은 Preset 값으로 입력된다.

①번으로 입력하려면 ①번을 선택하고 밑에 있는 Enter in Preset를 누르면 설정이 된다.

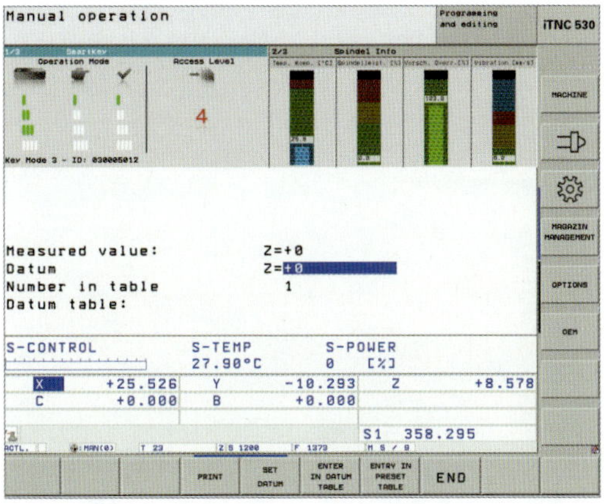

03 >> 공작물의 중심을 설정하려면 ⑦번을 설정하고 X, Y축의 방향을 설정한 다음 Cycle Start를 누르고 X−, + 두 번을 누르면 중심 값이 스크린에 나타난다.

그 값을 Datum 번호 ①번으로 설정하면 공작물을 ①번에 설정한 것을 뜻함

① 0번 값 복사 → Preset Table의 사용할 번호에 저장

② (MDI)에서 Cycle 247 기능을 이용하여 사용할 공작물 좌표계를 호출한다.

③ X 0, Y 0, M 91 원점 확인(Z 50 정도 확인)

④ Z 0 원점 확인(공작물 측면으로 이동 후 Cycle Start)

4 Blum 레이저 및 공구 Setting

01 >> • Master Tool을 부른 후에 MDI(반자동)에서 키보드에 있는 Touch Probe를 누르고 스크린 밑에 Blum을 누른다.

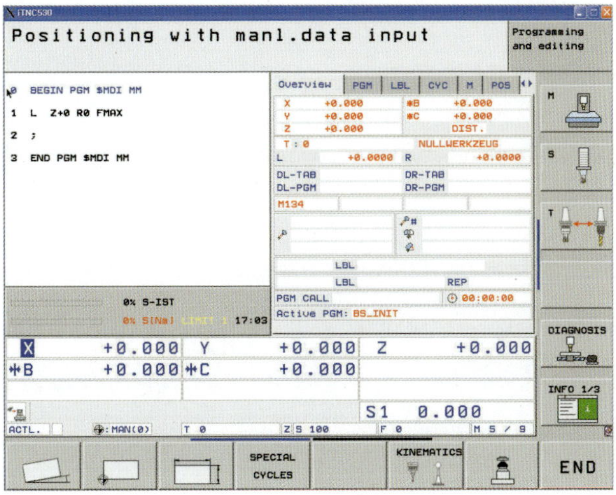

스크린 옆에
방향키 사용

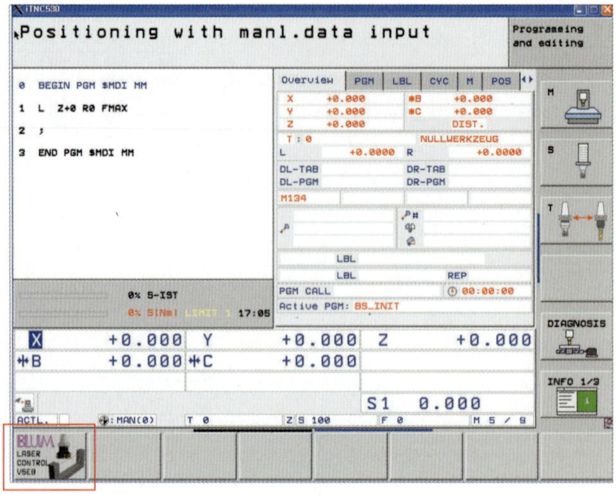

• 첫번째 Cal 을 누르고 Cycle 581을 부른다.

02 >>

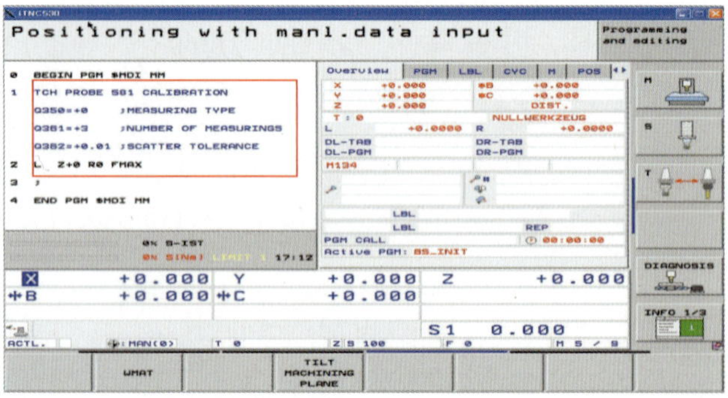

• Cycle 581에서 실행하면 된다.(단 3000 rpm 이상 할 것) 기존값으로 설정된 것을 사용하면 된다.

• **주의사항** : Tool 사용하는 공구의 길이가 150 mm 이상이면 측정이 불가능하다.

03 >> Tool 길이 측정 시 Cycle 583를 사용한다.

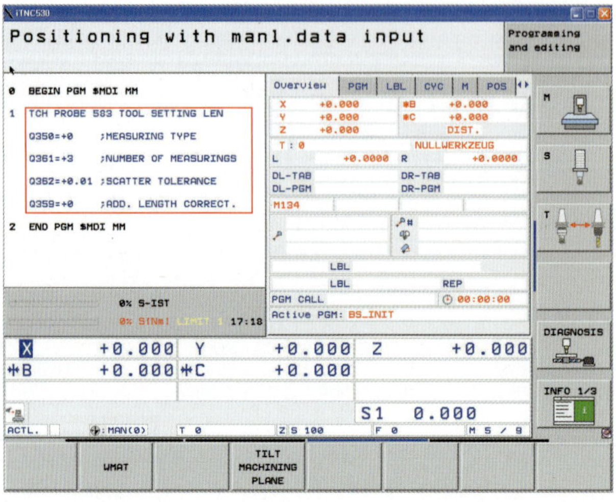

04 >> Tool 길이와 공구 반경 측정 시 Cycle 584를 사용한다.

```
1  TCH PROBE 584 TOOL SETTING L,R
   Q350=+0      ;MEASURING TYPE
   Q351=+0      ;APPLICATION
   Q352=+0      ;CUTTING EDGE CONTROL
   Q355=-1      ;MEASURING POSITION
   Q361=+3      ;NUMBER OF MEASURINGS
   Q362=+0.01   ;SCATTER TOLERANCE
   Q359=+0      ;ADD. LENGTH CORRECT.
```

Note

공구 길이, 반경 설정

- Master Tool(공구 길이 측정기) 설정
  ① Cycle 581 기능을 사용하여 Calibration 한다.
  ② Tool Table : L(길이), R(반경), DL(길이 편차)
  ③ Master Tool : L1 – L2 = L
  L2 = DL
- 사용할 공구 길이 측정(Tool No. 1일 때)
  ① Tool Table의 No. 1에서 L 항목에 임의의 값(근삿값)을 입력한다.
  ② MDI 모드 → Touch Probe → Cycle 583(공구 L 측정), Cycle 582(공구 R 측정) 또는 Cycle 584(L+R 측정)를 실행한다.
  ③ 필요한 Cycle을 실행하면, 측정 후 Tool Table의 No. 1에 공구 길이와 반경 값이 자동으로 입력된다.

5 프로그램 편집

01 >> (편집) → PGM MGT (파일 관리자) → 해당 폴더에서 사용할 파일을 선택한다.

02 >> (편집) → PGM MGT (파일 관리자) → 해당 폴더에서 새 파일을 열어 수동으로 프로그래밍한다.

03 >> CAM 프로그램에서 생성된 파일을 USB 메모리를 이용하여 기계의 USB 포트에 연결 → (편집) → PGM MGT (파일 관리자) → 파일을 기계의 작업 폴더에 복사 → 해당

파일 선택 → 공작물 좌표계 원점과 Preset Table No, 사용공구 No. Q2, Q3 Feed 값 수정, M 30 블록 전에 X −50, Y −50으로 수정(우측 코너에 안전한 위치 이동) 등을 확인한다.

❶ 그래픽 모드에서 확인

01 >> 5축 확인 : (편집) → 화면 좌측의 화면설정 변환 버튼 → POS+3D 그래픽 기능을 선택하여 확인할 수 있다.

❷ Auto( ) 모드 실행

01 >> Auto( ) 모드 프로그램 확인 → POS + 3D 그래픽기능을 선택하여 확인

02 >> 진입 시 위치점 확인이 중요

03 >> 정보 확인 → Ref(기계 좌표), → Act(공작물 좌표), → Dist(잔여 이동거리)

04 >> Position 확인 → X____, → Y____, → Z____, → B____, → C____

05 >> 가공 시작하기 전에 Feedrate Override와 Rapid Override를 0%로 유지한다.

06 >> 싱글 블록 운전 상태로 Cycle Start 버튼을 누르고, 다이얼을 적절히 조정하면서 충돌이나 이상 유무를 확인한다.

07 >> 이상 없이 절삭이 시작되면 Auto 모드로 연속 가공하면 된다.
** 프로그램 Data 전송 후 프로그램 확인 뒤 사용하시면 됩니다.

3 에러 메시지 해지 방법

EDT( ) 프로그램 호출 → MOD → 7.8.9 → Enter → END → → MOD → 화면창에 HELP → 해제 S/W 화면창에서 필요한 해제 S/W선택 후 Cycle Start실행 → 에러 해제 후 반드시 0031 : Software Init를 터치 후 Cycle Start실행 → END

C.h.a.p.t.e.r

02 3+2축 가공

1절 3+2축 가공(3+2 Axis Machining)

1 3+2축 가공의 정의 및 설정

1 개 요

3+2축 가공에서는 공구의 X, Y, Z 이동 이전에 공구 축을 헤드나 베드에 맞추어 재정렬하는 작업이 필요하다. 이 작업은 매뉴얼 또는 CNC 컨트롤러의 기능을 이용하여 수행할 수 있다.

다축(Multi-Axis) 라이센스가 없더라도 사용하고자 하는 공구 축에 맞춰 작업 좌표계(Workplane)를 만들고 사용한 후 NC 프로그램(NC Program) 설정 창에서 공구 축 정렬 옵션을 오프(OFF)로 두고 NC 데이터(NC Data)를 생성함으로써 3+2축 가공 방법을 사용할 수 있다.

하지만 다축(Multi-Axis) 라이센스가 있는 경우에는 각각의 작업 좌표계(Workplane)에 대해 최대한 자유로운 여러 가지 옵션을 사용할 수 있기 때문에 더 쉽고 빠르게 3+2축에 대한 툴패스를 생성할 수 있다. 두 방법 모두 각 부위를 세팅한 후 가공하는 일련의 3축 가공이 필요하게 된다. 이 작업으로 언터컷이 있는 부분이나 최대 공구 길이보다 깊은 구배진 벽을 바로 가공할 수 있다.

과절삭을 방지하기 위해 툴패스 진입진출과 연장부분을 적절히 조절하는 작업이 꼭 필요하다.

❶ 5축 가공의 정의

일반적인 위치 결정 5축 가공으로 가공이 이루어지기 전에 두 회전축을 이용하여 가공 평면을 정의한 후 가공을 하는 방법이다.

❷ 5축 가공의 이점

사용자가 원하는 임의의 평면을 정의 후 3축 가공과 동일하게 작업이 가능하며 데이터 생성이 쉽고, 고속 가공의 모든 옵션 기능들을 사용할 수 있다. 또한 공구의 길이를 짧게 하여 가공을 할 수 있으므로 품질의 향상을 가져온다.

3+2축 가공 예제(Example) – 1

01 >> 프로젝트 파일 열기

아래의 경로에서 프로젝트 파일을 불러온다.

…\powerMILL_Data\five_axis\3plus2_as_5axis\3Plus2-ex1-Start

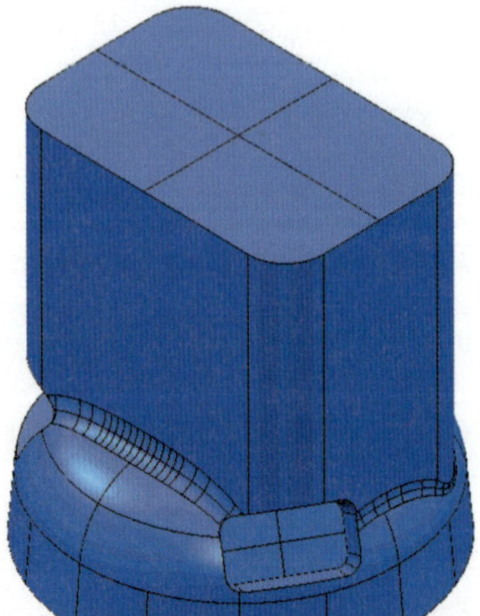

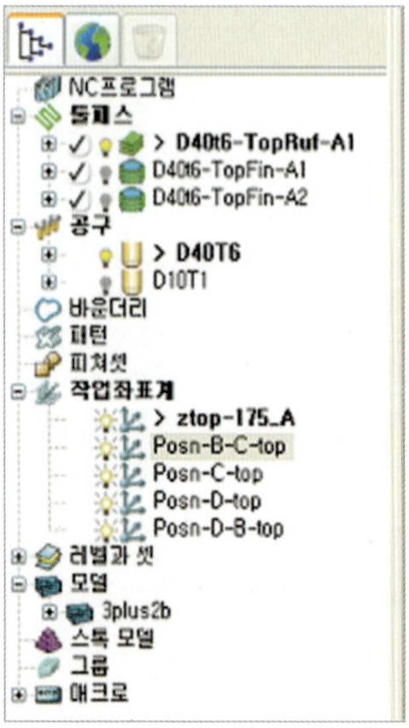

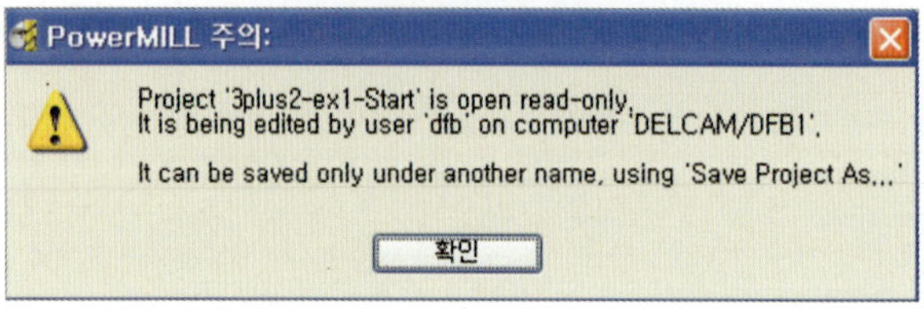

02 >> 다른 이름으로 프로젝트 저장

- 아래의 경로에 다른 이름으로 프로젝트를 저장한다.
  …\COURSEWORK\powerMILL-Projects\3Plus2-ex1

Note

프로젝트 파일을 열면 이미 만들어진 하나의 3축 황삭(3-Axis Roughing)과 두 개의 정삭(Finishing) 툴패스가 존재한다. 또한, 프로젝트 안에는 여러 개의 작업 좌표계(Workplanes)가 포함되어 있고 모델 가장 위에 Ztop-175_A 작업 좌표가 활성화되어 있다. 이 작업 좌표계(Workplane)는 가공 기준점으로 사용되며 다른 4개의 작업 좌표계(Workplanes)는 위치 이동과 다축 가공(Multi-Axis Machining) 방법에 사용될 것이다.

Iso 방향에서 모델을 보고 모델을 어떻게 가공할 것인지를 생각해 보자. 상대적으로 높은 측벽 구간과 3축 가공만으로는 가공할 수 없는 3개의 오목한 부분이 있다.

03 >> 작업 좌표계 생성

포켓은 X방향을 따라 위치해 있으며 3+2축(3+2 Axis)에 정렬하는 새로운 작업 좌표계를 생성할 것이다.

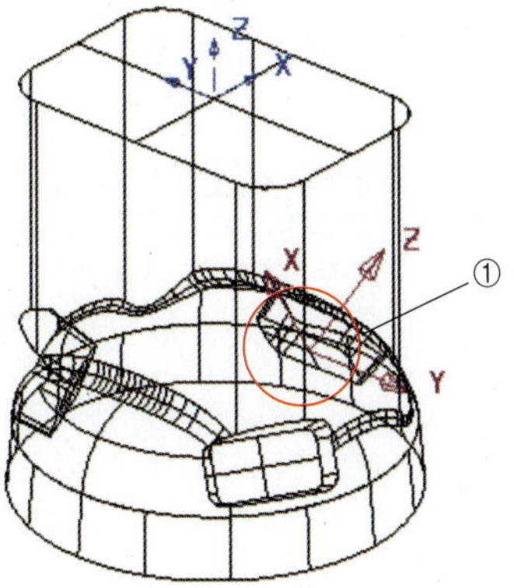

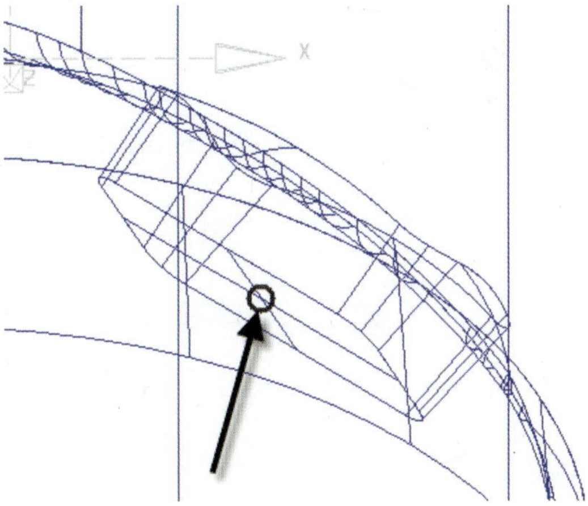

- 파워밀 탐색기(powerMILL Explorer)의 작업 좌표계(Workplane)에 마우스 오른쪽 버튼을 클릭하고 메뉴에서 작업 좌표계 생성 및 설정(Create and Orientate Workplane) → 개체에 정렬된 작업 좌표계(Workplane Aligned to Geometry)를 선택한다.
- 첫 번째 포켓의 바닥에 교차하는 와이어 프레임에 왼쪽 마우스 버튼 클릭 → 스넵 또는 박스를 사용하여 좌표를 생성한다[작업 좌표계(Workplane) ztop-175_A으로부터 X를 따라가는 위치].

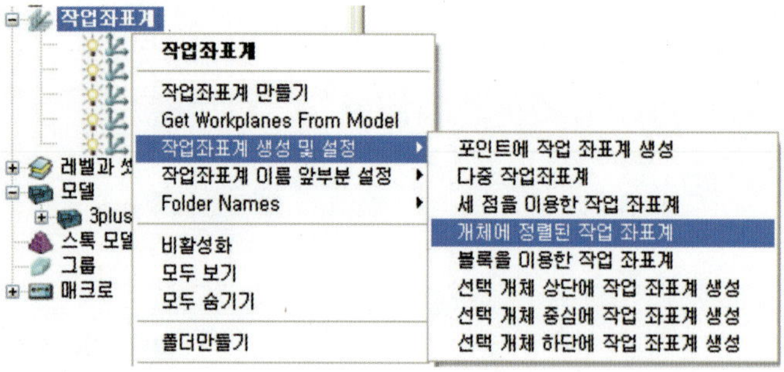

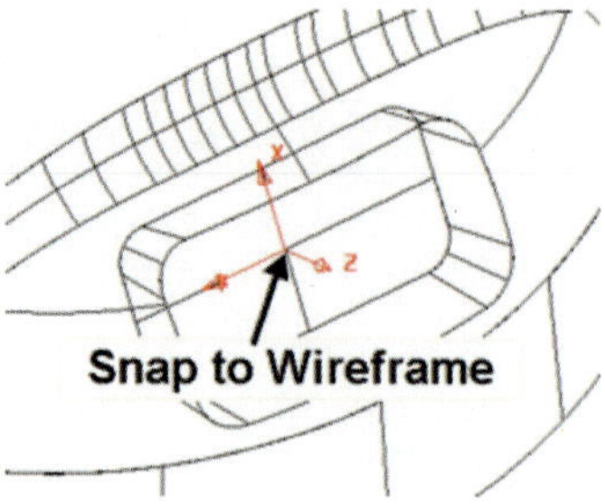

• 생성된 작업 좌표계(Workplane) 1을 활성화시킨다.

04 ›› 작업 좌표계 편집

작업 좌표계(Workplane)는 자동으로 서피스의 노멀하게 Z축의 와이어 프레임에 정렬되었다. 이 좌표는 월드 좌표를 참조하여 X축이 모델의 반시계 방향으로 편집되어야 한다.

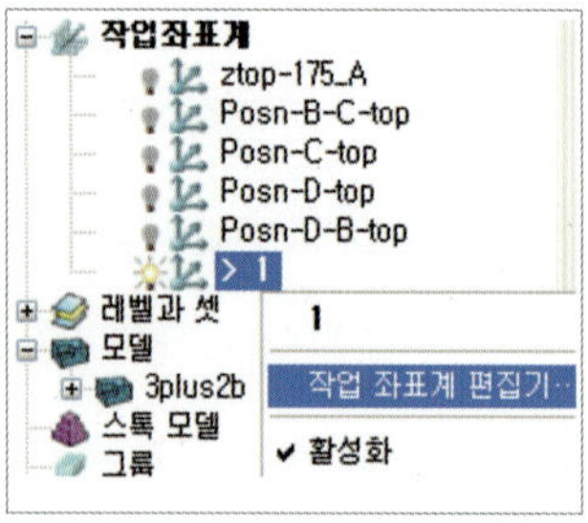

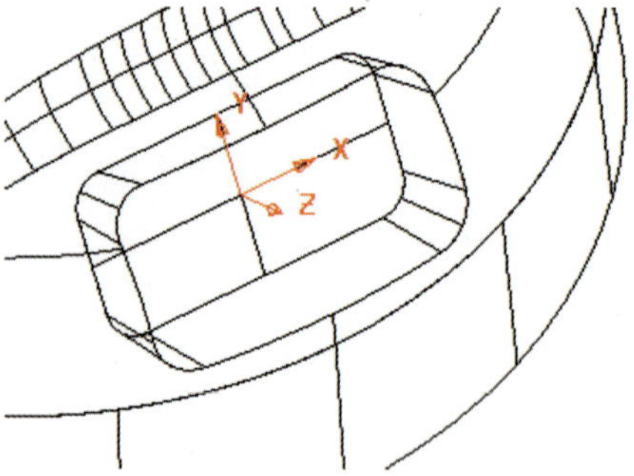

• 파워밀 탐색기(powerMILL Explorer)의 작업 좌표계 1(Workplane 1)에 마우스 오른쪽 버튼을 클릭하고 메뉴에서 작업 좌표계 편집기(Workplane Editor)를 선택한다.

• Twist about Z 아이콘 을 선택하고 각도(Angle)를 −90으로 입력한다.

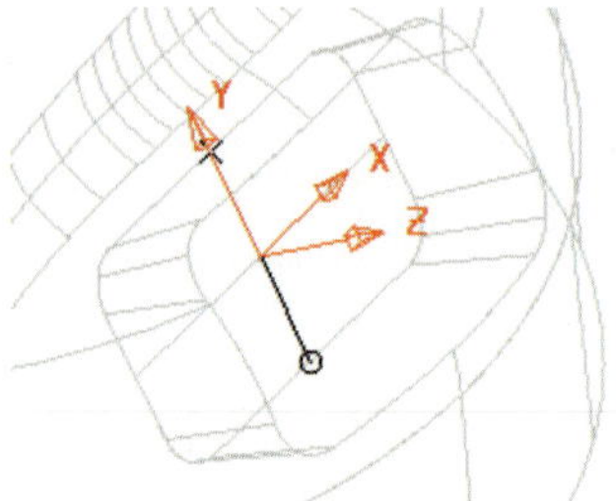

- Z축을 포켓형상에 수직하게 한 후에 X축이 왼쪽의 그림과 같이 되도록 Z축을 중심으로 시계 반대방향으로 회전시킨다.
- 작업 좌표 편집(Workplane Editor) 툴바에서 녹색 체크 모양 아이콘 을 선택하면 좌표가 변경되고 작업 좌표 편집기를 종료한다.
- 작업 좌표계 1(Workplane 1)을 Align_B로 이름을 변경(Rename)한다.
- 작업 좌표계(Workplane) ztop-175_A를 활성화(Activate)한다.
- 작업 좌표계(Workplane) Align_B에 마우스 오른쪽 버튼을 클릭하고 메뉴에서 작업 좌표계 편집기(Workplane Editor)를 선택한다.

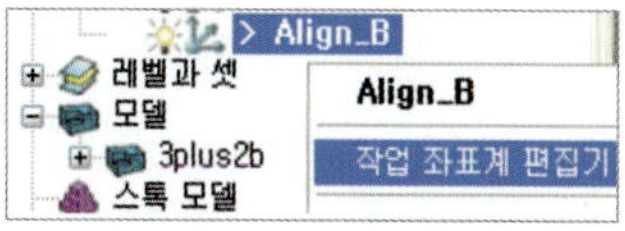

- 파워밀 그래픽 영역 좌측 하단에서 Z작업 평면(Operational Axis Z)을 선택한다.

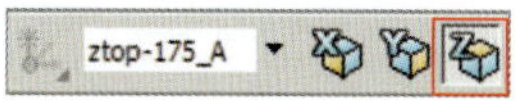

- 작업 좌표계 편집기(Workplane Editor) 툴바에서 원본 유지(Keep Original) 를 선택하고 포인트에 대해 작업 좌표계 회전(Rotate Workplane about Point) 을 선택한다.
- 작업 좌표계 회전 툴바의 각도에 120을 입력하고 새로운 작업 좌표계를 생성한다(반시계 방향의 포켓 중심 바닥에 좌표가 위치된다).
- 를 눌러 창을 종료한다. 작업 좌표계 툴바의 녹색 체크 아이콘 을 누르면 작업 좌표계(Workplane) Align_B_1이 생성된 것을 확인할 수 있다.

- 위의 과정을 동일하게 실행하여 새로운 작업 좌표계(Workplane) Align_B_1_1을 생성한다.

Note

포인트에 대해 작업 좌표계 회전(Rotate Workplane about Point) 을 120도 하기 전에 원본 유지(Keep Original) 버튼을 선택하는 것을 잊지 말자.

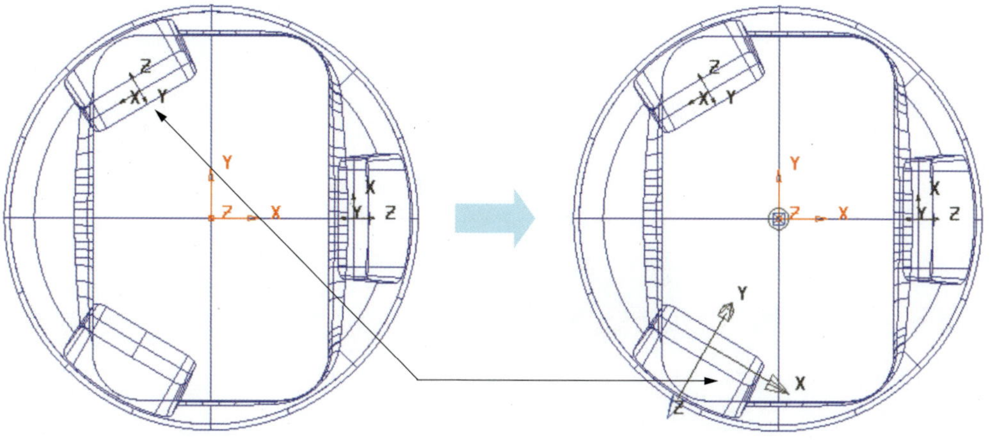

- 새로 생성된 2개의 작업 좌표계를 각각 Align_C와 Align_D로 이름을 변경(Rename)한다.
- 가공할 부품은 3+2축 가공을 생성할 준비가 되어있으며 3개의 새로운 작업 좌표계(Workplane)에 정렬되어 있다(Align_B, Align_C, Align_D).
- 3개의 사각 포켓은 각각 따로 블록을 생성할 것이며 3+2축 작업 좌표계(Workplane)에 정렬되어 있다. 또한 각각의 포켓 주변에 모델 바운더리를 생성해서 가공에 이용할 것이다.
- 왼쪽에서 보는 것과 안전한 가공을 위해 각각의 툴패스들에 대해 모델의 최상단에 맞춰져서 급속 이송 높이와 시작점이 맞춰져야 된다.

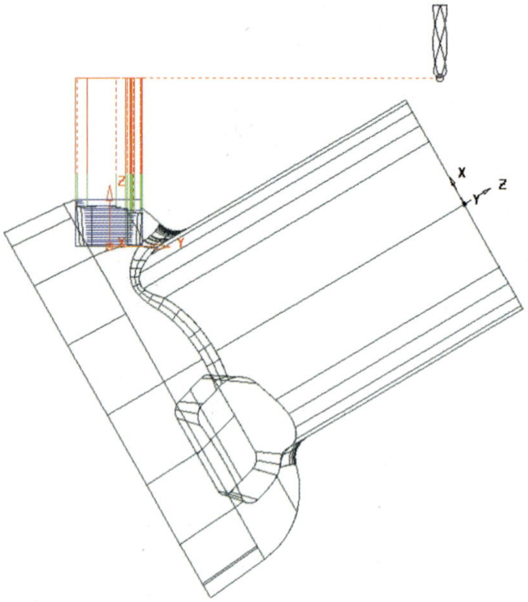

05 ›› 블록 설정

- 작업 좌표계(Workplane) Align_B를 활성화(Activate)한다.
- 작업 좌표계(Workplane) Align_B의 포켓 주위의 서피스를 선택한다.
- 블록(Block) 정의를 박스(Box), 타입을 모델(Model)로 설정하여 선택된 서피스들의 블록을 생성한다.

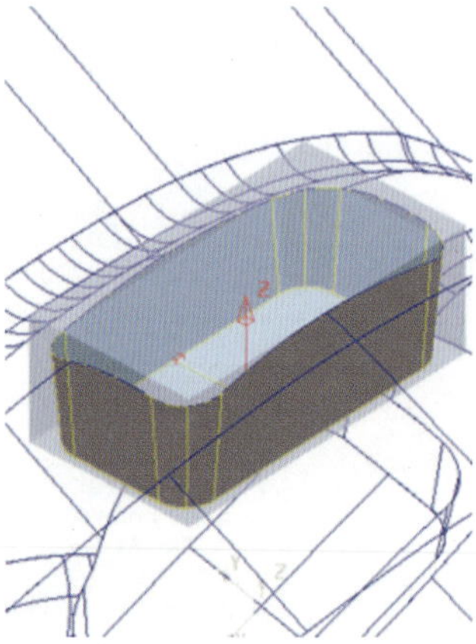

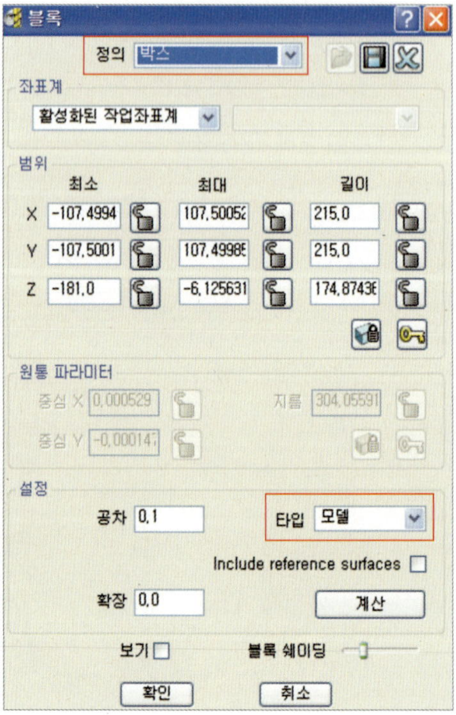

06 >> 급속 이송 높이 및 시작과 끝 포인트 설정

- 급속 이동 높이(Rapid Move Heights) 에 작업 좌표계 Align_B를 선택하고 계산을 누르면 적정한 안전높이(Safe Z)와 시작 높이(Start Z)가 설정된다.
- 시작과 끝 포인트(Start and End Point) 의 시작 점(First Point)은 시작점과 안전높이(First Point Safe Z, Last Point), 끝점(Last Point)은 끝점과 안전높이(Last Point Safe Z)로 선택한다.

07 >> 사용자 정의 바운더리 설정

- 작업 좌표계(Workplane) Align_B가 포함된 포켓 에지를 사용자 정의 바운더리(User Defined Boundary)를 모델(Model)로 하고 Pkt-B1 이름으로 생성한다.
- D10t1 공구를 활성화(Activate)한다.

08 >> 황삭 가공 설정

- 가공 패턴(Strategy Selector) 창에서 3D 황삭(3D Area Clearance) 탭에 모델 황삭(Model Area Clearance)을 선택하고 아래 보이는 것과 같이 각각의 설정 옵션들을 입력한다.
  - 툴패스 이름을 D10t1-Ruf-B1으로 입력한다.
  - 스타일을 모델 옵셋(Offset Model)으로 선택한다.
  - 가공여유 0.5, 스텝오버 2.0, 스텝다운 5.0으로 입력한다.

- 제한(Limit) 페이지에는 바운더리(Boundary)를 Pk1-B1으로 선택하고 사용 영역은 안쪽 사용(Keep Inside)을 선택한다.

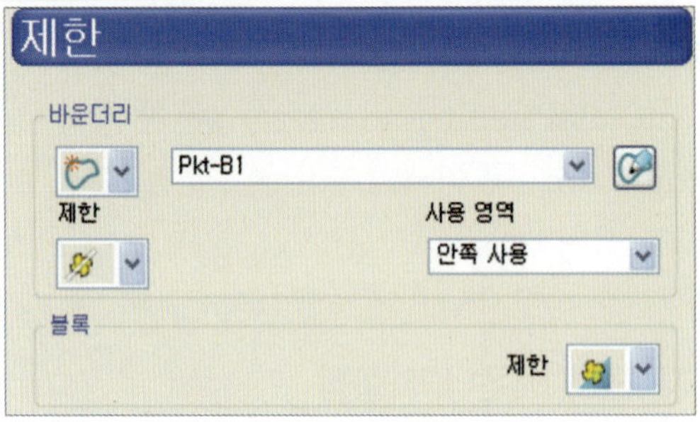

- 툴패스를 계산(Calculate)하고 취소(Cancel)를 선택해 창을 종료한다.
- 툴패스의 플런지 이동은 활성화된 작업 좌표계(Workplane)의 Z축을 따라 이동된다.

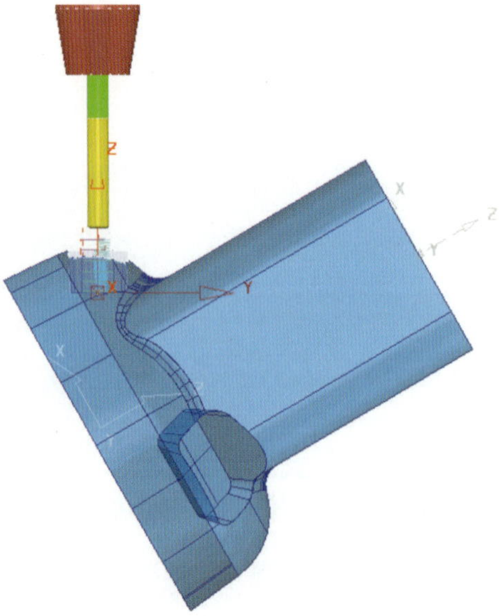

09 >> 나머지 두 포켓 가공 설정

나머지 두 개의 포켓에 위와 같은 툴패스 생성 방법을 반복하여 동일한 설정 값으로 D10t1-Ruf-C1와 D10t1-Ruf-D1 툴패스를 각각 생성한다.

Note

각 작업 좌표계(Workplane)가 포함된 포켓 에지에 사용자 정의 바운더리(User Defined Boundary)를 모델(Model)로 Pkt-C1와 Pkt-D1 이름으로 생성하는 것을 잊지 말자.

❶ 블록과 급속 이송 높이 설정

- 다른 두 개의 포켓 Z 높이가 증가되어서 블록과 급속 이송 높이 값이 달라진다. 아직 가공되지 않은 나머지 두 포켓의 내부 측벽이 높으므로 포켓 높이에 적당한 블록을 생성하고 안전높이(Safe Z)를 40, 시작 높이(Start Z)를 35로 설정한다.

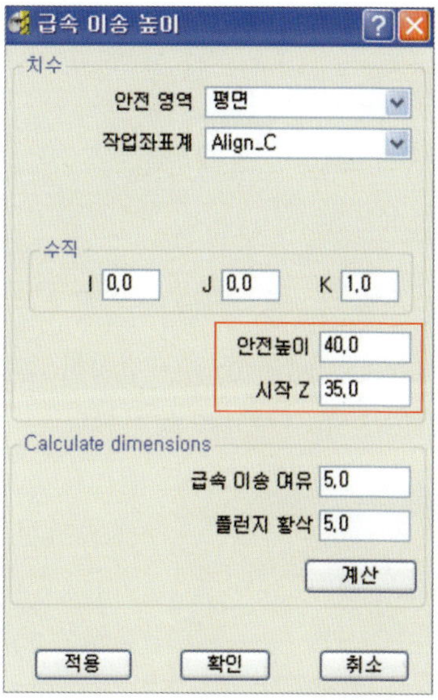

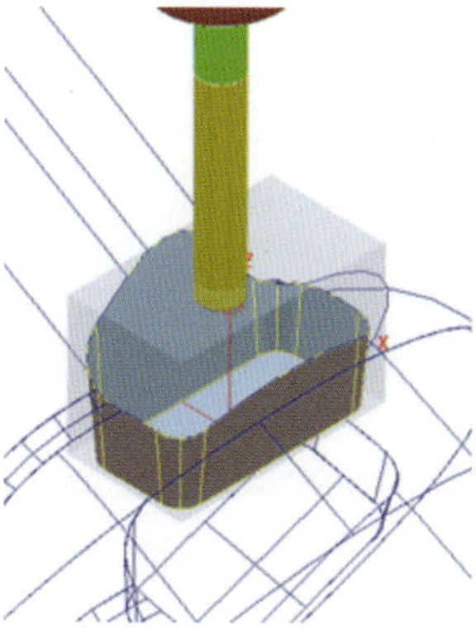

- 추가적으로 사용자 정의 바운더리(User Defined Boundaries)를 모델(Model)로 각각의 포켓에 맞게 생성한다(Align_C, Align_D).
- 3+2 툴패스를 생성하고 난 후, NC 데이터(NC Data)의 일반적인 포스트 프로세서(Post-Processor)를 이용해 출력할 수 있다. 다축 툴패스 옵션을 포함한 프로그램을 위해 NC 프로그램은 초기에 활성화한 작업 좌표계(Workpalne)-(이 경우에는 Workplane-ztop175_A)를 공용으로 사용하여 NC 데이터(NC Data)를 생성한다. 이 옵션은 NC 프로그램 설정 창에서 선택한다.

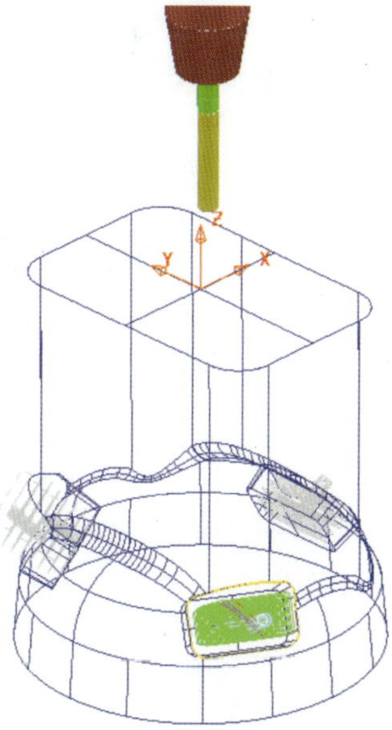

10 >> NC 프로그램 설정

- 탐색기(Explorer)의 NC 프로그램(NC Programs)에서 마우스 오른쪽 버튼을 클릭하고 설정(Preferences)을 선택한다.
- 기계 옵션 파일(Machine Option File)은 2e3.opt를 선택한다.

• 출력 작업 좌표계(Output Workplane)는 ztop-175_A를 선택한다.

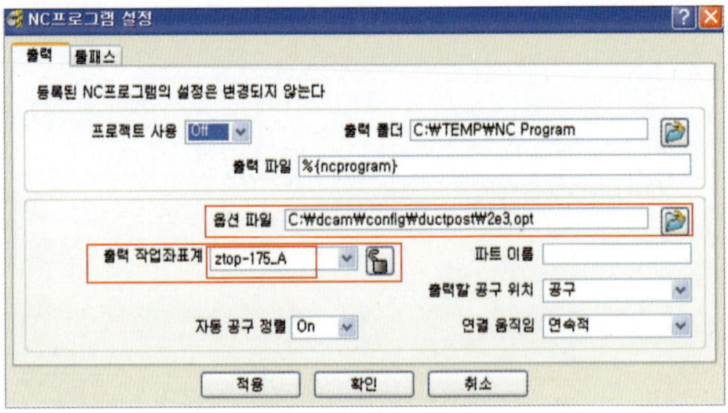

• 설정한 사항을 적용(Apply)하고 확인(Accept)을 선택한다.

• 탐색기(Explorer)에서 NC 프로그램(NC Program)을 생성하고, 3+2 툴패스 D10t1-Ruf-B1, D10t1-Ruf-C1, 그리고 D10t1-Ruf-D1을 등록한다.

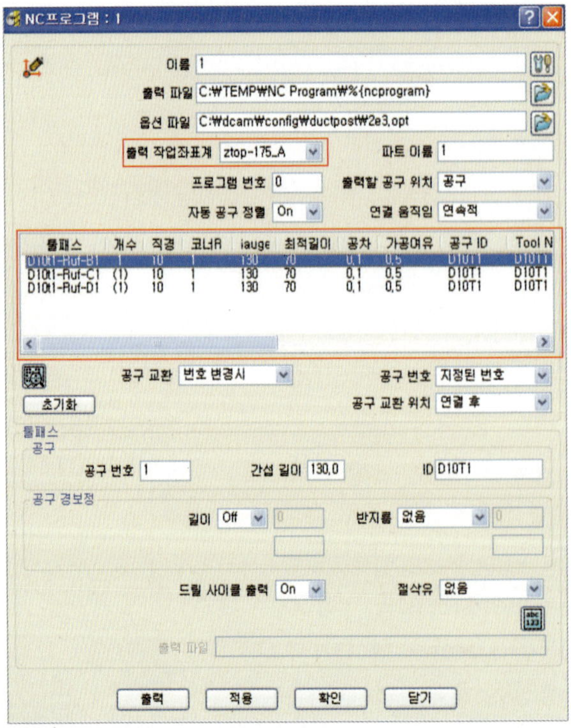

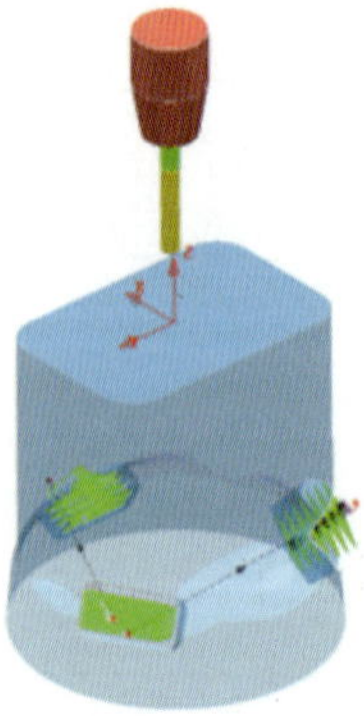

Note

각각 세 개의 3+2 툴패스 링크 이동이 NC 프로그램에 나타나는데 이 경우 모델을 직선으로 관통하여 지나간다. 3+2 툴패스 사이에 공작물과 부품 사이에 아무런 간섭 없이 위치이동을 제어할 수 있는 링크를 생성한다. 이 프로젝트에 미리 설정되어 있는 여러 개의 작업 좌표계를 사용하여 공구가 링크 이동하는 동안 안전하게 위치를 이동하고 정렬할 수 있다.

11 >> 공구 위치 작업 좌표계 설정

- 탐색기(Explorer)에서 아래 왼쪽 그림처럼 작업 좌표계를 드레그하여 NC 프로그램(NC Program)에 복사한다.

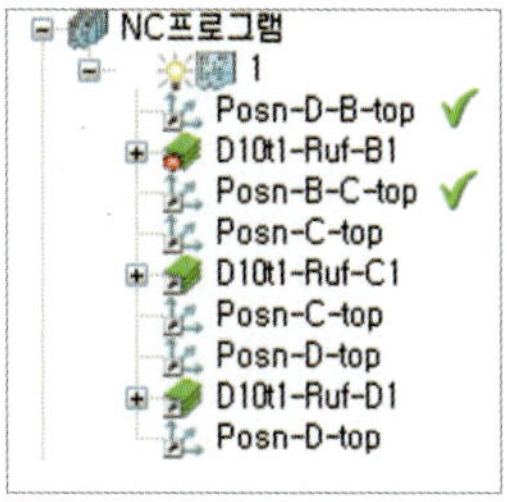

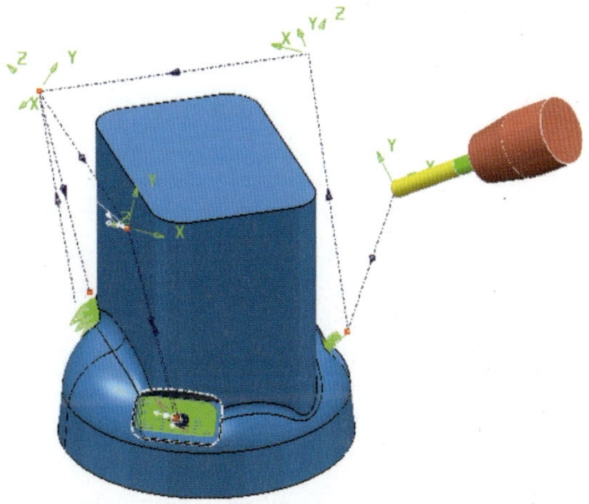

- 링크 이동은 위에서 설정한 작업 좌표계(Workplane)들을 통과하고 공구는 작업 좌표계 Z축으로 정렬될 것이다.
- 파일(File) → 저장(Save)을 선택하여 위에서 작업한 내용을 프로젝트에 업데이트한다.

2절 스톡모델 툴바(Stock Models Toolbar)

1 사용자 인터페이스(User Interface) 신버전

1 ▸▸ 스톡모델 툴바(Stock Models Toolbar)

스톡모델 툴바에서 스톡모델을 생성하고 편집할 수 있다. 잔삭 가공 시 참조 툴패스를 사용하는 방법을 대체하는 다른 방법이다.

스톡모델 툴바를 꺼내서 사용할 수 있다.

- 스톡모델 메뉴에서 툴바를 선택한다.
- 메뉴에서 뷰 → 툴바 → 스톡모델을 선택한다.

- **스톡모델 생성** – 새로운 빈 스톡모델을 생성하고 스톡모델의 파라미터 값을 설정하도록 스톡모델 설정 창을 띄운다.
- 1 – 스톡모델을 선택하여 활성화시킨다. 이 목록은 프로젝트 안에 가능한 스톡모델들을 보여준다.
- Block – 활성화된 스톡모델에서 스톡모델 상태를 선택하고 활성화시킨다. 이 목록은 선택된 스톡모델에서 가능한 스톡모델 상태를 보여준다.
- **스톡모델 설정** – 스톡모델 설정 창은 현재 활성화되어 있는 스톡모델의 편집 가능한 파라미터 값을 보여준다.
- **스톡모델 큐** – 선택된 스톡모델을 큐 계산한다.
- **스톡모델 계산** – 선택된 스톡모델을 계산한다.
- **스톡모델 복사** – 스톡모델 복사를 생성한다. 단일 블록의 새로운 스톡모델을 생성한다.
- **불러오기** – 스톡모델을 불러올 수 있는 스톡모델 불러오기가 있다.
*.stkmd files(Stock Model Files)을 선택하기 위해 창을 이용한다. 이것은 단일 블록과 함께 새로운 스톡모델을 불러온다.
- **내보내기** – 스톡모델을 내보낸다. 내보내기 옵션을 선택하여 스톡모델 저장 창을 보이게 한다. 스톡모델 이름을 입력하고, 저장 경로를 설정한 다음 저장을 누른다. 이것은 하나의 새로운 스톡모델로 현재 활성화된 스톡모델을 저장한다.
- **블록 적용** – 블록의 스톡모델을 생성한다. 모든 블록 종류가 지원된다. All Block Types Are Supported(임의, 바운더리, 사각형).
- **활성화된 툴패스 적용** – 활성화된 스톡모델 다음에 활성화된 툴패스를 적용한다. 활성화된 스톡모델이 없다면, 툴패스는 가장 마지막의 스톡모델에 등록되고 활성화된다.
- **활성화된 공구 적용** – 활성화된 스톡모델 다음에 활성화된 공구를 적용한다. 활성화된 스톡모델이 없다면, 공구는 가장 마지막의 스톡모델에 등록되고 활성화된다.
- **활성화된 스톡모델 삭제** – 스톡모델로부터 활성화된 스톡모델 상태를 삭제한다. 이것은 연속되는 스톡모델 상태를 삭제한다.
- **스톡모델 보이기** – 와이어프레임이나 쉐이딩 스톡모델로 스톡모델을 보여준다.
- **와이어프레임 보이기** – 와이어프레임으로 스톡모델을 보여준다.
- **쉐이딩 보이기** – 쉐이딩으로 스톡모델을 보여준다.
- **소재 보이기** – 남은, 제거된, 그리고 모든 스톡 소재를 보여준다.
- **모든 소재 보이기** – 모든 스톡 소재를 보여준다.
- **남은 소재 보이기** – 가공 후 미절삭된 소재를 보여준다.
- **제거된 소재 보이기** – 가공 후 제거된 소재를 보여준다.
- **스톡모델 삭제** – 활성화된 스톡모델을 삭제한다.

2 ▸▸ 스톡모델 툴바 사용하기(Using the Stock Model Toolbar)

이 예제는 스톡모델 툴바를 사용하여 어떻게 스톡모델을 생성하고 조절하는지 보여준다. powerMILL Examples 폴더의 radknob.dmt 모델을 사용한다.

● 기본 스톡모델 생성

01 >> • 블록을 계산하고 15 mm 엔드밀 공구를 사용한다.
• 기본값으로 황삭(Model Area Clearance) 툴패스를 생성한다.
• 기본값으로 등고선 툴패스를 생성한다.

02 >> 스톡모델 메뉴에서 툴바를 선택한다.

03 >> 새로운 스톡모델을 만들기 위해 아이콘 을 클릭한다. 스톡모델 창을 확인할 수 있다. 이름을 Roughing이라고 변경하고 적용을 누른다.

04 >> 스톡모델에 블록을 적용하기 위해 아이콘 을 누른다.

05 >> 아이콘 을 눌러 스톡모델의 블록 상태를 계산한다.

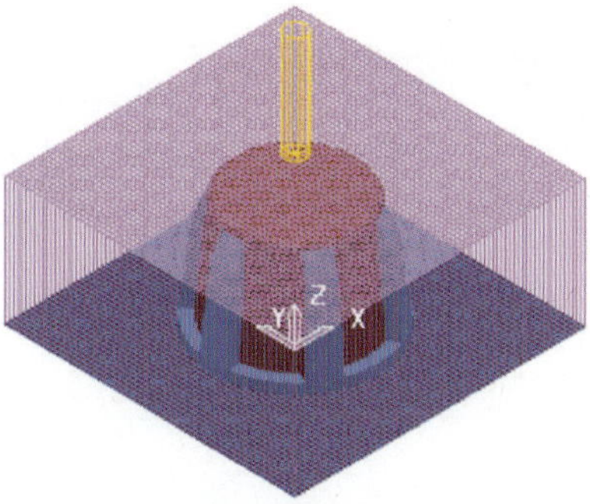

06 >> 황삭(Model Area Clearance) 툴패스가 활성화되어 있으면, 아이콘 을 눌러 스톡모델에 활성화된 툴패스를 적용시킨다.

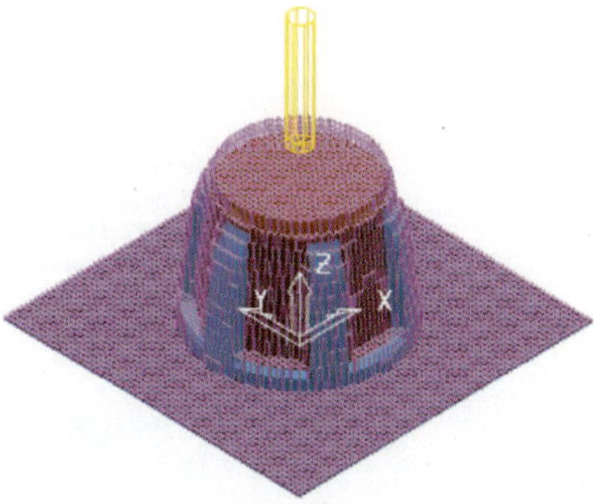

07 >> 아이콘 을 눌러 스톡모델의 툴패스 상태를 계산한다.

● 블록 상태로 스톡모델 사용하기

스톡모델 복사본을 생성하면 스톡모델의 현재 활성화된 상태는 복사본의 블록으로 사용된다. 예를 들어, 활성화된 툴패스 상태로 Stock Model 1 복사본을 생성하면 이전 스톡모델의 활성화된 툴패스 상태로부터 보여지는 하나의 블록 상태를 포함한 Stock Model 1_1이 만들어진다.

08 >> 이전 스톡모델의 활성화된 툴패스 상태에서, 아이콘 을 클릭하면 Roughing 스톡모델 복사본을 생성한다.

블록으로 툴패스 상태를 가지는 Roughing_1의 스톡모델 복사본이 만들어진다.

09 >> 앞서 생성한 등고선 가공 툴패스를 활성화시킨다.

10 >> 스톡모델 툴바에서 옆의 아이콘을 눌러 스톡모델의 툴패스 상태로 적용하고 계산한다.

① Roughing_1 스톡모델은 두 개의 상태를 가지고 있다.

- 첫 번째 상태는 이전 Roughing 스톡모델로부터 받은 황삭(Model Area Clearance) 툴패스의 블록 상태이다.

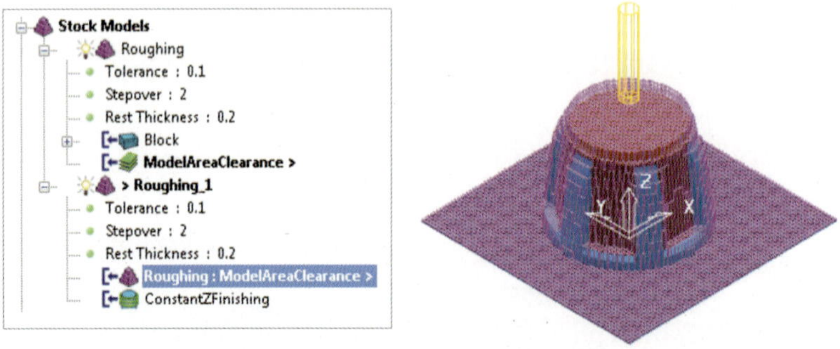

- 두 번째 상태는 스톡모델에 적용된 등고선 가공 툴패스이다.

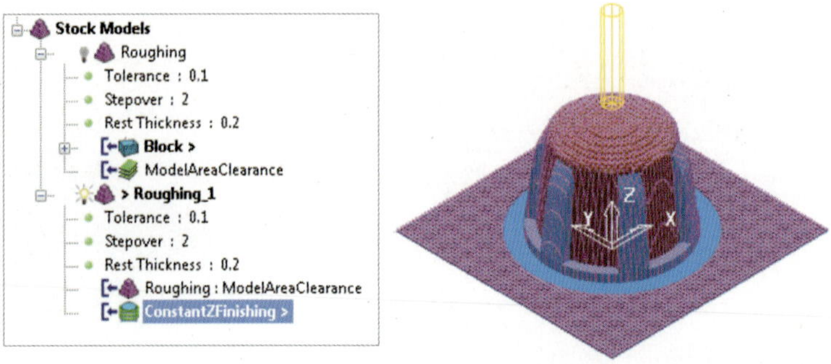

3 ▸▸ 개별 스톡모델 설정(Individual Stock Model Settings)

개별 스톡모델 설정은 스톡모델 창에서 가능하다. 개별 스톡모델 메뉴의 설정 창에서 확인할 수 있다.

스톡모델 창에서 스톡모델 파라미터 값을 정의할 수 있다.

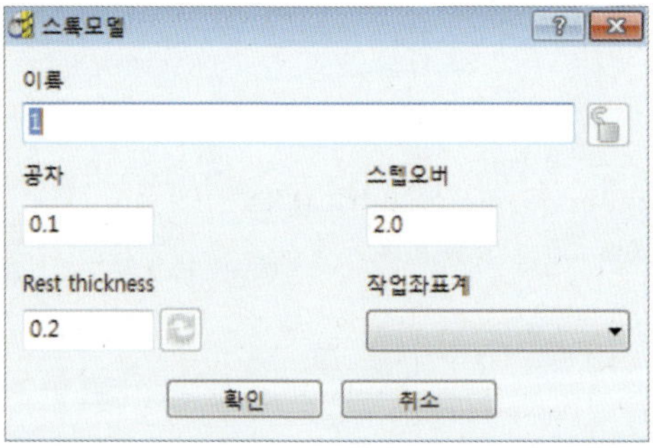

❶ 스톡모델 창을 띄우려면

스톡모델 메뉴에서 스톡모델 생성을 선택하거나 개별 스톡모델 메뉴에서 설정을 선택하거나 스톡모델 툴바에서 아이콘 을 선택한다.

❷ 스톡모델 이름

- – 스톡모델 잠금 기능으로 편집하려면 풀고 사용한다.

> **Note**
> 스톡모델은 다른 속성값에 사용되면 자동으로 잠긴다.

- **공차** – 새로운 스톡모델을 생성할 때 슬라이스의 공차를 설정한다. 스톡모델은 X와 Y의 솔리드 스톡의 닫혀진 슬라이스로 저장된다. 스톡모델이 계산되면 변경할 수 없다.
- **스텝오버** – 슬라이스 간의 간격으로 스톡모델이 계산되면 이 값은 변경할 수 없다.
- **Rest Thickness** – 보기 옵션 → 미절삭 소재 보기를 체크하면 최소 가공여유를 감지한다. 스톡모델은 이 Threshold보다 얇은 구간은 가공하지 않고 무시한다. 이것은 바운더리 창의 소재의 보다 더 두꺼운 부분 감지(Detect Material Thicker than) 옵션과 비슷하다.
- **새로 고침** – 남은 소재를 새로 고치기 위해 클릭한다. 보기 옵션 → 미절삭 소재 보기 옵션을 체크할 때 미절삭 소재를 새로 고침으로 확인할 수 있고, Rest Thickness를 수정할 수 있다.
- **작업 좌표계** – 스톡모델을 정의하기 위해 목록에서부터 작업 좌표계를 선택한다. 스톡모델이 계산된 후에는 작업 좌표계를 설정하거나 변경할 수 없다.

- 적용 – 창의 값을 적용한다.
- 취소 – 어떠한 변경도 없이 창을 취소한다.

4 ▸▸ 개별 공구 상태 창(Individual Tool State Dialog)

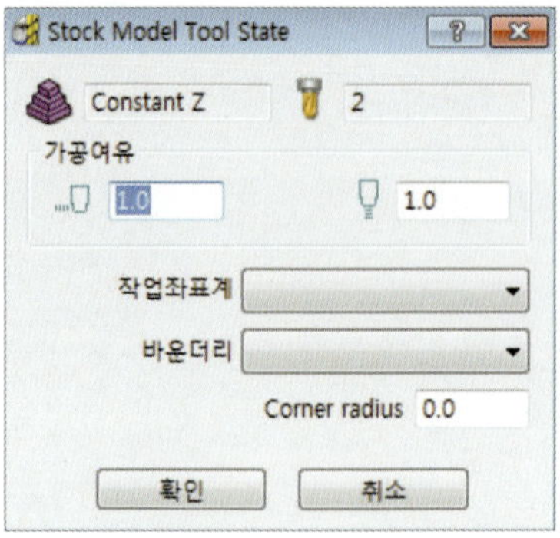

- Constant Z – 스톡모델 이름
- 2 – Stock Model Tool State 생성에 사용된 공구 이름
-  반경 가공여유 – Stock Model Tool State에 설정된 반경 가공여유
- 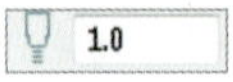 축 가공여유 – Stock Model Tool State에 설정된 축 가공여유
- 코너 반지름 – Stock Model Tool State에 설정된 코너 반지름
- 작업 좌표계 – 프로젝트에서 사용 가능한 작업 좌표계 목록. Stock Model Tool State를 정의하기 위해 사용할 작업 좌표계를 선택한다. Stock Model State를 계산한 후에는 작업 좌표계를 설정하거나 변경할 수 없다.
- 바운더리 – 프로젝트에서 사용 가능한 바운더리 목록. Stock Model Tool State를 정의하기 위해 사용할 바운더리를 선택한다. Stock Model State를 계산한 후에는 바운더리를 설정하거나 변경할 수 없다.

Note

Stock Model State를 계산한 후에는 반경 가공여유, 축 가공여유, 코너 반지름, 작업 좌표계, 바운더리 값을 수정할 수 없다.

3+2축 – 스톡모델 응용(3+2 Axis – Stock Model Application)

스톡모델은 가공과정 중 어떤 중간과정에서 가공되지 않는 부분을 나타낸다. 스톡모델은 먼저 블록을 기준으로 적용된 형태로 만들어지고 여러 개의 툴패스들이 등록되게 된다. 업데이트를 하고 나면 초기에 설정된 블록 형상 중 가공되지 않는 부분을 보여주게 된다.

01 >> 모델 불러오기

- 모두 삭제(Delete All) 후 모든 폼 초기화(Reset Forms)를 한다.
- 아래의 경로에서 모델을 불러온다.
  …\powerMILL_Data\five_axis\AnglePad\StockModelRest

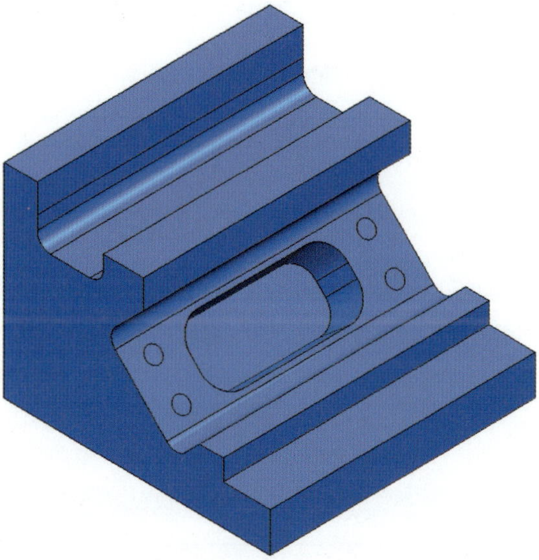

02 >> 프로젝트 저장

- 아래의 경로에 프로젝트를 저장한다.
  …\COURSEWORK\powerMILL_Projects\StockModel-3plus2
- 처음에는 3축으로 가공하고 언더컷 포켓은 스톡모델을 사용하여 사용자는 효과적인 3+2축 가공을 생성할 수 있다.

03 >> 블록 설정

- 블록 창을 열어 블록 정의를 박스로 선택하고 좌표계(Coordinate System)를 절대 좌표 이동(Global Transform)으로, 타입을 모델(Model)로 선택하고 계산(Calculate)한다.
- 확인(Accept)을 클릭한다.

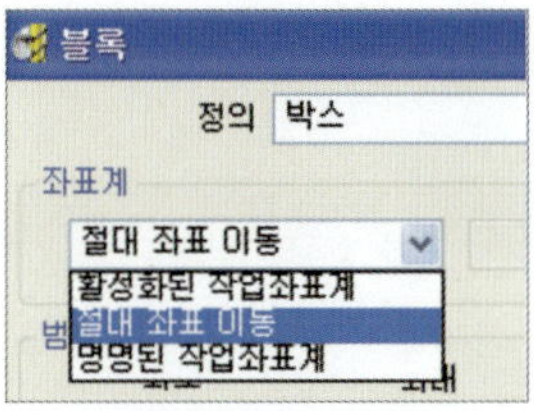

04 >> 공구 생성 및 급속 이송 높이/시작과 끝 포인트 설정

지름 16 mm - 코너 반지름 3인 공구를 D16T3 이름으로 생성한다.
지름 12 mm - 코너 반지름 1인 공구를 D12T1 이름으로 생성한다.

- 급속 이송 높이(Rapid Move Heights) 를 초기 설정 값으로 선택하고 계산(Calculate)한다.
- 시작점(Start Point)과 끝점(End Point)을 블록의 중심과 안전높이(Block Centre Safe)로 설정한다.
- D16T3 공구를 활성화(Activate)한다.

05 >> 황삭 가공 설정

- 가공 패턴(Strategy Selector) 아이콘 을 선택하고 3D 황삭 탭(3D Area Clearance)에서 모델 황삭(Model Area Clearance)을 선택하여 아래와 같이 옵션 사항들을 설정한다.
- 툴패스 이름을 D16t3-TopRuf로 입력한다.

① 리드/링크 설정

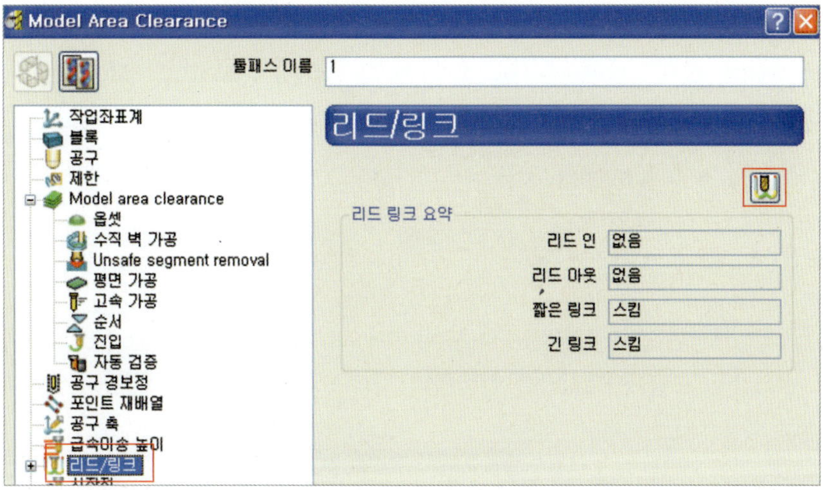

- 툴패스 탐색기(Explorer)에서 리드/링크(Leads/Links) 옵션 페이지를 선택하고 리드/링크 아이콘 을 선택한다.

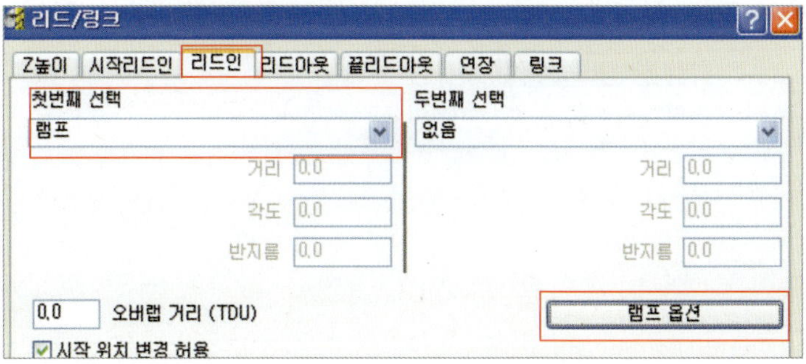

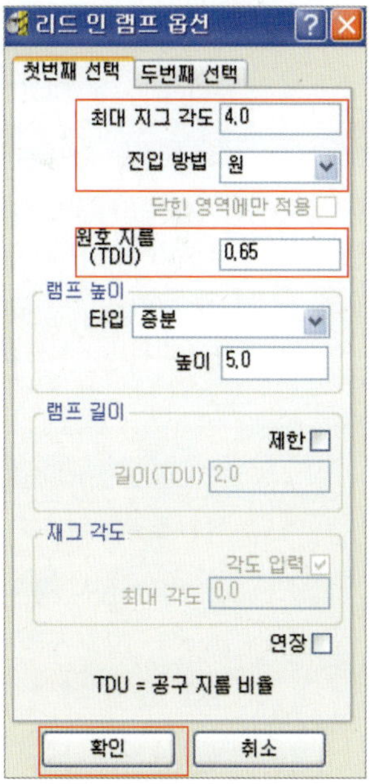

- 리드인 첫 번째(First Lead In) 선택을 램프(Ramp)로 선택한다.
- 최대 지그 각도(Max Zig Angle) 4, 진입 방법을 원(Circle), 원호 지름(TDU)을 0.65로 입력한다.
- 확인(Accept)하고 취소(Cancel)를 선택하여 램프 옵션(Ramp Options)과 리드/링크(Leads/Links) 설정을 완료한다.
- 툴패스 설정 창으로 돌아가 툴패스를 계산하고 취소를 눌러 창을 종료한다.

06 >> 스톡모델 생성

- Iso1 뷰를 선택한다.
- 파워밀 탐색기(powerMILL Explorer)의 스톡모델(Stock Model)에서 마우스 오른쪽 버튼을 클릭하여 스톡모델(Stock Model)을 생성한다,

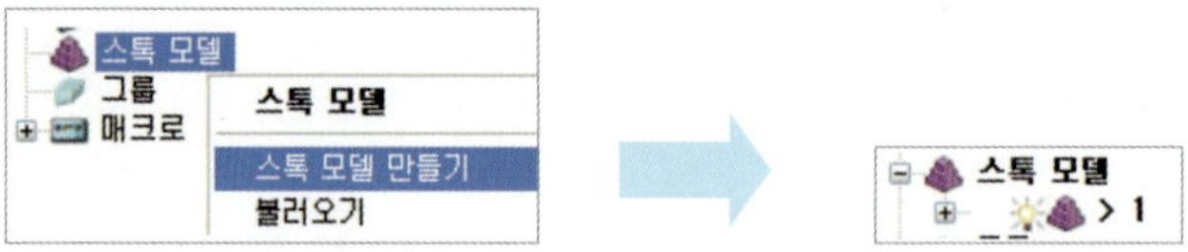

- 새로 생성한 스톡모델(Stock Model)에 마우스 오른쪽 버튼을 클릭하여 메뉴에서 적용(Apply) → 블록(Block)을 선택한다.

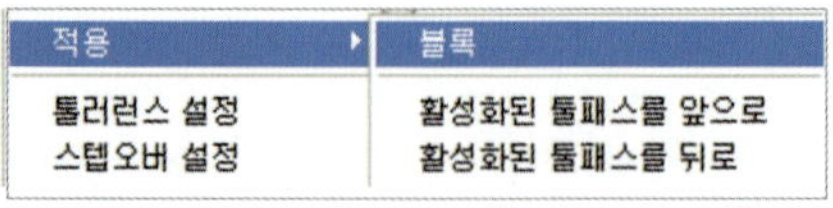

- 위와 동일한 스톡모델(Stock Model) 메뉴에서 적용(Apply) → 활성화된 툴패스를 뒤로(Active Toolpath Last)를 선택한다.

- 스톡모델(Stock Model) 메뉴의 보기 옵션(Drawing Options)에서 쉐이딩(Shading)에 체크하고 미절삭 영역 보기(Show Rest Material)를 선택하고 마지막으로 계산(Calculate)을 선택한다.

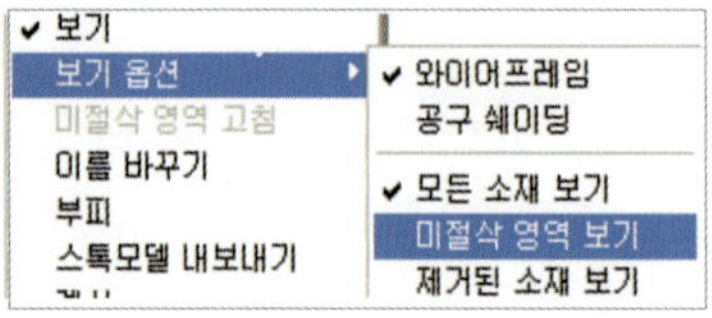

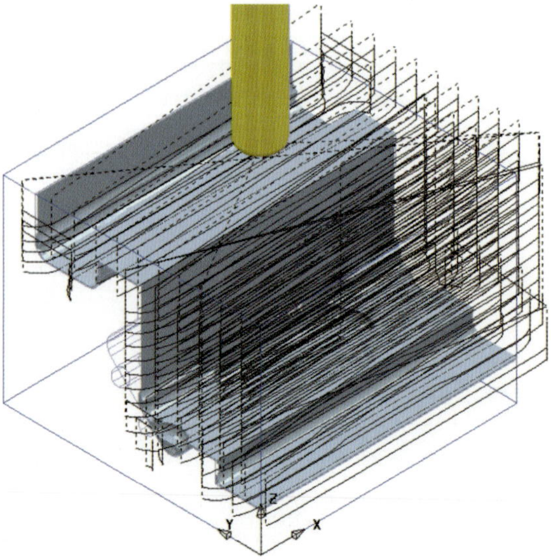

- 3축 황삭 툴패스가 가공여유 0.5를 남기고 모델에 접근하기 쉬운 부분에 가공이 적용되었다.
- 왼쪽의 스톡모델(Stock Model)에서 확실히 확인할 수 있다.

07 ›› 툴패스 복사

- 활성화(Active)된 D16t3-TopRuf 툴패스에 마우스 오른쪽을 클릭하여 메뉴에서 설정(Settings)을 선택하고 옵셋 황삭(Offset Area Clearance) 창을 다시 오픈한다.
- 툴패스 복사(Copy Toolpath) 아이콘 을 선택하고 3+2 황삭 방법에 관련된 파라미터를 설정한다.
- 작업 좌표계(Workplane) 2를 활성화(Activate)하고 3+2 방향으로 좌표계 설정을 변경한다. D12T1 공구를 활성화(Activate)한다.
- 메인 툴바에서 급속 이송 높이(Rapid Move Heights)를 선택하고 좌표계를 작업 좌표계(Workplane) 2로 변경하고 계산(Calculate)을 선택한다.

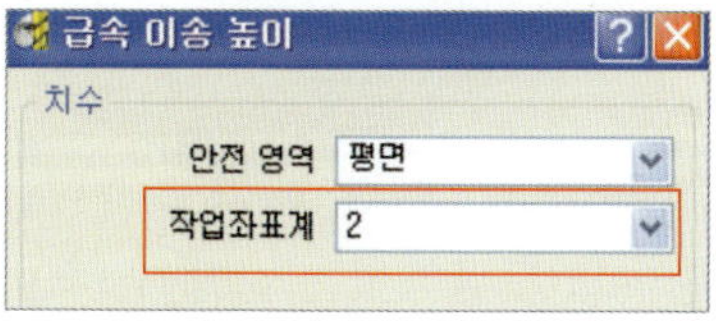

- 아래 그림과 같이 툴패스 이름을 D12t1-AngRuf로 변경하고 각각의 옵션 값들을 설정한다.

• 툴패스를 계산(Calculate)하고 취소(Cancel)를 선택하여 창을 종료한다.

3+2축(3+2 Axis) 황삭으로 남아있는 소재가 가공되었지만 공구가 떠서 움직이는 구간이 많아 가공시간이 늘어났다.

이전 가공에서 거의 모든 소재가 제거되었다.

08 >> 레스트 가공 설정

D12t1-AngRuf 황삭에서 툴패스 수정 을 선택하고 아래 보이는 것처럼 레스트 가공을 툴패스에 적용해 보자.

- □레스트 가공 황삭 가공(Model Area Clearance) 페이지에서 레스트 가공(Rest Machining)에 체크한다(Model Rest Area Clearance로 페이지가 변경된다).
- 툴패스 탐색기에 레스트(Rest) 페이지를 선택하고 레스트 가공(Rest Machining)을 툴패스(Toolpath) → D16t3-TopRuf를 선택한다. 계산(Calculate)을 선택하면 툴패스 요구사항 창이 나타난다.

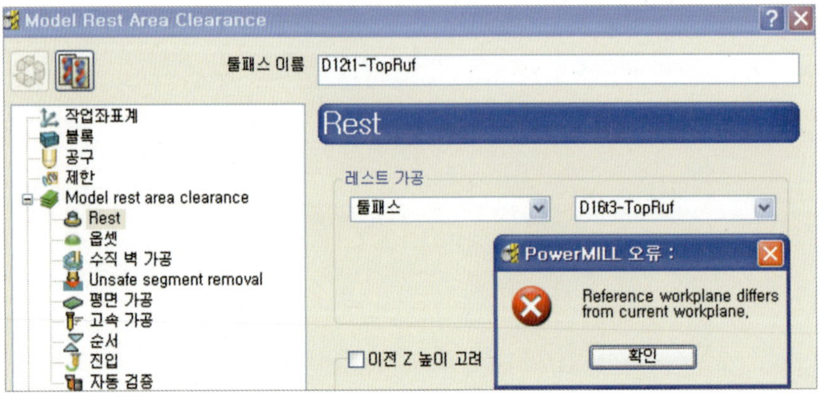

• 툴패스가 계산되지 않고 위에 보이는 것과 같이 파워밀 오류 창이 나타난다.

Note

황삭 가공 방법에서 참조 툴패스를 사용하여 레스트 가공을 적용하는 것은 작업 좌표계가 황삭 가공 방법과 다르게 정렬되어 있기 때문에 불가능하다.
다음에 오는 부분은 스톡모델을 사용하여 레스트 가공을 생성하는 방법에 대한 설명이다.

❶ 스톡모델을 이용한 레스트 가공

• 확인을 선택하고 파워밀 오류 창을 닫는다. 아직 툴패스 수정 창 이 작업 창에 열려있는 것을 확인할 수 있다.

• 레스트(Rest) 페이지에서 아래 보이는 것처럼 레스트 가공(Rest Machining)을 스톡모델(Stock Model) 1로 선택한다.

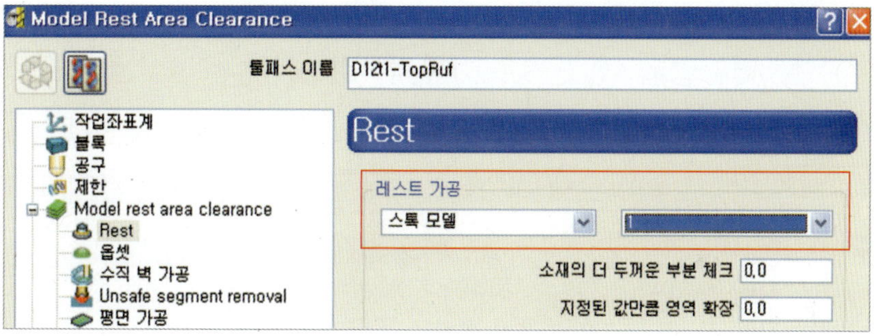

• 툴패스 탐색기에서 제한(Limit) 옵션을 선택하고 블록의 제한 옵션을 블록 에지에 공구 중심 제한(Limit Tool Centre to Block Edge) 제한 으로 선택한다.

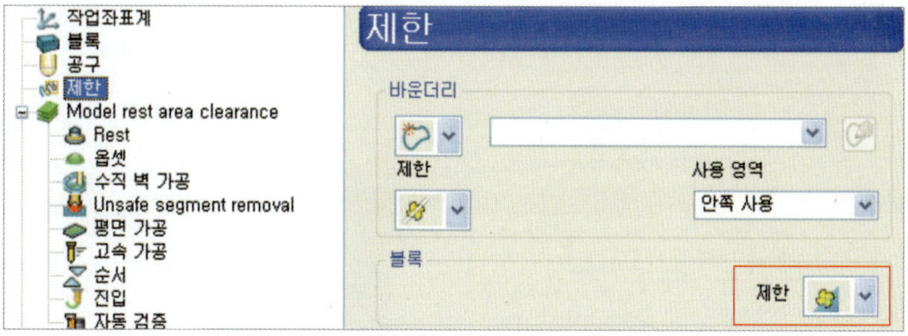

• 툴패스를 계산(Calculate)하고 취소(Cancel)를 눌러 창을 종료한다.

• 스톡모델(Stock Model)을 이용하여 레스트 가공(Rest Roughing) 툴패스가 성공적으로 수정되었다.

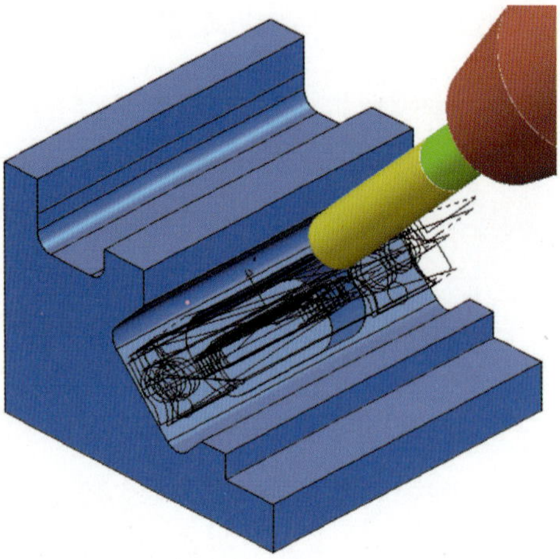

Note

가공할 소재의 툴패스가 등록 되어있더라도 실제 스톡모델 단계에 포함되지 않는다.

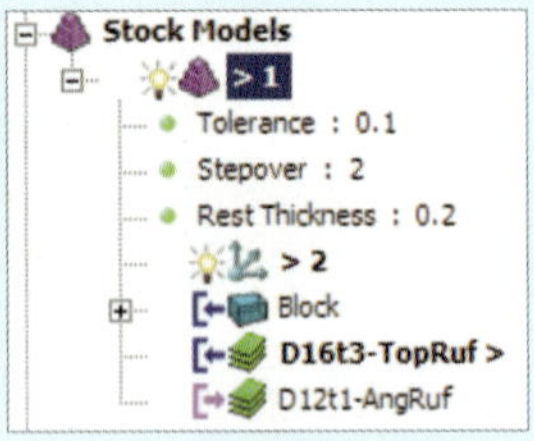

- 탐색기(Explorer)의 스톡모델(Stock Model)에서 마우스 오른쪽 버튼을 클릭하고 메뉴에서 적용(Apply) → 활성화된 툴패스를 뒤로(Active Toolpath Last) 선택하고 바로 동일한 메뉴에서 계산(Calculate)을 선택한다.
- 왼쪽 그림은 3축 황삭(3-Axis Roughing)과 3+2축 황삭(3+2 Axis Roughing)을 이용하여 가공되고 남아있는 영역을 나타내는 스톡모델(Stock Model)이다.

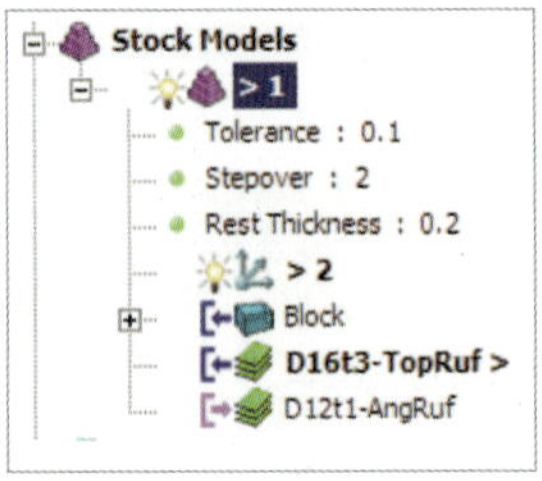

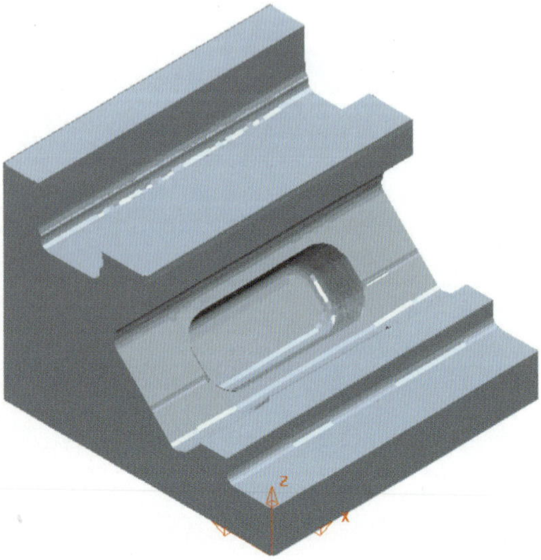

- 황삭과 달리 정삭 가공은 스톡모델에서 직접적으로 레스트 가공을 할 수 없다. 그러나 스톡모델 레스트 바운더리(Stock Model Rest Boundaries)를 생성하고 적용이 가능하며 정삭 가공을 위해 적절한 레스트 제한을 할 수 있다.

09 ›› 정삭 가공 설정

D16t3-TopRuf 툴패스를 활성화하고 원래의 설정 값을 유지한다.

❶ 공구 생성

- 지름 6mm인 볼 공구(Ball Nosed)를 BN6으로 생성한다.
- 작업 좌표계(Workplane) 1을 선택하고 아래 그림에 보이는 것과 같이 정삭 가공(Finish Machining)에 필요한 쉐이딩된 서피스를 선택한다.

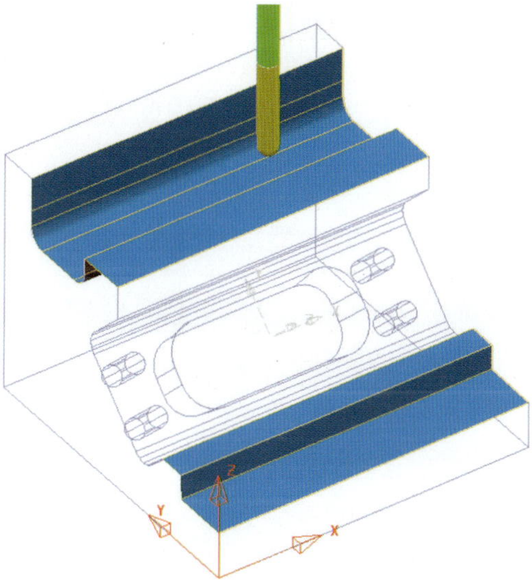

❷ 선택된 서피스 바운더리 생성

- 탐색기(Explorer)의 바운더리(Boundaries)에서 마우스 오른쪽 버튼을 클릭하고 메뉴에서 바운더리 만들기(Create Boundary) → 선택된 서피스 바운더리(Selected Surface)를 선택한다.

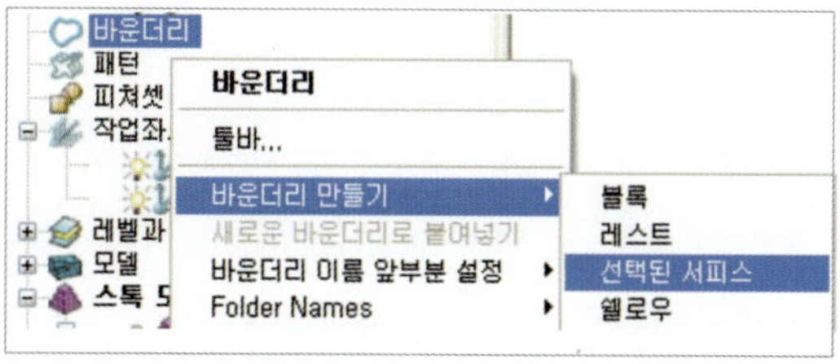

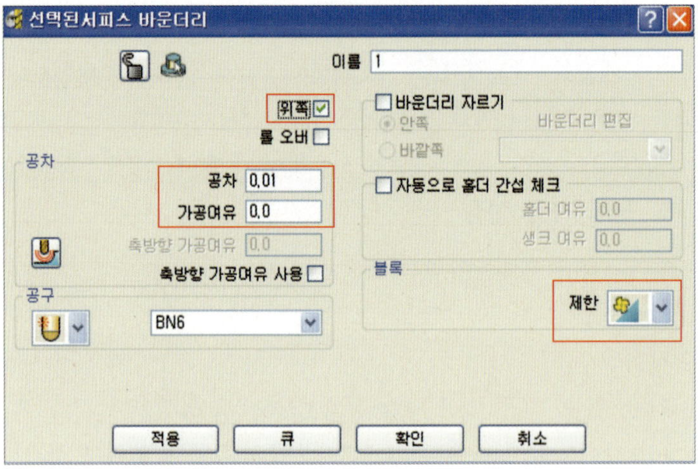

- 선택된 서피스 바운더리(Selected Surface Boundary) 창에서 위쪽(Top) 옵션에 체크하고 바운더리(Boundary) 이름을 1로 입력한다.
- 적용(Apply)하면 바운더리가 생성되고 취소(Cancel)를 눌러 창을 종료한다.
- 위에서 생성된 바운더리(Boundary)는 활성화(Active)되어 있고 다음에 오는 정삭 가공에서 자동으로 제한(Limits) 옵션에 포함될 것이다.

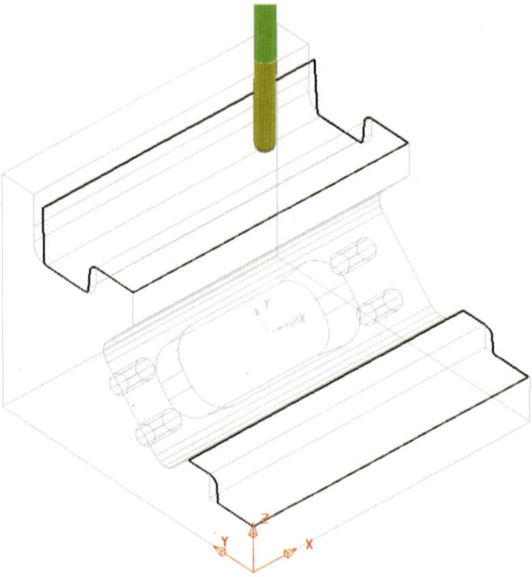

10 ›› 스팁과 쉘로우 가공-1

- 가공 패턴(Strategy Selector) 아이콘 을 선택하고 정삭(Finishing) 탭에서 스팁과 쉘로우 정삭 가공(Steep and Shallow Finishing)을 선택한다.
- 툴패스 이름을 BN6-TopFin으로 입력하고 나머지 설정 값을 다음 창과 같이 정확히 입력한다.

- 스파이럴 옵션에 체크한다.
- 타입은 3D 옵셋, 순서는 Top first, 부드럽게 하기 옵션에 체크한다.
- 경계 각을 30, 공차는 0.01, 가공여유 0.0, 스텝오버를 1로 설정한다.

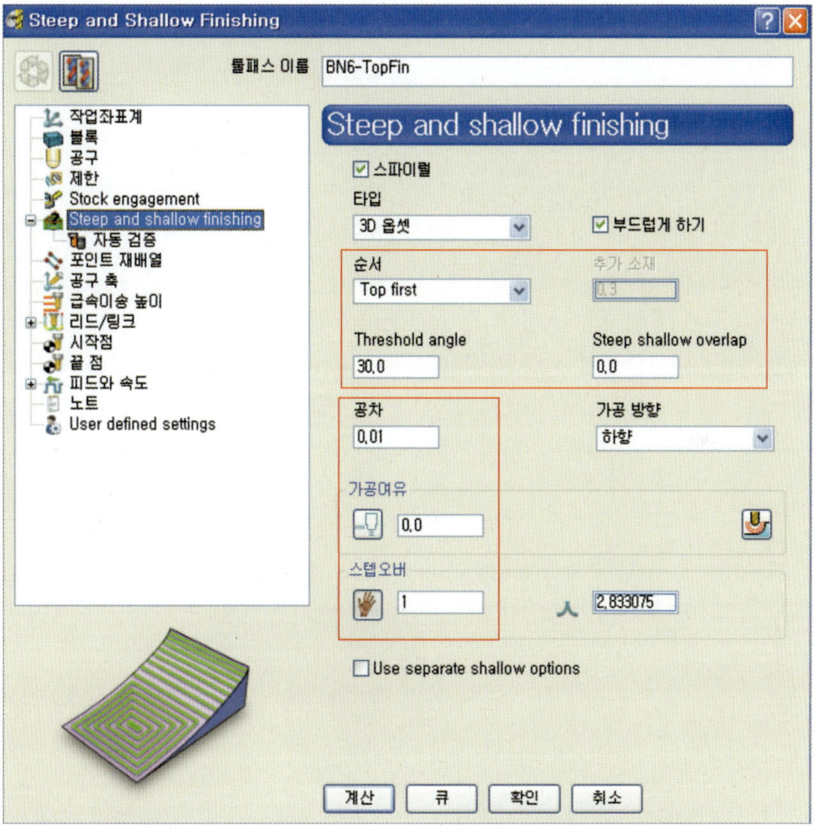

- 툴패스를 계산(Calculate)하고 취소(Cancel)를 선택해 창을 종료한다.

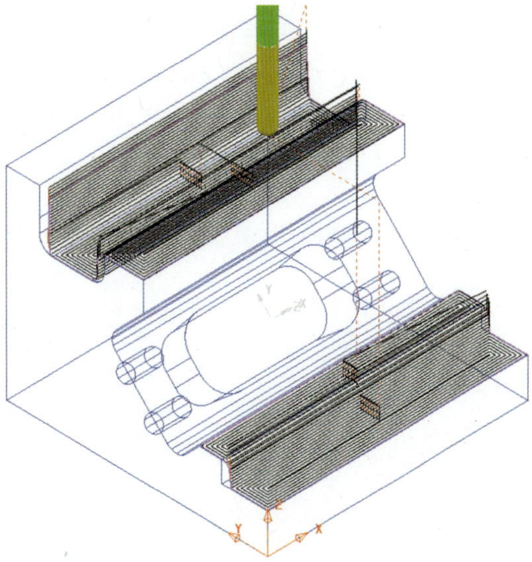

위에서 접근하기 쉬운 형상의 정삭 가공이 완료되었다. 정삭 가공은 스톡모델에 추가될 것이다. 스톡모델 레스트 바운더리를 생성하고 3+2 정삭을 작업 좌표계 2를 따라 추가해보자.

① 스톡모델에 추가

- 파워밀 탐색기 스톡모델(Stock Model) 메뉴에서 적용(Apply) → 활성화된 툴패스를 뒤로(Active Toolpath Last)를 선택한다.

- 스톡모델(Stock Model) 메뉴의 보기 옵션(Drawing Options)에서 쉐이딩(Shading)을 선택 후 미절삭 영역보기(Show Rest Material)를 선택하고 계산(Calculate)을 클릭한다.
- 작업 좌표계(Workplane) 2를 활성화한다. Iso 1을 선택하면 작업 좌표계(Workplane) 2 방향에 맞춰 모델이 디스플레이 된다.
- 메인 툴바에서 급속 이송 높이(Rapid Move Heights)를 선택하고 작업 좌표계(Workplane)를 2로 선택한 다음 계산(Calculate)을 클릭한다.

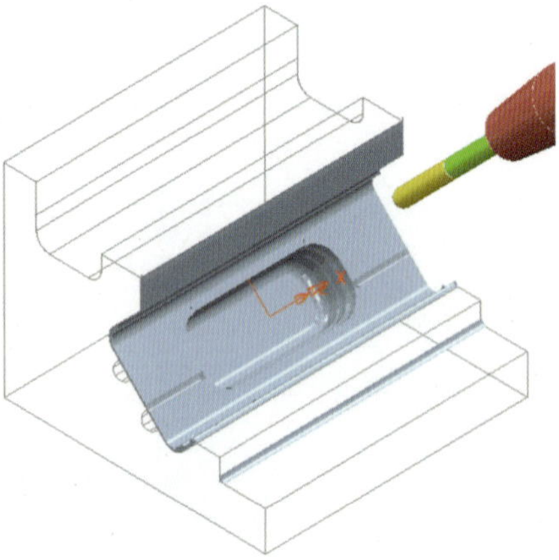

② 스톡모델 레스트 바운더리 생성

- 파워밀 탐색기(Explorer)의 바운더리(Boundaries)에서 바운더리 만들기(Create Boundary) → 스톡모델 레스트(Stock Model Rest)를 선택하면 아래 그림과 같은 창이 열린다.

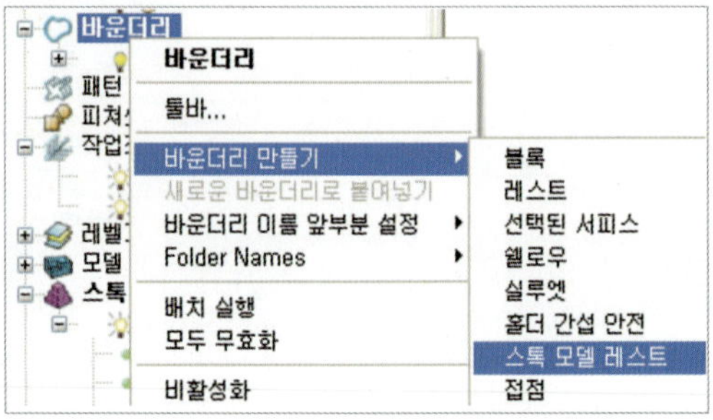

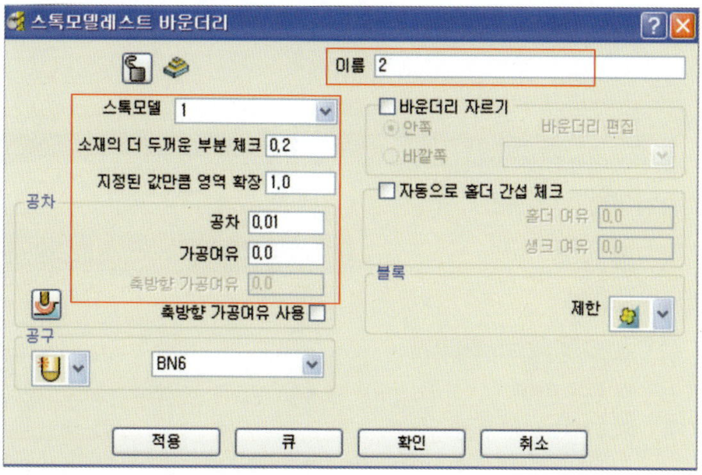

• 위에 보이는 것처럼 스톡모델 레스트 바운더리(Stock Model Rest Boundary) 이름을 2로 입력하고 다른 값을 정의한다.

Note

스톡모델 레스트 바운더리는 바닥의 측벽 부분을 인식하지 못한다.

• 왼쪽의 그림은 스톡모델이 접근하기 어려운 영역을 bn6 공구로 설정된 바운더리이다.

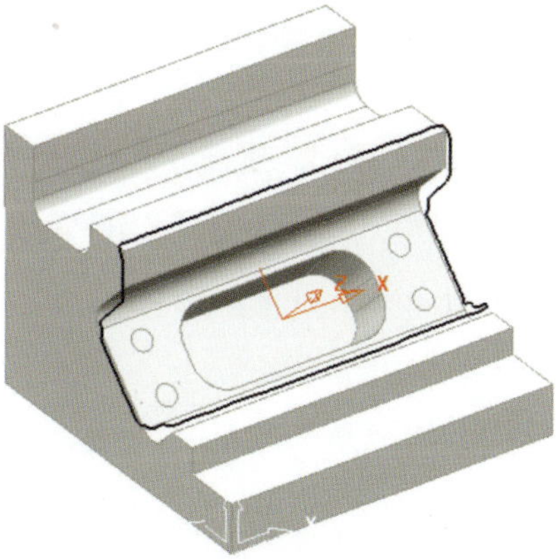

• 적용(Apply)을 눌러 바운더리를 생성하고 취소(Cancel)를 선택해 창을 종료한다.

11 >> 스팁과 쉘로우 가공 설정-2

• 가공 패턴(Strategy Selector) 아이콘 을 선택하고 정삭(Finishing) 탭에서 스팁과 쉘로우 정삭 가공(Steep and Shallow Finishing)을 선택한다.

• 툴패스 이름을 BN6-AngFin으로 입력하고 나머지 값을 아래에 보이는 그림과 같이 정확하게 설정한다.

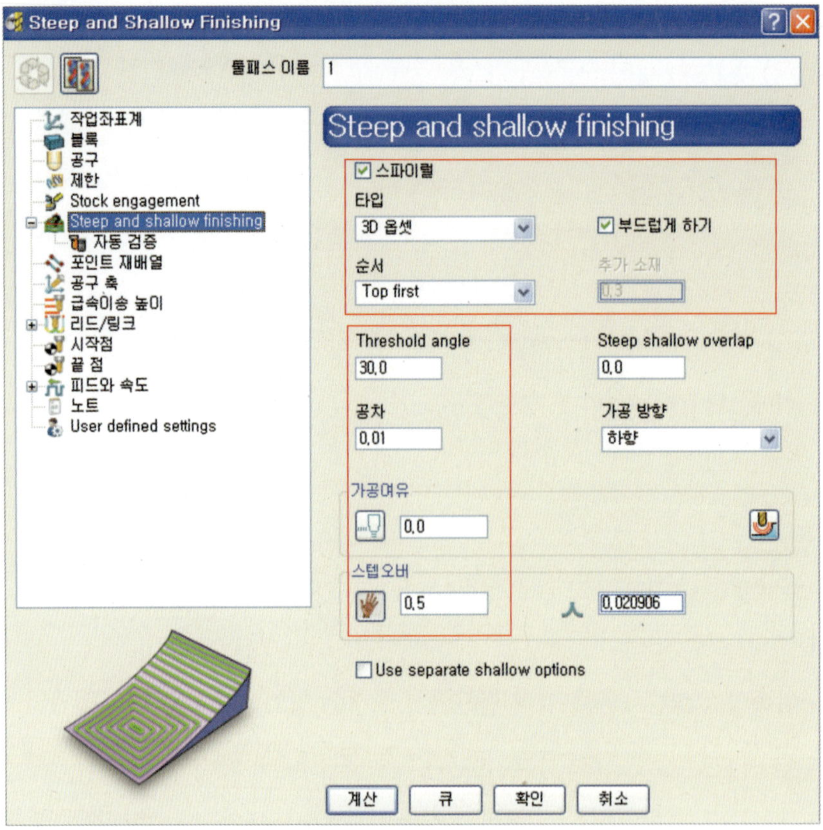

• 툴패스를 계산(Calculate)하고 취소(Cancel)를 선택해 창을 종료한다.
• 작업 좌표계(Workplane) 2를 기준으로 접근하기 어려운 형상이 스톡모델 레스트 바운더리(Stock Model Rest Boundary)에 포함되어 정삭 가공이 완료되었다. 완료된 정삭(Finishing) 가공은 스톡모델(Stock Model)에 추가될 것이다.

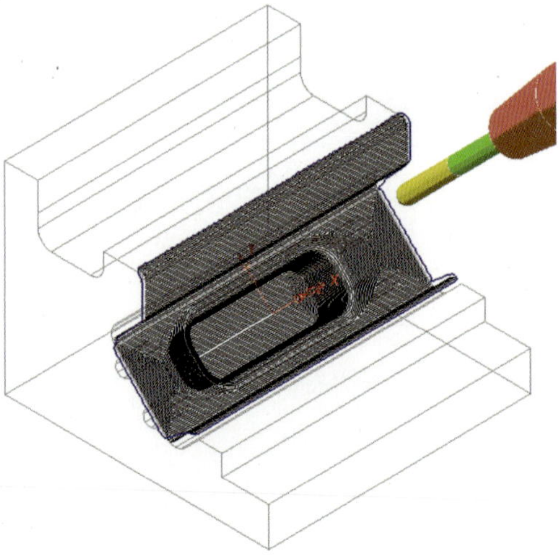

❶ 스톡모델에 추가

- 스톡모델(Stock Model) 메뉴에서 적용(Apply) → 활성화된 툴패스를 뒤로(Active Toolpath Last)를 선택한다.

- 스톡모델(Stock Model) 메뉴의 보기 옵션(Drawing Options)에서 쉐이딩(Shading)을 선택한 후 미절삭 영역보기(Show Rest Material)를 선택하고 계산(Calculate)을 클릭한다.
- 스톡모델(Stock Model)에 가공하고 남아 있는 두 개의 영역을 확인할 수 있다.
- 양쪽 모두 안쪽에 날카로운 모서리 형상이기 때문에 엔드밀(End Mill)을 이용해 가공을 완료할 것이다.

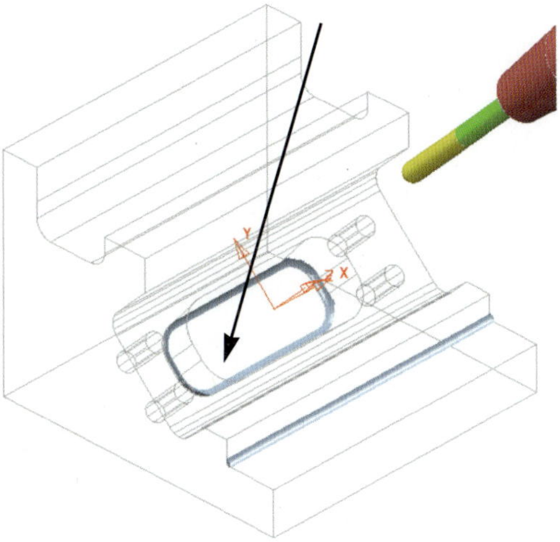

- 지름 12 mm 엔드밀(End Mill) 공구를 EM12 이름으로 생성한다.

❷ 스톡모델 바운더리 생성

- 파워밀 탐색기(Explorer)의 바운더리(Boundaries)에서 바운더리 만들기(Create Boundary) → 스톡모델 레스트(Stock Model Rest)를 선택하면 다음 그림과 같은 창이 열린다.

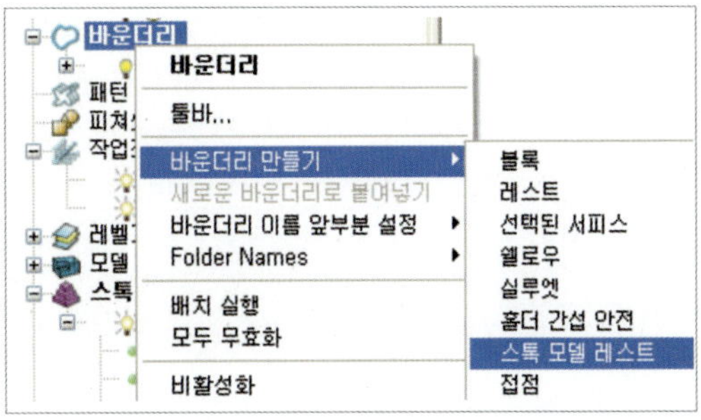

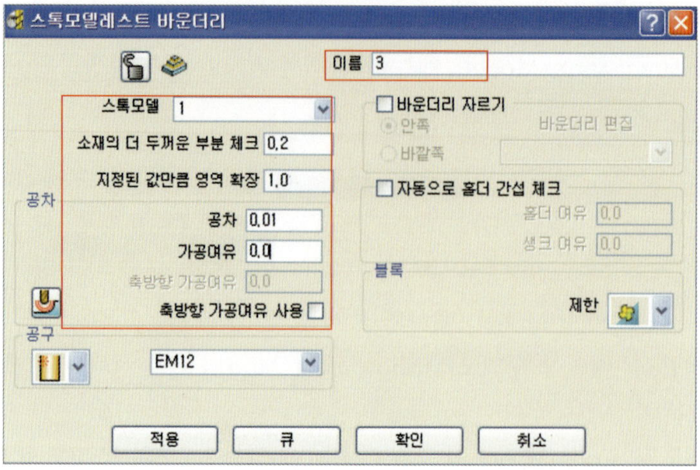

- 위에 보이는 것처럼 스톡모델 레스트 바운더리(Stock Model Rest Boundary) 이름을 3으로 입력하고 다른 값을 정의한다.
- 적용(Apply)을 눌러 바운더리를 생성하고 취소(Cancel)를 선택해 창을 종료한다.
- 가공하고 남은 접근하기 어려운 영역에 12EM 공구로 새로운 스톡모델 바운더리가 생성된다.
- 이 영역은 EM12 공구로 접근하기 어려운 부분이 아니므로 결과적으로 바운더리가 생성되지 않는다.

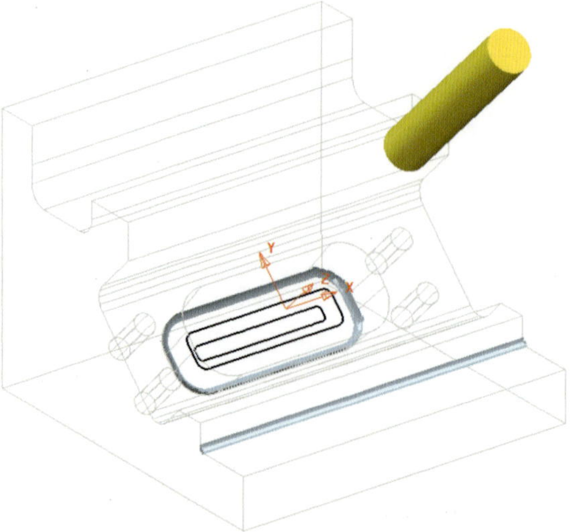

12 ›› 등고선 가공 설정

- 가공 패턴(Strategy Selector) 아이콘 을 선택하고 정삭(Finishing) 탭에서 등고선 가공(Constant Z)을 선택한다.

- 툴패스 이름을 EM12-AngFin1로 입력하고 나머지 값을 아래 보이는 그림과 같이 정확하게 설정한다.

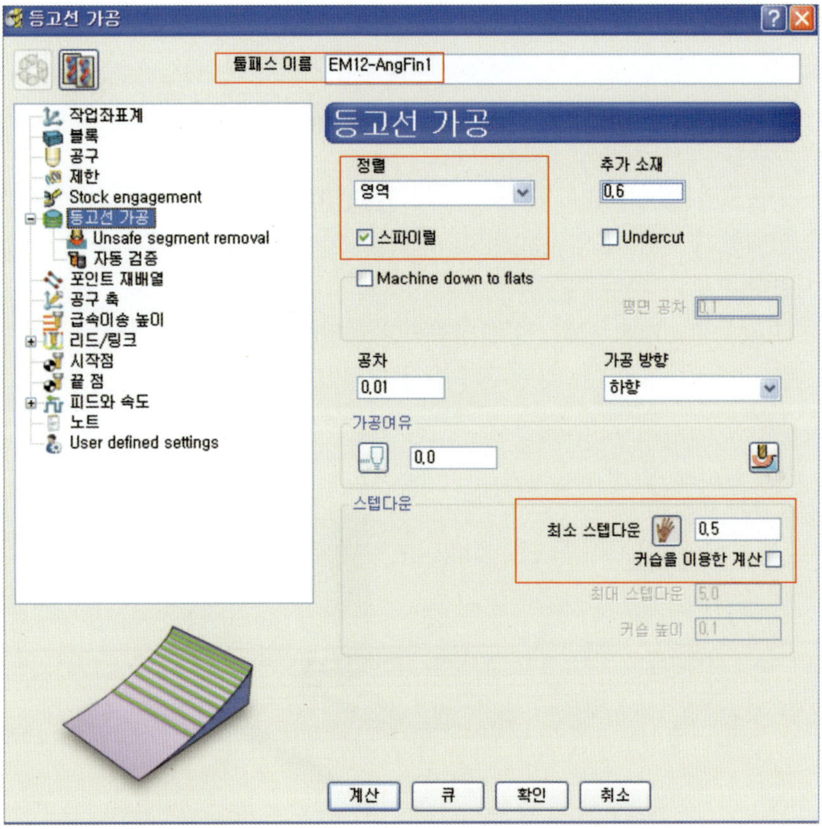

- 툴패스를 계산(Calculate)하고 취소(Cancel)를 선택해 창을 종료한다.
- 각도가 있는 포켓은 마지막 툴패스에 의해 완전히 가공되었고 이제 스톡모델(Stock Model)에 추가될 것이다.

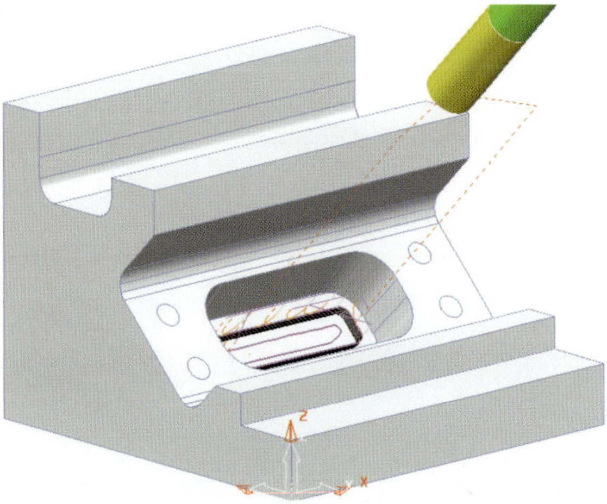

❶ 스톡모델에 추가

- 스톡모델(Stock Model) 메뉴에서 적용(Apply) → 활성화된 툴패스를 뒤로(Active Toolpath Last)를 선택한다.

- 스톡모델(Stock Model) 메뉴의 보기 옵션(Drawing Options)에서 쉐이딩(Shading)을 선택한 후 미절삭 영역보기(Show Rest Material)를 선택하고 계산(Calculate)을 클릭한다.
- D16t3-TopRuf 툴패스를 활성화하고 동일한 설정을 사용한다. D16t3-TopRuf 툴패스를 비활성화하고 EM12 공구를 활성화(Activate)한다.

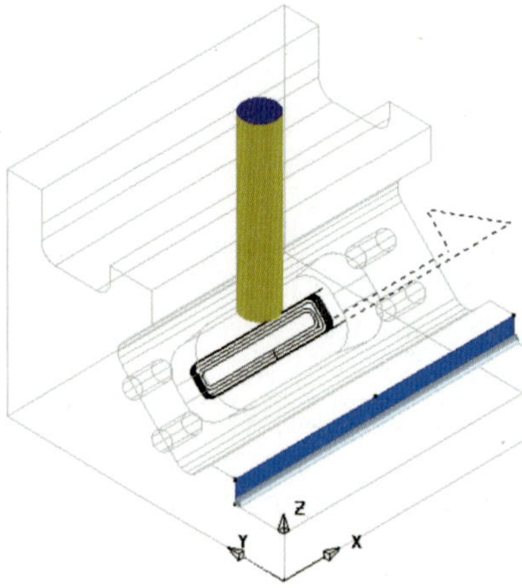

- 왼쪽에 보이는 쉐이딩된 수직 서피스을 선택하고 EM12-TopFin1이라는 이름으로 스왑가공(Swarf Finishing)을 생성한다.

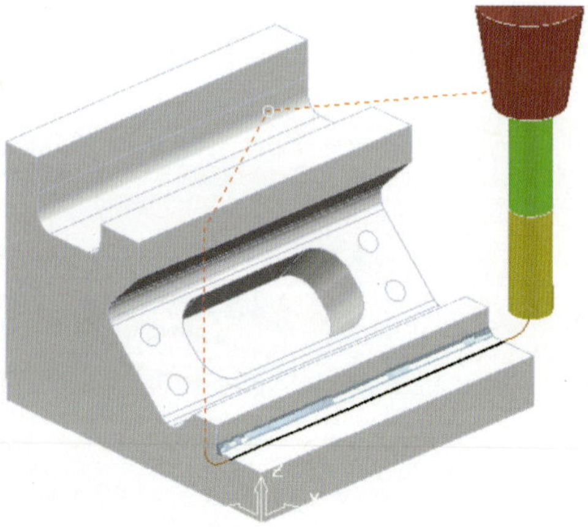

- 새로 생성된 EM12-TopFin1 툴패스를 스톡모델(Stock Model)에 등록하고 계산(Calculate)하면 아래에 보이는 것과 같이 모든 가공이 완료된 것을 확인할 수 있다.

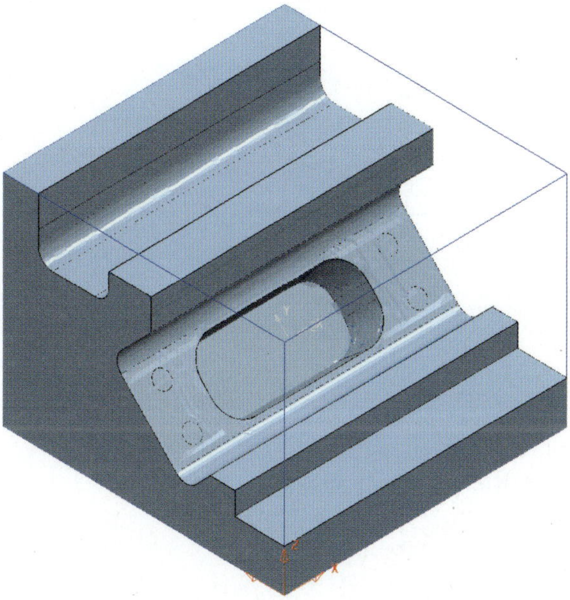

- 미절삭 영역 보기(Show Rest Material) 옵션의 체크를 풀면 스톡모델(Stock Model)만 보여진다.
- 파일(File) → 저장(Save)을 선택하면 지금까지 진행한 단계가 프로젝트(Project)에 저장된다.

3+2축 - 드릴 예제 다축 라이센스가 있는 경우(Example)

파워밀(powerMILL)의 드릴링(Drilling) 옵션은 모델에 직접 적용되는 것이 아니라 홀 피쳐에 대해 적용된다. 모델이 아닌 홀 피쳐에 적용됨으로써 서피스(Surface) 데이터를 트림시키고 다시 메우는 작업을 하지 않아도 된다.

다축(Multi-Axis) 옵션을 체크하면 정렬이 다른 홀 피쳐(Hole Features)에 작업 좌표계(Workplane)를 생성할 것이다.

01 >> 모델 불러오기

아래의 경로에서 drill5ax_ex1 모델을 불러온다.

…\powerMILL_Data\five_axis\drill_5axis\drill5ax_ex1

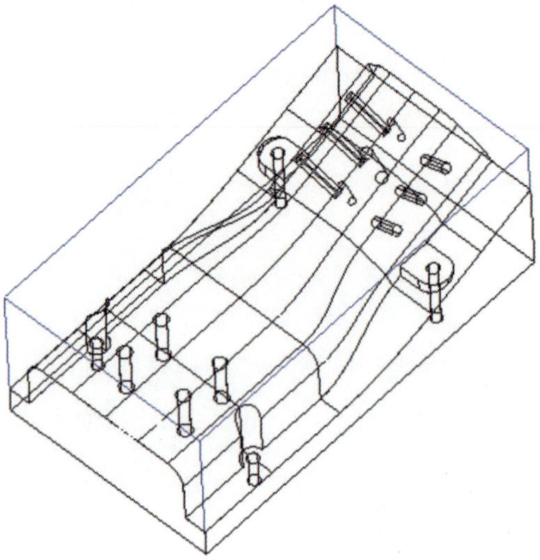

02 >> 프로젝트 저장하기

- 아래의 경로에 다른 이름으로 프로젝트를 저장한다.
  …\COURSEWORK\powerMILL-Projects\MultiAxisDrill-ex1
- 블록을 정의하지 않는데, 블록이 이미 설정되었다면 설정된 블록을 삭제한다(블록 창 오른쪽 코너에 있는 아이콘 을 선택한다).

03 >> 피쳐셋 설정

- 선택한 항목 안에 있는 모든 원통형 형상은 홀 피쳐 (Hole Feature)로 자동으로 인식될 것이다. 홀의 방향은 블록의 최대, 최소 Z 값에 가장 가까운 값을 이용하여 계산된다.
- 홀의 방향을 바꾸고자 하는 경우 원하는 홀을 선택하고 편집 옵션을 설정하여 홀 방향 전환을 이용할 수 있다.
- 파워밀 탐색기의 피쳐셋에서 마우스 오른쪽 버튼을 클릭하고 메뉴에서 설정(Preference)을 선택한다.

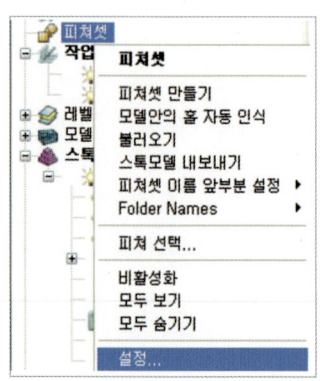

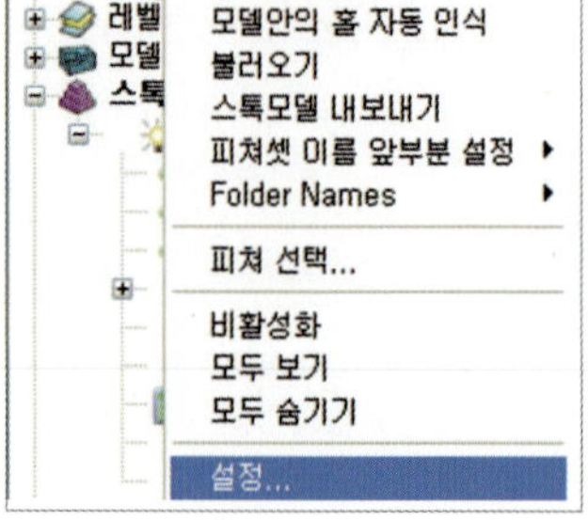

• 피쳐 창(Feature Form)이 열린다. 피쳐셋을 만들어 아래와 동일하게 설정한다.

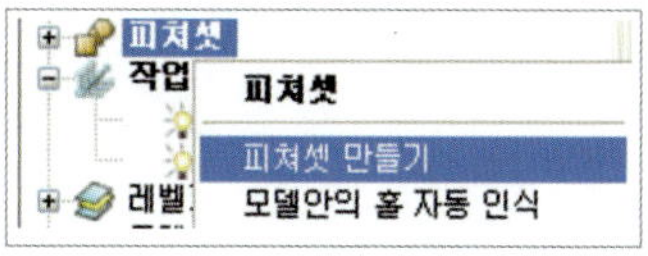

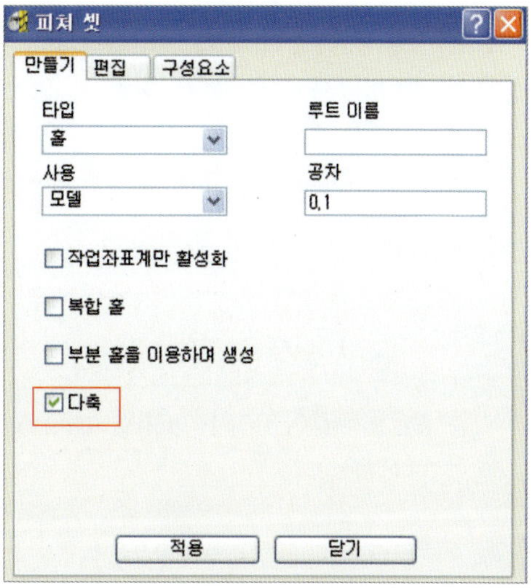

• 다축 옵션을 선택한다.
• 적용 후 피쳐셋 창을 닫는다.
• 선택된 모델에 있는 원통형의 서피스(Surface)는 모두 자동으로 홀 피쳐로 인식된다. 새로 추가된 피쳐들을 보기 위해 모델을 보이지 않게 설정한다.
• 모두 17개의 홀이 피처셋에 블록 정의를 박스, 타입을 모델로 선택하고 블록을 생성한다.

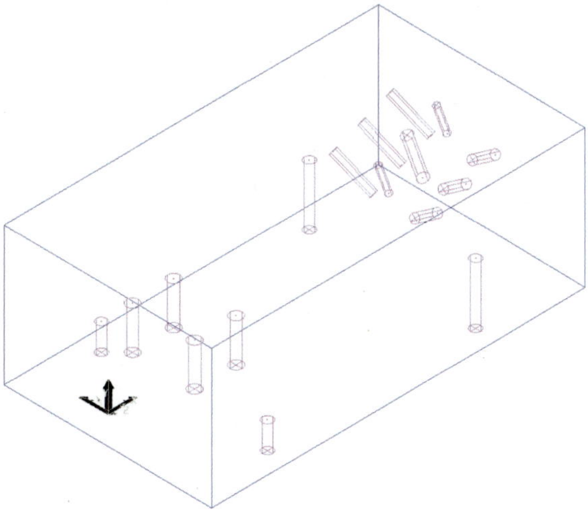

04 >> 급속 이송 높이 및 시작과 끝 포인트 설정

• 급속 이송 높이(안전높이, 시작 높이) 를 재설정하고 시작 위치를 블록중심 안전 높이로 설정한다.

- 모델을 전부 선택한 후 탐색기(Explorer) 창의 피쳐셋(Feature Sets) 위에서 마우스 오른쪽 버튼을 클릭한다.
- 홀 피쳐들은 특정한 상단 · 하단의 값으로 정의해진다.
- 홀의 방향은 블록의 최대, 최소 Z 값에 가까운 값에 의해 결정된다. 아래 그림과 같은 세 개의 홀을 보면 방향이 뒤집혀 있는 것을 알 수 있다. 이것들의 방향을 바꿔줘야 한다.

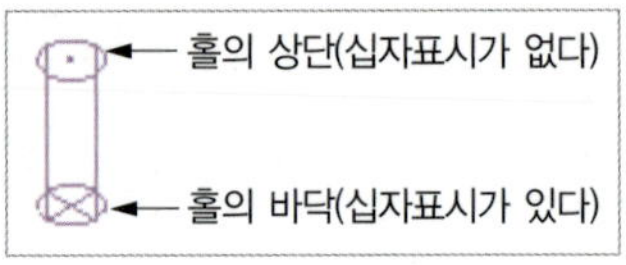

- 이제 모든 홀의 방향이 적당하게 되어 드릴 가공할 준비가 되었다.

05 >> 공구 생성

- 지름 5mm, 길이 60의 Drill을 Drill5 이름으로 생성한다.

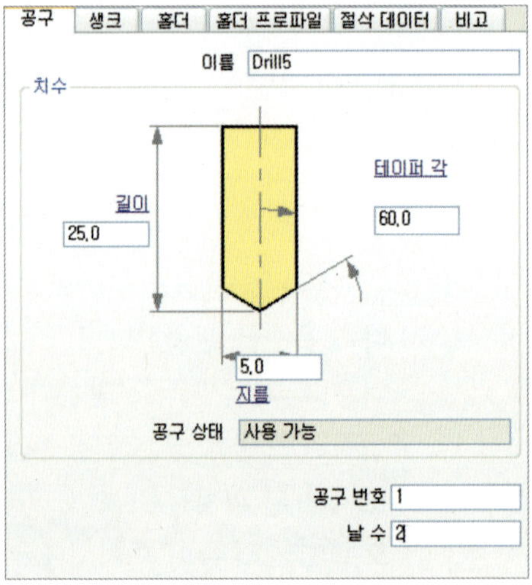

- 위쪽/아래쪽 지름 5, 길이 30인 섕크를 추가한다.

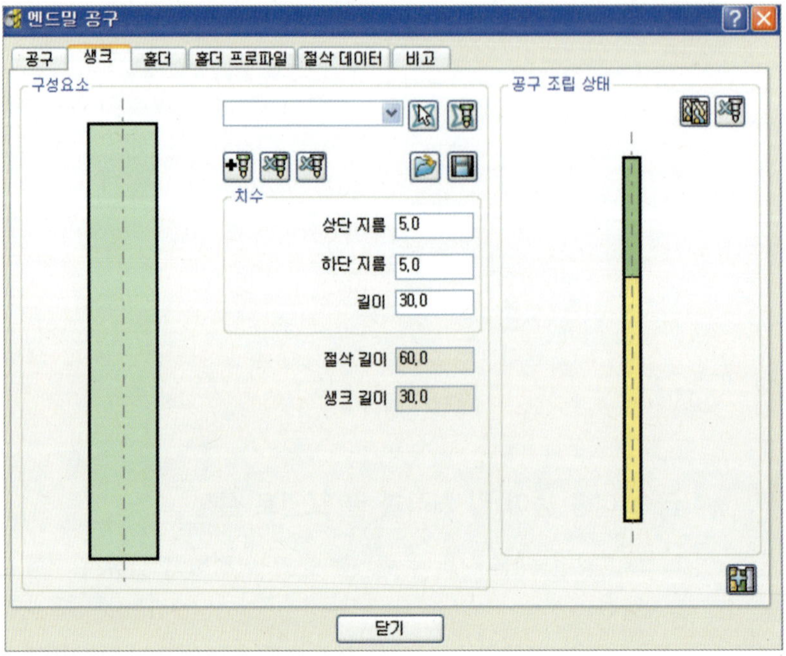

- 상단 지름 50, 아래 지름 30, 길이 30, 가공 최적 길이 75로 홀더를 추가한다.
- 위쪽 지름 50, 아래쪽 지름 50, 길이 30의 홀더를 추가한다.

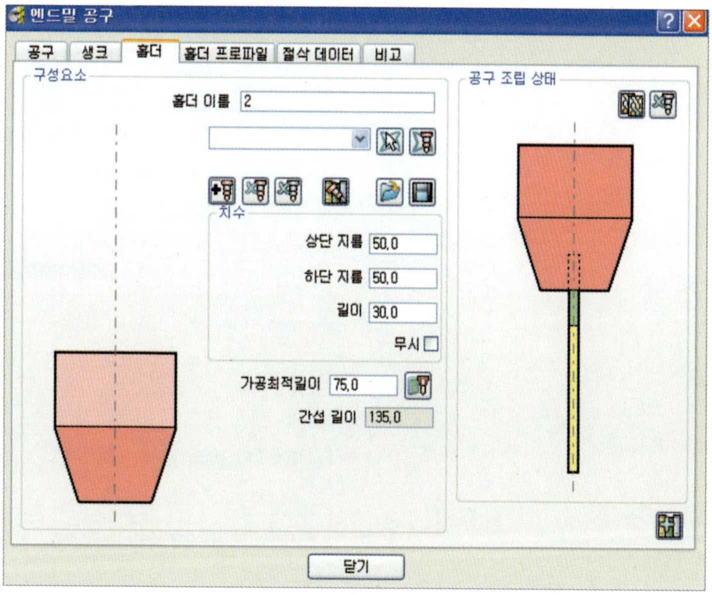

06 >> 드릴 가공 설정

- 가공 패턴(Toolpath Strategies) 아이콘 을 선택 후 드릴링(Drilling) 옵션을 선택해 드릴링 가공에 대한 새 폼을 연다.
- 툴패스의 이름을 Drill5로 변경한다.

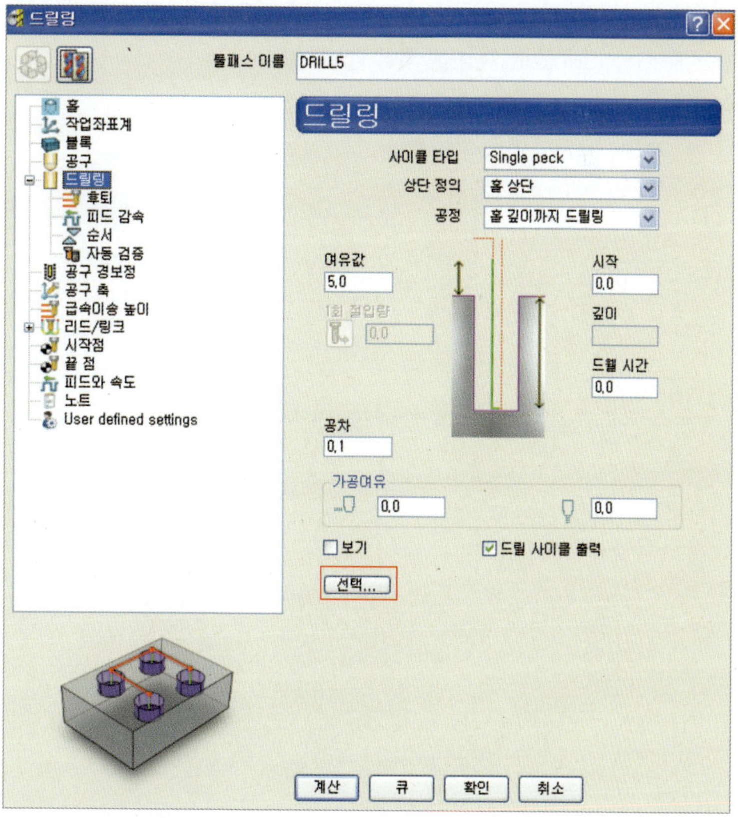

• 드릴링 창에서 선택(Select) 버튼을 클릭하여 피쳐셋 선택(Feature Selection) 폼을 연다.

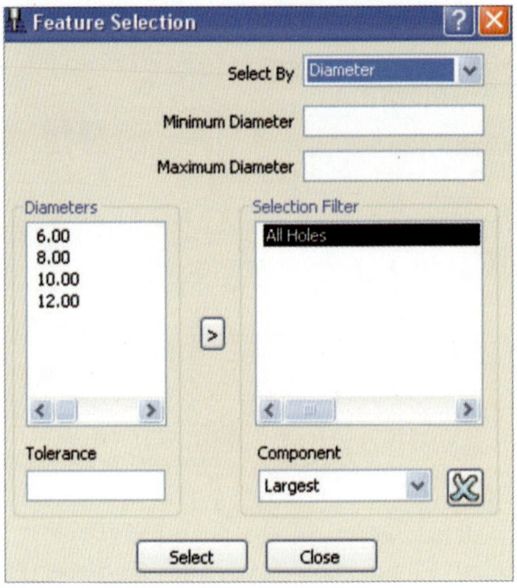

• 모든 크기의 홀을 선택 후 피쳐셋 폼을 닫는다.
• 다축(Multi-Axis) 옵션을 선택하고 적용 버튼을 눌러 툴패스를 생성한 후 폼을 닫는다.
• 툴패스를 시뮬레이션한다.
• 라이센스가 있는 경우 다축 옵션으로 모델에 있는 각각 다른 축을 가진 홀을 하나의 피쳐셋 안에 만들어 준다. 라이센스가 없는 경우 모델 안에 홀 자동인식(Recognise Holes in Model) 기능을 사용할 수 있다.

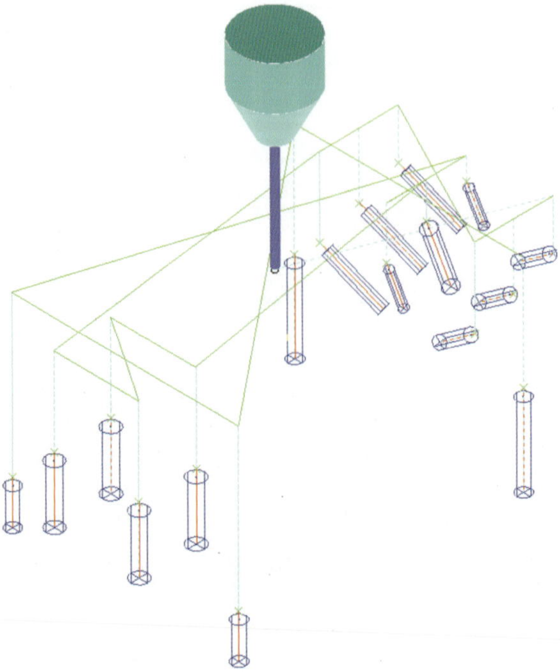

- 이 경우에는 각각 홀의 축 방향에 따라 작업 좌표계(Workplane)를 만들고 작업 좌표계(Workplane)에 따라 각각의 피쳐셋 안에 홀이 만들어진다.
- 지름 6mm의 피쳐에는 나사선이 있다. 5mm 드릴 가공 후에 홀의 바닥부분에 공구의 끝부분 모양과 같이 원뿔형으로 남아 있는 부분이 있게 된다. 홀의 바닥 홀이 탭핑될 때 정확한 축 방향 가공여유를 적용하기 위해서 약간의 드웰 타임(Dwell Time)이 필요하다.

07 >> 공구 생성

- 지름 6mm에 길이 25인 Tapping 공구를 Tap6 이름으로 만든다.

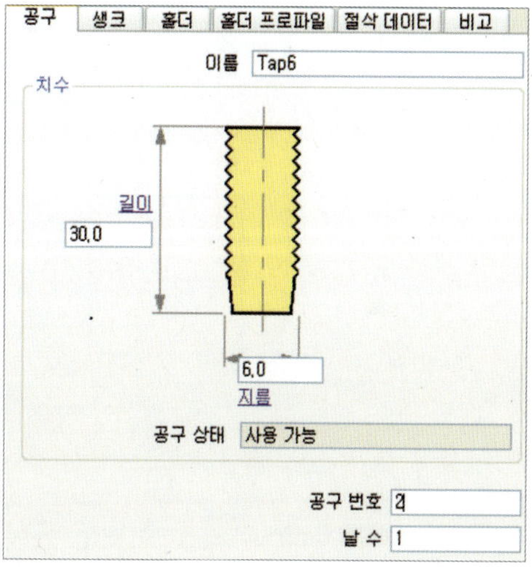

- 상단 지름 4, 하단 지름 4, 길이 30인 생크를 만든다.

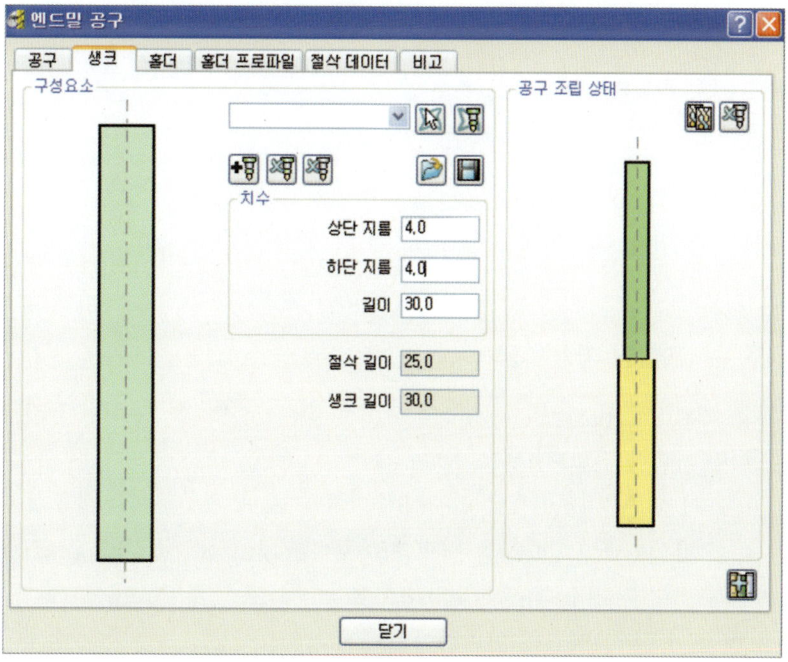

• 상단 지름 30, 하단 지름 30, 길이 30, 가공 최적 길이(Overhang) 55인 홀더를 만든다.

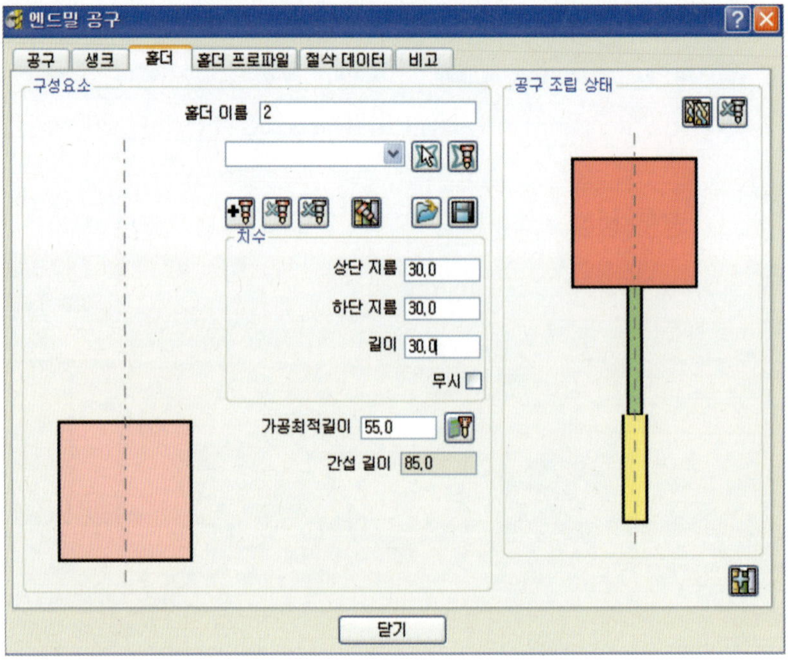

• 지름 6mm의 홀을 선택한다.

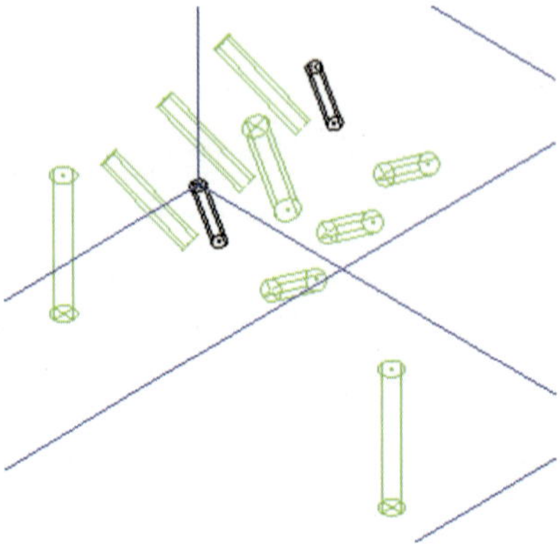

08 >> 드릴링 가공설정

• 가공 패턴(Toolpath Strategies) 아이콘 을 선택 후 드릴링(Drilling) 옵션을 선택해 드릴링 가공에 대한 새 폼을 연다.
• 툴패스의 이름을 Tap6으로 바꾼다.
• 사이클 타입(Cycle Type)을 탭핑 사이클(Tapping)로, 공정(Operation) 부분을 홀 깊이까지 드릴링(Drill to Hole Depth)으로 설정하고 피치(Pitch)에 1을 입력한다.
• 축 방향 가공여유에 5를 입력한다.

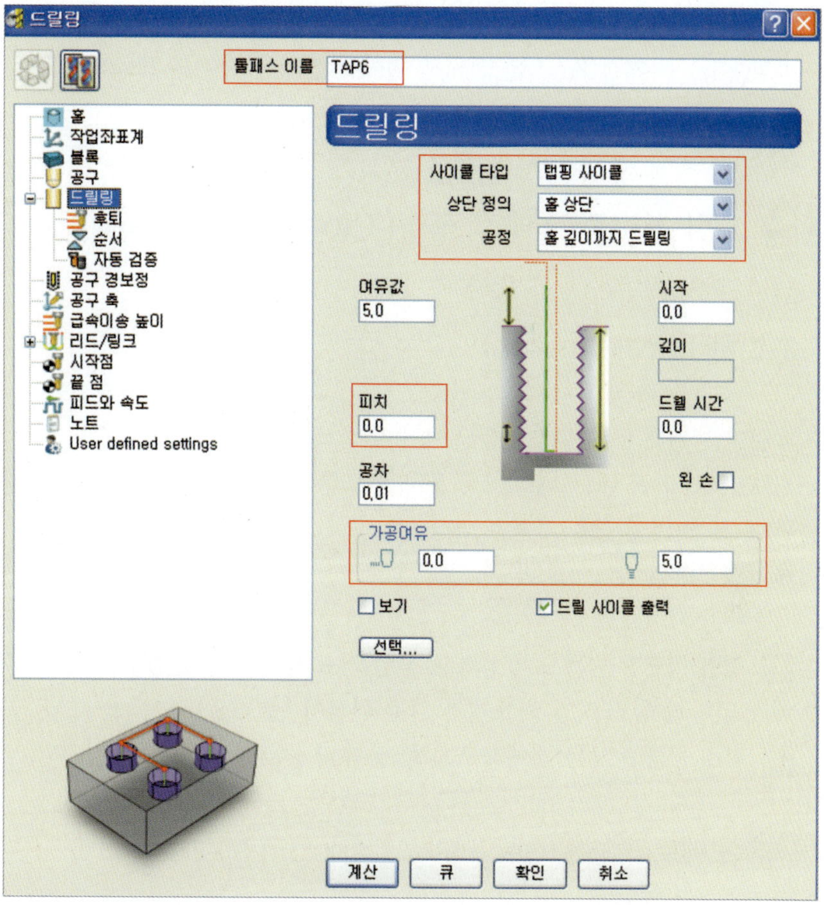

• 툴패스를 생성하기 위해 적용(Apply) 후 폼을 닫는다.

09 >> 툴패스 시뮬레이션

• −Y축 방향에서 모델을 본다.

• 6mm Tap 툴패스에서 마우스 오른쪽을 클릭하여 시작위치에 활성화된 공구 시작 위치 시키기(Attach Active Tool to Start)를 선택한다.

• 작업 영역 창에서 키보드의 화살표 버튼을 이용하여 한 단계씩 가공이 어떻게 되는지를 확인한다.

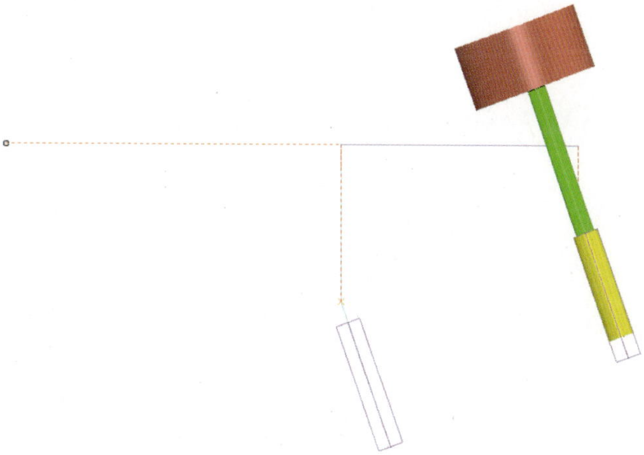

- 선택된 홀이 바닥에 5mm를 남겨놓고 탭핑되는 것을 확인할 수 있다.
- 파일(File) → 저장(Save)을 선택해 위에서 진행한 단계를 프로젝트(Project)에 업데이트 한다.

2 다축 드릴 신버전 툴패스 생성(Toolpath Generation)

1 ▶▶ 변환(Transformation)

- 파워밀은 원래의 개체에 변환된 개체가 함께 저장된다.
- 커브, 작업 좌표계, 툴패스에 적용하는 모든 변환 툴바들(이동, 회전, 대칭 이동, 다중 변환)은 두 개의 옵션을 가지고 있다.

예

작업 좌표계 원점 – 활성화된 작업 좌표계가 기준 원점이 된다. 활성화된 작업 좌표계가 없다면 월드 작업 좌표계가 기준 원점이 된다.

박스 원점 – 모든 개체를 포함한 블록의 중심이 기준 원점이 된다.

2 ▶▶ 지오메트리 변환(Geometry Transformations)

- 개별의 바운더리/패턴에서 마우스 오른쪽 버튼을 누르고 편집 → 변환 메뉴를 선택하면 바운더리와 패턴에서 변환을 할 수 있다.
- 이 툴바는 툴패스 변환과 작업 좌표계 변환 툴바들과 비슷하다.

Note

커브 편집기 모드에서도 바운더리/패턴의 변환 툴바들을 사용할 수 있다.

3 ▶▶ 피쳐 공차(Feature Tolerance)

피쳐셋 창에서 닫기 공차를 설정할 수 있다. 옵션 창의 도구 → 옵션 → 공차 → 와이어프레임 메뉴에서 닫기 톨러런스(공차)를 변경할 수 있다.

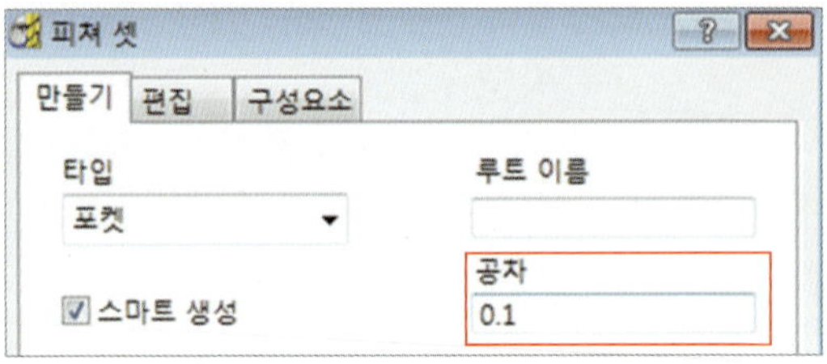

4 ▶▶ 드릴 깊이(Drill Length)

드릴 공구 창에서는 드릴 공구의 전체 길이와 팁을 제외한 길이를 확인할 수 있다.

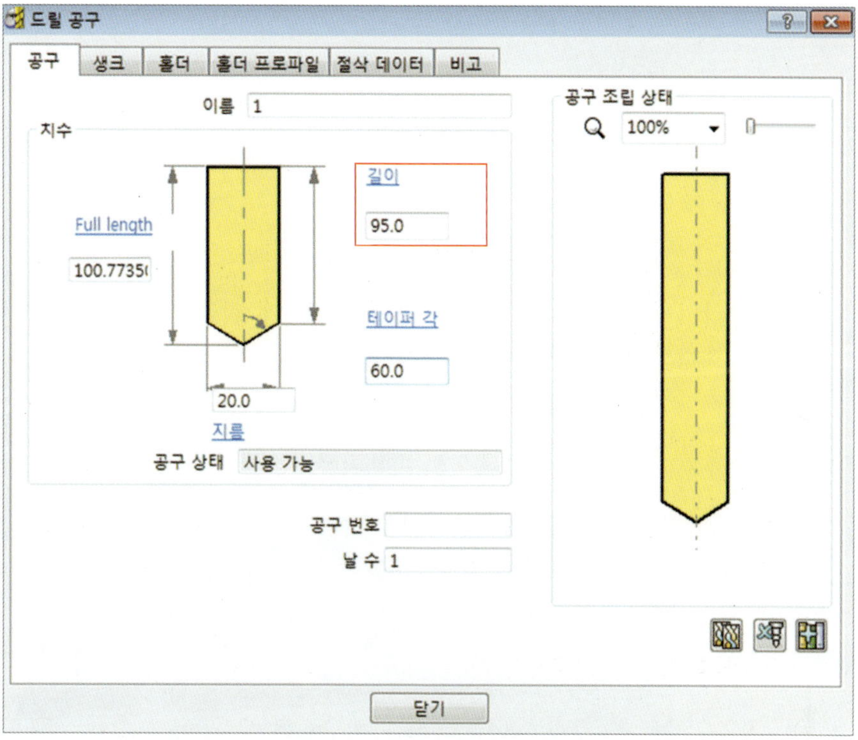

5 ▶▶ 홀의 축을 따라 작업 좌표계 생성(Create a Workplane Along the Axis of a Hole)

- 원호 또는 원 위에 3개의 점을 찍어 원호 또는 원 중심에 작업 좌표계를 생성한다.
- 홀 기준 축을 가지고 기본 편집 작업을 해야 할 때, 홀 중심에 작업 좌표계를 생성할 수 있기 때문에 유용하다.
  - 작업 좌표계 툴바의 세 개의 원호 위의 점을 통해 작업 좌표계 생성 아이콘 을 선택한다.
  - 작업 좌표계 메뉴에서 마우스 오른쪽 버튼을 눌러, 작업 좌표계 생성 및 설정 → 3개의 원호 위의 점을 통해 작업 좌표계 생성을 선택한다.

6 ▸▸ 원호 위의 3개 점을 통한 작업 좌표계 생성(Creating a Workplane from Three Arc Points)

이 예제는 홀의 Z축을 따라 작업 좌표계를 생성하는 방법이다.

01 >> 작업 좌표계 툴바에서 , 원호 위의 3개 점을 통해 작업 좌표계 생성 아이콘 을 선택한다.

02 >> 홀을 정의하는 원 위의 3개 점을 클릭한다(포인트 ①, ②, ③).

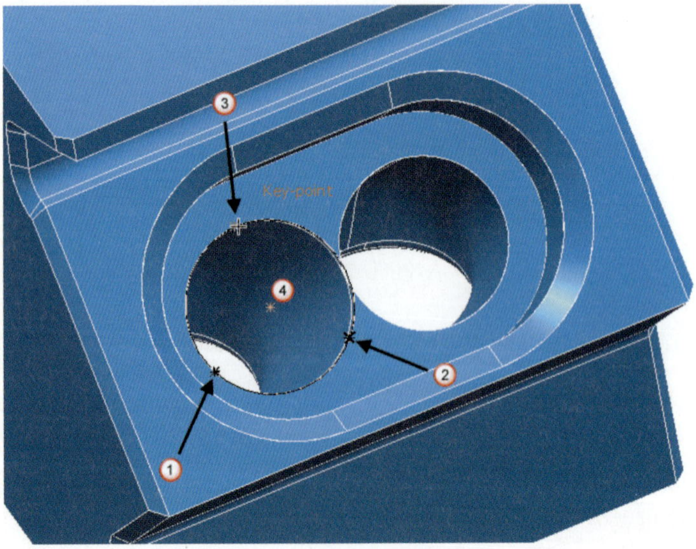

파워밀은 작업 좌표계의 원점인 원의 중심(포인트 ④)을 계산하고 원점 확인 창을 보여준다.

03 >> 적용을 누른다.

Note

이 창에서 원점의 위치를 변경할 수 있다.

04 >> 그래픽 영역에서 Z축 방향(⑤)을 선택한다.
홀의 안과 밖 두 개의 옵션이 있다.

05 >> 작업 좌표계가 생성된다.

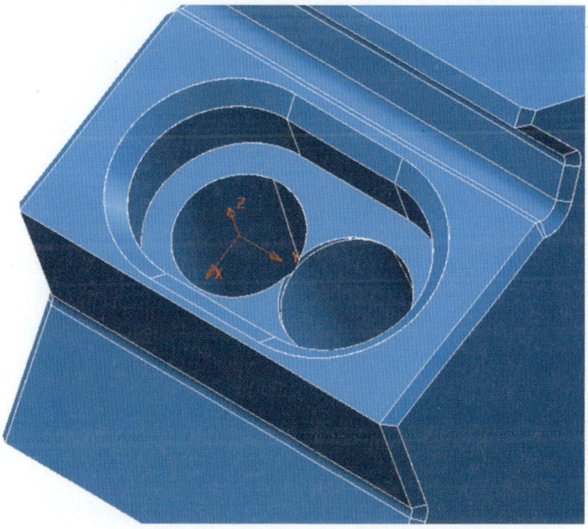

7 ▶▶ 스파이럴 프로파일 드릴링(Spiral Profile Drilling)

01 >> 드릴링 툴패스에서 스파이럴 프로파일을 생성할 수 있다.

- 드릴링 창에서 :
  - 프로파일 사이클 타입을 선택한다.

- 드릴 사이클 출력을 체크하지 않는다.
- 스파이럴을 선택한다.

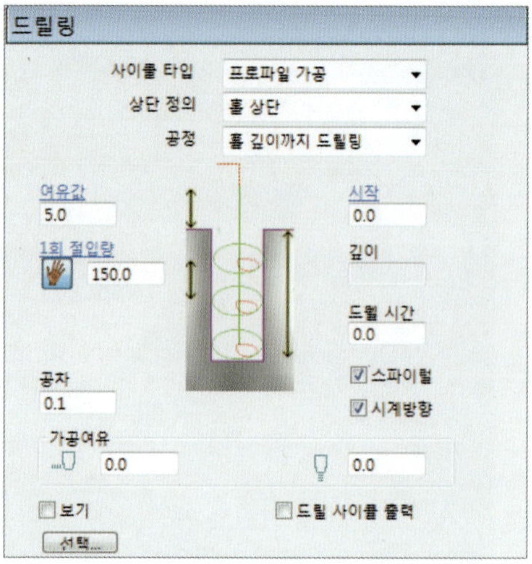

02 >> 스파이럴은 각각의 홀의 중심으로부터 눈물 모양의 리드로 스파이럴 툴패스를 생성한다. 그리고 프로파일 페이지의 스텝오버를 정의할 수 있다.

- 스파이럴 체크하지 않은 프로파일 드릴링 툴패스 :

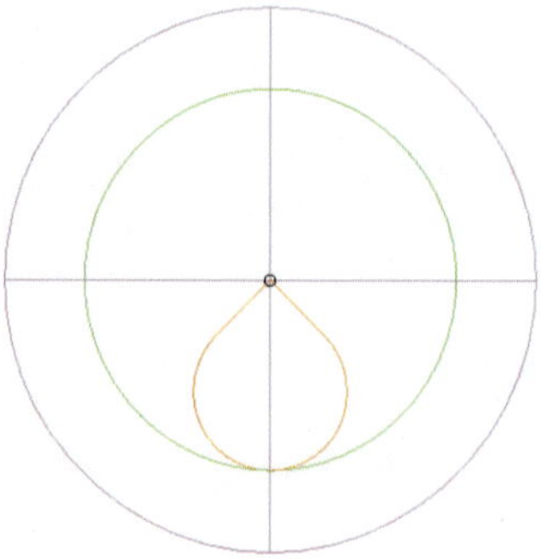

- 스파이럴 체크한 프로파일 드릴링 툴패스 :

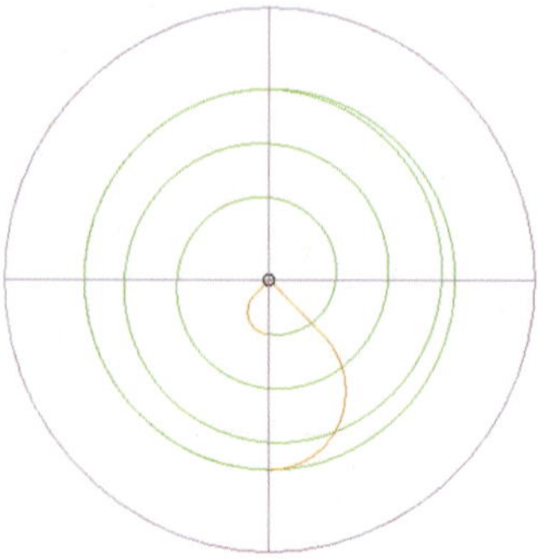

03 >> 메인 페이지에서 스파이럴을 체크하면 스파이럴 스텝오버를 보여준다.

- 스파이럴 스텝오버는 바로 옆 경로 사이의 거리이다.

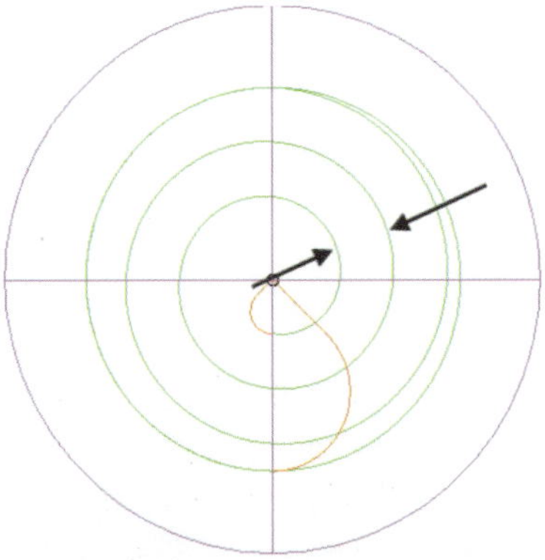

3 5축 황삭 가공 신버전 툴패스 생성(Toolpath Generation)

1 ▸▸ 황삭 스텝 커팅(Area Clearance Step Cutting)

- 스텝 커팅 옵션은 큰 스텝다운 값으로 황삭 툴패스를 생성할 때 계단 형상을 최소화한다.
- 스텝 커팅 옵션은 같은 툴패스의 같은 공구를 사용하여 큰 황삭 툴패스로부터 미절삭된 나머지 계단 형상 소재를 가공한다.
- 잔삭 가공과 스텝 커팅의 차이점

잔삭 가공	스텝 커팅
황삭 툴패스에서 사용했던 공구와는 다른, 일반적으로 더 작은 공구를 사용한다.	같은 공구를 사용한다.
분리되어진 개별적 툴패스를 생성한다.	합쳐진 하나의 툴패스를 생성한다.
형상에서 위에서부터 아래 방향으로 계단 형상을 가공한다.	일반적으로 형상의 아래 방향으로 주요 슬라이스를 가공하고 나머지 주요 슬라이스를 위 방향으로 가공한다.

• 스텝 커팅은 황삭 → 모델 프로파일 → 황잔삭 → 프로파일 잔삭 가공에서 적용할 수 있다.

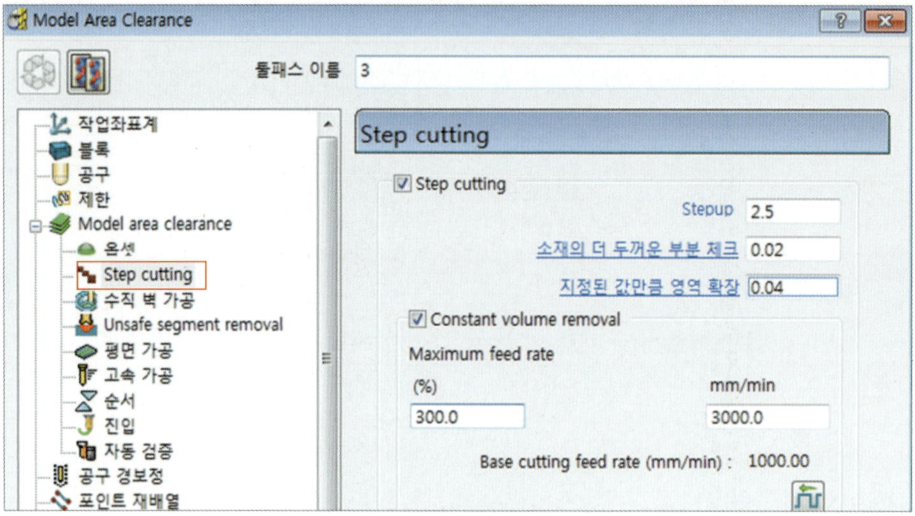

– 잔삭 가공 또는 스텝 커팅 없는 일반적인 황삭 툴패스 :

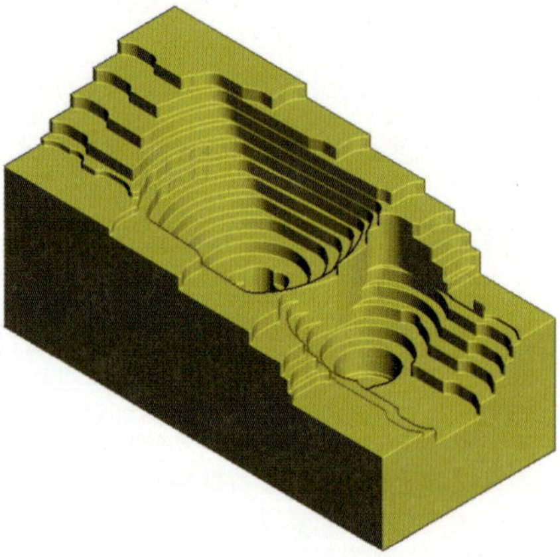

– 스텝 커팅 적용한 같은 툴패스 :

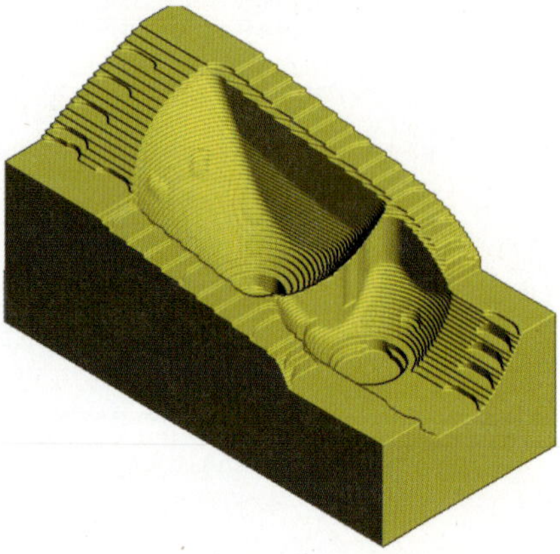

- 주요 슬라이스들은 전체 블록에 대해 생성되지만 스텝 커팅 슬라이스는 계단 형상 중 필요한 부분에 대해서만 생성된다.

2 ▶▶ 스텝 커팅-황삭(Step cutting-area clearance)

스텝 커팅은 계단 형상을 줄이기 위해서 중간에 툴패스를 생성한다.

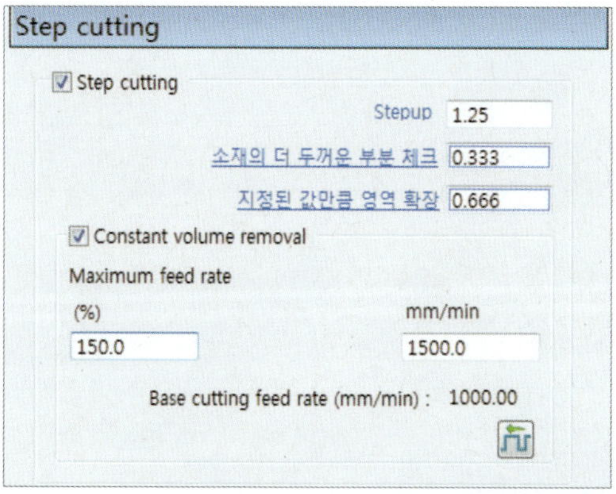

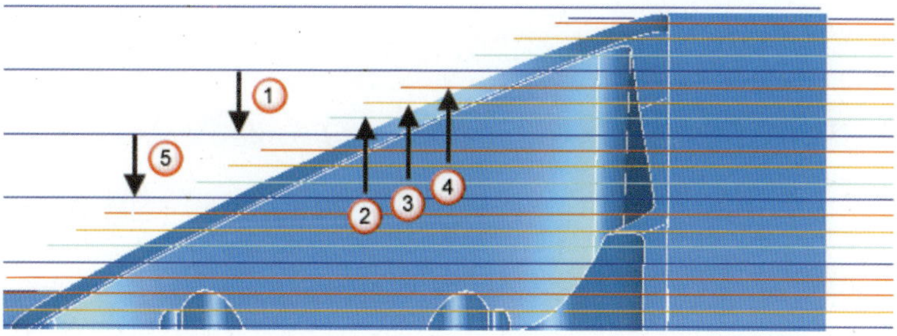

①: 첫번째 경로는 주요 슬라이스

②: 다음 경로는 가장 낮은 스텝 커팅 슬라이스

③: 다음 경로는 그 다음으로 낮은 스텝 커팅 슬라이스와 앞의 주요 슬라이스까지 위로 올라가는 나머지 스텝 커팅 슬라이스들(④)

⑤: 다음 주요 슬라이스

- 주요 슬라이스들은 보통 위에서부터 아래로 잘려진다.
- 중간의 슬라이스들은 밑에서 위로 잘려진다.
- 주요 슬라이스의 절삭 깊이(스텝다운)보다 스텝 커팅의 절삭 깊이(스텝다운)가 작기 때문이다. 경로의 수는 최소화하고 각각의 경로마다 절삭 깊이는 최대화시키기에 가장 적합한 방법이다.

• **스텝업** – 중간 절삭 사이의 거리

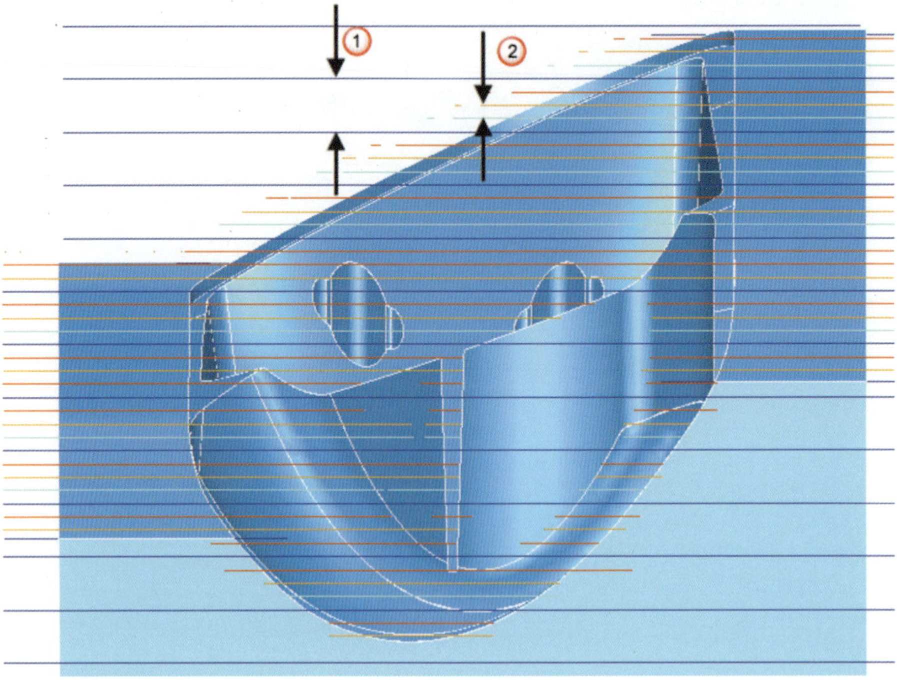

① : 주요 슬라이스의 스텝다운
② : 중간 슬라이스의 스텝업

주요 슬라이스는 소재를 대부분 제거한다. 중간의 슬라이스들은 주요 슬라이스 가공 후의 남아있는 계단 형상을 제거한다.

• **보다 두꺼운 소재 감지** – 파워밀은 한계점에 지정된 값보다 얇은 미절삭 부분은 무시한다. 이것은 무시해도 될 만큼 얇은 구간이 남은 부분은 가공하지 않게 하여 황잔삭 가공의 효율을 높이게 하기 위함이다. 이전의 툴패스로부터 발생한 커습에 의해서 발생된 얇은 영역이다.
• **지정된 값만큼 영역 확장** – 면을 따라 정의된 값만큼 미절삭 영역을 확장시킨다. 보다 자세한 부분(사이, 코너)을 가공하는 영역을 줄이고, 모든 세부사항(예를 들어 모든 코너들)이 가공될 수 있도록 이 부분을 약간 옵셋한다.

① : 모델
② : 가공여유
③ : 실제 미절삭 소재(분홍색 라인 바깥 부분)
④ : 실제 인지된 미절삭 소재(파란색 해칭 부분)
⑤ : 모든 미절삭 소재를 포함하여 확장하길 원하는 양

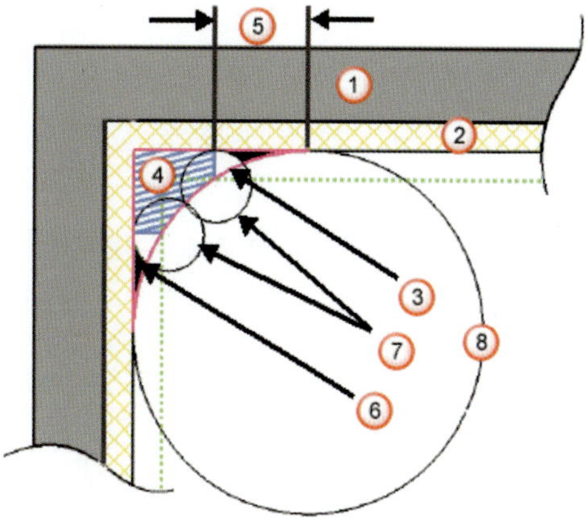

⑥ : 인식되지 못한 소재(검정색 부분)
⑦ : 공구
⑧ : 참조 공구

- 미절삭 영역(파란색 해칭 영역)을 증가시키고 인지되지 못한 영역(검정색 영역)을 제거하기 위해 지정된 값만큼 영역 확장을 사용한다.
- **일정 양 제거** – 중간 슬라이스들의 피드 값을 증가시킨다. 왜냐하면 중간 슬라이스들의 스텝다운은 주요 슬라이스보다 적기 때문이다. 공구 부하가 걸리는 동안 중간 슬라이스들의 피드 값을 증가시킬 수 있다. 각각의 중간 슬라이스는 절삭 깊이가 점점 작아짐에 따라 피드 값을 증가시킬 수 있다.

파워밀은 절삭 깊이에 따라 중간 슬라이스의 피드 증가 값을 결정한다. 그래서 만약 중간 슬라이스의 최대 절삭 깊이가 주요 슬라이스 절삭 깊이의 반이라면, 피드 값은 2배 빨라진다. 각각의 피드 값은 효과를 확인하려면, 각각의 툴패스 메뉴에서 보기 옵션 → 가공 속도 보기를 선택한다.

이 예제는 기본 절삭 피드 값 1000과 최대 피드 값 300%를 보여준다.

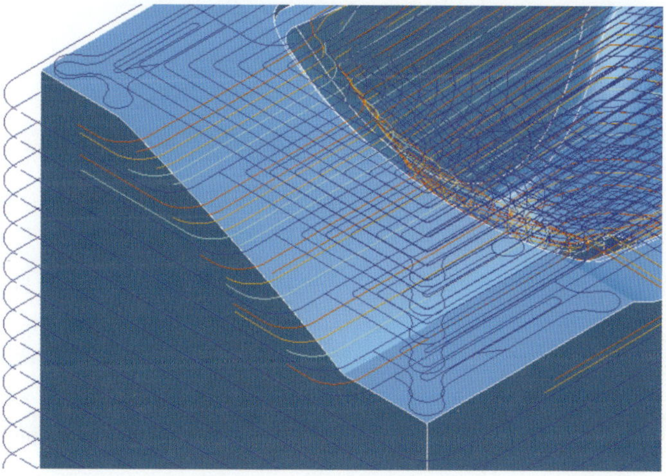

- 주요 슬라이스들은 파란색이고 1000mm/min 속도로 가공된다.
- 첫 번째 중간 슬라이스는 1330mm/min 속도로 가공되고, 마지막 중간 슬라이스는 3000mm/min의 속도로 가공된다.

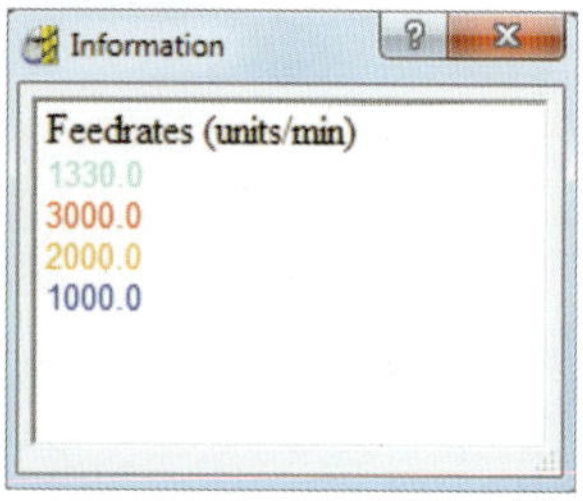

- 최대 피드 비율 % – 최대 가능한 중간 슬라이스의 절삭 피드 값은 기본 절삭 피드 값의 %로 피드와 속도 창에서 입력한다. 이 값은 100%보다 커야만 한다. 300 값은 중간 슬라이스들의 절삭 피드 값이 기본 절삭 피드 값보다 3배 더 빨리 가공할 수 있다는 의미이다.
- 최대 피드 값(mm/min) – 중간 슬라이스의 최대로 가능한 피드 값(기본 절삭 피드 값 x%).
- 기본 피드 값(mm/min) – 피드와 속도 창에서 지정된 절삭 피드 값. 변경하려면 아이콘  을 선택한다.
-  피드 값 – 피드와 속도 창에 보여진다.

3 가공 축 조절(Machine Axis Control)

툴패스 창에 가공 축 조절(Machine Axis Control) 페이지가 있다.

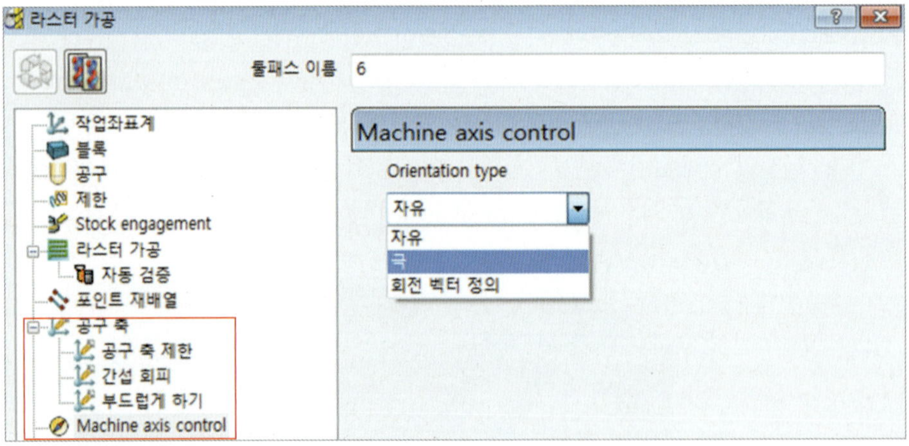

Note

극 좌표 가공은 툴패스 생성 시 사용이 가능하지만, 극 좌표 가공으로 생성된 툴패스를 편집할 수는 없다.

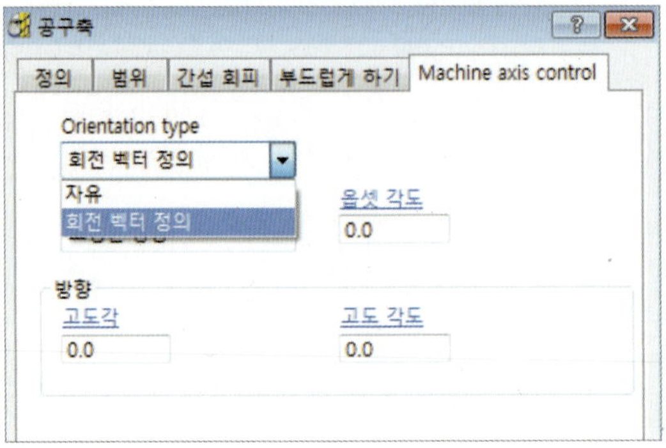

4 ▶▶ 극 좌표 가공(Polar Milling)

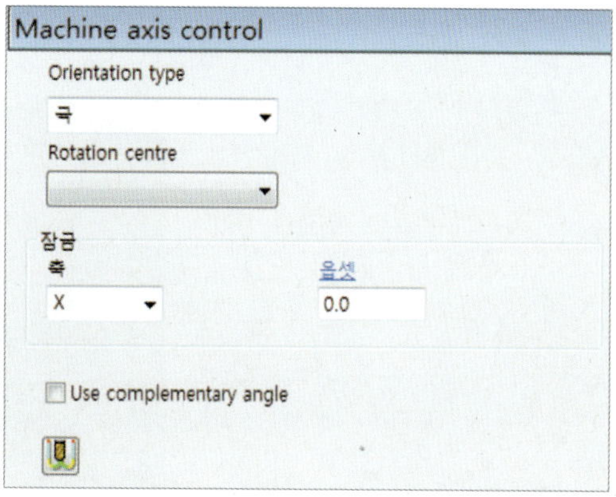

일반적으로 밀링 툴패스에서 포스트 프로세서 시, 테이블 회전을 정할 수 없어(공구 팁 위치와 공구 축 정보가 충분치 않아서) 데카르트 좌표계(직교 좌표계)를 사용했지만 지금은 극 좌표를 사용할 수 있다.

극 가공은 3축 툴패스(공구 축은 Z축)처럼 보이지만, X와 Y축보다는 기계 단일 축 회전을 사용한다.

극 가공은 X와 Y의 기계 움직임이 매우 제한적이지만, 공작 기계는 테이블-테이블 타입이고, X와 Y축에 제한적인 움직임에 대체하여 Z축을 기준으로 자유롭게 회전할 때 가장 유용하다.

- **회전 중심** – 극 좌표 가공의 회전 중심으로 정의된 작업 좌표계. Z축은 공구 축과 같아야 한다. 이 기준에 맞는 작업 좌표계만 보여진다. 만약 작업 좌표계를 선택하지 않는다면 파워밀은 월드 작업 좌표계를 사용한다.
- **잠금** – X축 또는 Y축을 잠글 것인지 결정한다. 둘 중 하나는 잠겨져야 하고 이것은 회전 축을 대체한다. 흔히 X축을 잠그고 회전 축은 C축이 된다.
  – X축을 잠그면 공구는 Y축으로 움직이고 테이블은 회전한다.

①: C축에 대해 회전
②: Y축 직선 움직임

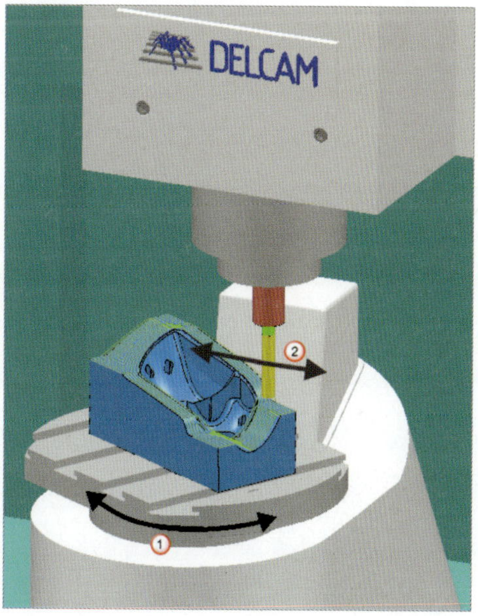

- Y축을 잠그면 공구는 X축으로 움직이고 테이블은 회전한다.

①: C축에 대해 회전
③: X축 직선 움직임

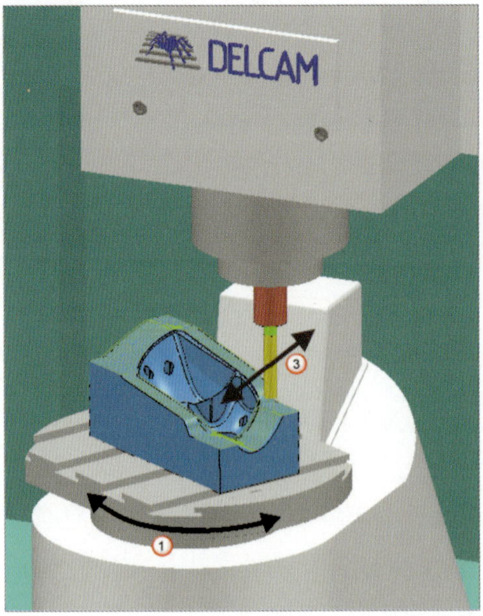

• **옵셋** – 회전 중심에서 선택된 작업 좌표계 원점에서의 옵셋. X축을 잠그고 옵셋이 없으면, 공구는 X 0을 따라 움직임이 제한된다. 옵셋 20을 적용하면 공구는 X 20을 따라 움직인다.

- 옵셋 0

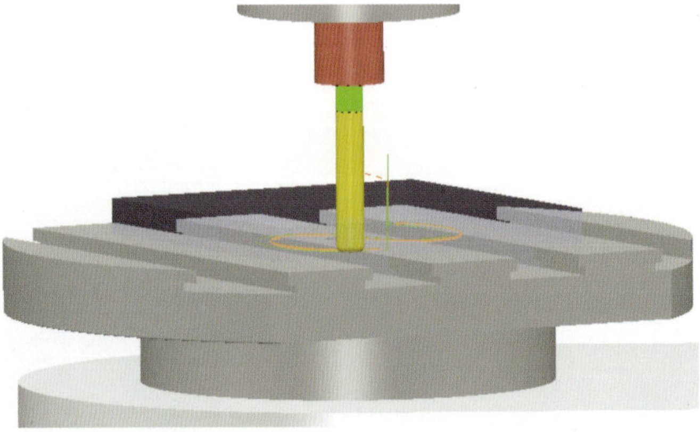

- 옵셋 50

옵셋은 공구가 영역 안쪽으로 가공할 수 없기 때문에 이 영역은 빈 공간으로 생성한다. 빈 공간은 회전 중심에서 옵셋 지름 크기이다. 형상을 가공하기 위해 옵셋 값을 지정하면, 안쪽 빈 공간에는 툴패스가 생기지 않을 것이라는 것을 확인해야 한다. 툴패스가 안쪽에 있다면, 툴패스의 일부분은 생성되지 않는다, 하지만 파워밀은 알맞은 링크를 적용한다.

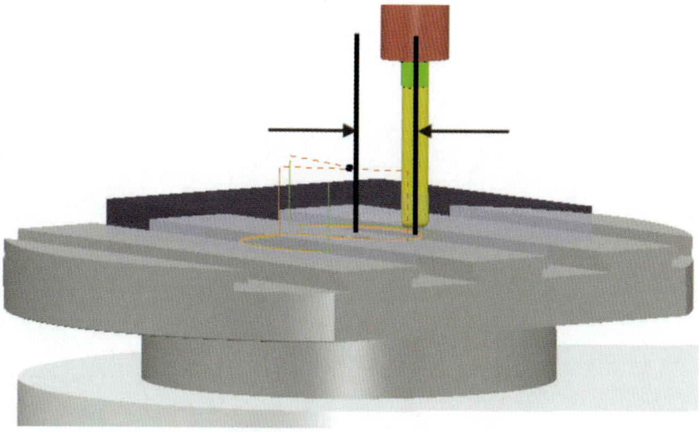

- 옵셋 0

- 옵셋 20

Note

이 문제를 해결하기 위해서는, 적어도 회전 중심 작업 좌표계를 툴패스의 옵셋 거리 값만큼 설정해야 한다.

- **상호보완 각도 사용** – 두 극 좌표 가공이 사용되도록 결정한다. 공구가 Y축으로 움직이고 테이블은 C축으로 회전한다면, 툴패스의 ①은 ②와 ③으로 회전하면서 가공된다. ②가 첫 번째 방법이면, ③은 상호보완 방법이다.

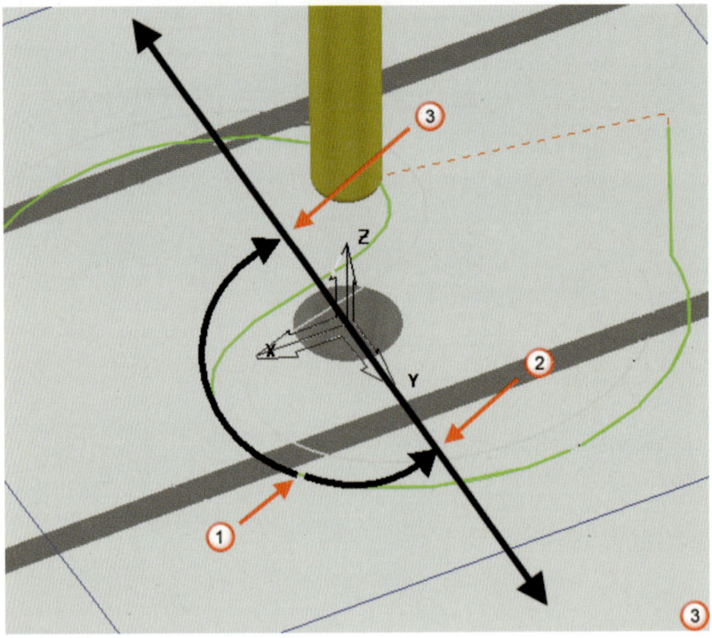

- **링크** – 툴패스 창에서 링크 페이지를 보이게 한다. 여기서 리드와 링크를 편집할 수 있다. 링크 페이지에서 극 좌표 링크 사용을 선택하지 않으면, 파워밀은 극 좌표 링크를 선택하지 않았다는 경고 창을 보여준다. 변경하기 위해서 극 좌표 링크를 선택한다.

5 ▸▸ 황잔삭(Rest Roughing)

최소 간격 길이(Minimum Gap Length) 값을 설정해서 스톡모델로 황잔삭 가공 시 툴패스 세분화를 조절할 수 있다. 황잔삭 툴패스의 레스트 페이지에서 설정 가능하다.

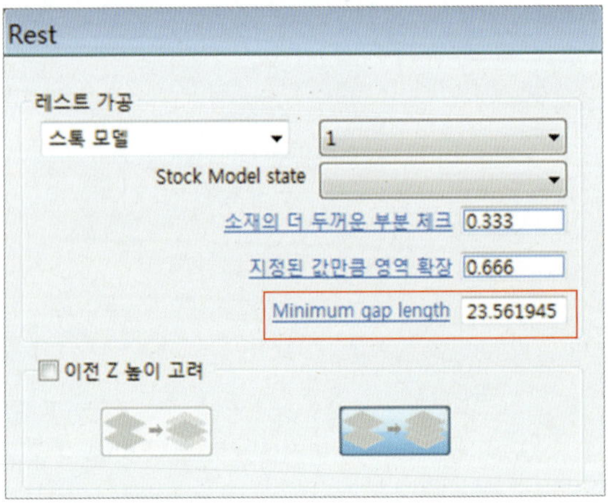

최소 간격 길이(Minimum Gap Length)는 툴패스 세분화의 거리 값보다 짧은 간격으로 재배열함으로써 세분화를 조절한다. 큰 값은 세분화를 줄이지만, 실제 소재를 가공하지 않는

툴패스의 길이는 증가한다. 작은 값은 보다 짧은 툴패스를 생성하지만 툴패스가 뜨는 횟수가 증가한다.

- 최소 간격 길이(Minimum Gap Length) 0 :

- 최소 간격 길이(Minimum Gap Length) 기본값 :

Note

이 옵션을 사용하려면 스톡모델을 이용하여 황잔삭 툴패스를 생성해야 한다.
- powerMILL 2012, The Gap Length는 기본값이다.
- powerMILL 2011, The Gap Length는 0이다.

6 ▶▶ 평면 가공(Flat Machining)

트라이앵글을 포함하는 모델의 부분을 고려하기 위해, 3D 황삭 가공(3D Model Area Clearance)의 평면 가공(Flat Machining) 페이지와 옵셋 평면 가공, 라스터 평면 가공에 트라이앵글 평면 찾기(Find Flats on Triangles) 옵션이 있다.

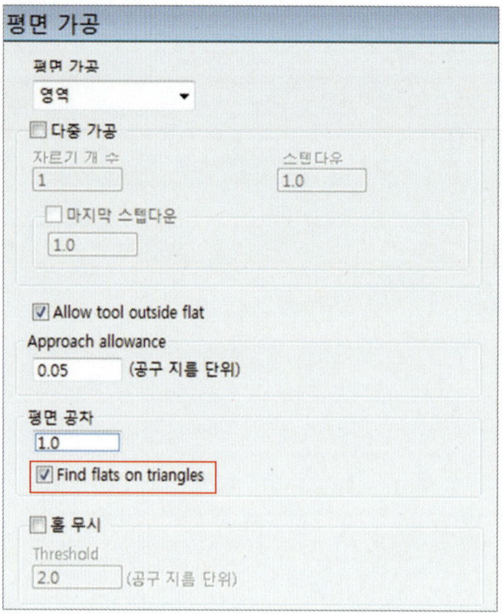

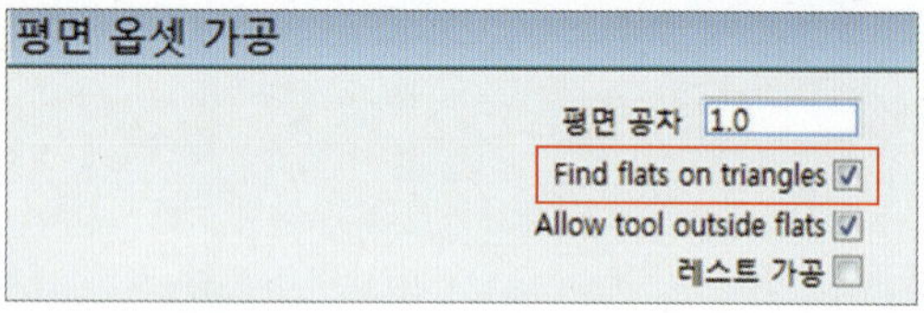

Find Flats on Triangles 옵션을 체크하면 트라이앵글과 서피스를 포함하는 모델의 평면을 찾는다. 체크하지 않으면, 파워밀은 트라이앵글을 포함하는 모델의 영역을 고려하지 않는다.

powerMILL

C.h.a.p.t.e.r

03 공구 위치 이동

1절 공구 위치 이동

1 공구 위치 이동 정의 및 설정

1 ▸▸ 개 요

- 공구 위치 이동(Positional Tool Moves) – 공구 위치 이동(Positional Tool Moves)을 실행할 때 잠재적인 공구 충돌(Collisions)을 예방하고 기계 공구 회전 제한(Rotational Limits) 범위를 넘어가면 안 된다.
  아래의 3가지 방법을 제안한다.

  ① 시작과 끝 포인트(Start and End Point) 창에서 절대(Absolute) 좌표계 사용
  ② NC 프로그램(NC Program)에 적절한 작업 좌표계(Workplanes) 삽입
  ③ 패턴 가공에 3D 공간 사용

2 ▸▸ 시작과 끝 포인트와 함께 공구 이동(Tool Move with Start and End Point)

- 공구 위치 이동(Positional Tool Moves)은 시작과 끝 포인트(Start and End Point) 창의 절댓값(Absolute)을 사용하여 제어할 수 있다(지정한 X, Y, Z 좌표를 따라).
- 이 방법은 2장의 3+2축 가공(3+2 Machining) 예제를 사용한다.
- 시작과 끝 포인트(Start and End Points)의 사용을 절댓값으로 설정하면 안전하게 공구가 회전하고 신속하게 X, Y가 이동한다.

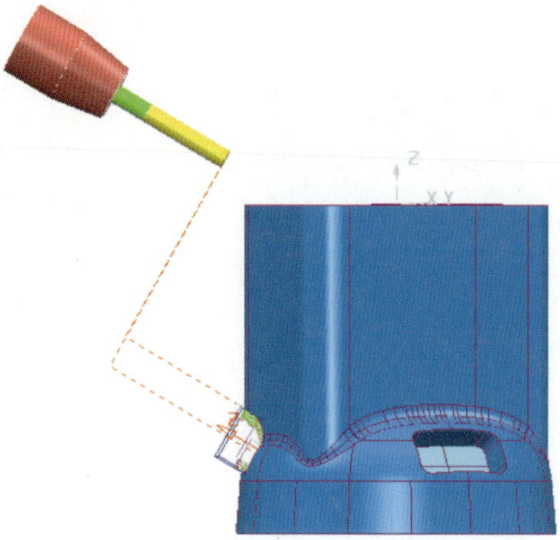

3 ▸▸ NC 프로그램에서 공구 이동 작업 좌표계

- 공구 위치 이동(Positional Tool Moves)은 NC 프로그램(NC Program) 리스트 안에 툴패스 사이에 작업 좌표계(Workplanes)를 삽입하는 것으로 제어할 수 있다.
- NC 프로그램(NC Program) 리스트 안에 작업 좌표계(Workplane)는 공구 교환 시점(Toolchange Point)으로 등록 할 수 있다.
- 작업 좌표계(Workplane)로 공구 이동 이후 회전(Rotate)되고 (적절하다면)작업 좌표계(Workplane) Z축으로 정렬한다[이동(Move), 회전(Rotate)은 NC 설정(NC Preferences) → 초기값으로 설정].

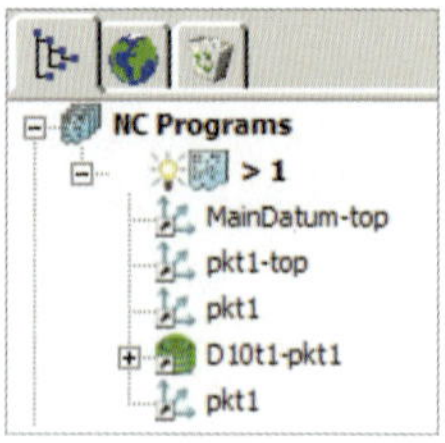

다음 4개의 그림은 3개의 작업 좌표계를 포함하여 가공하는 동안 이동 · 회전되는 공구 이동을 보여준다.

Tool at MainDatum-Top

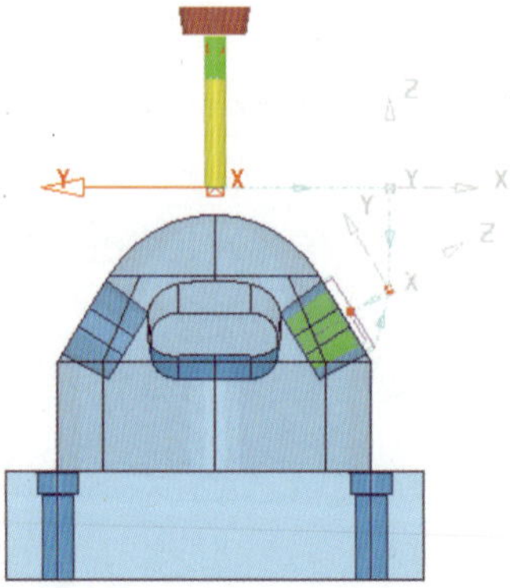

Tool Moved to pkt1-Top

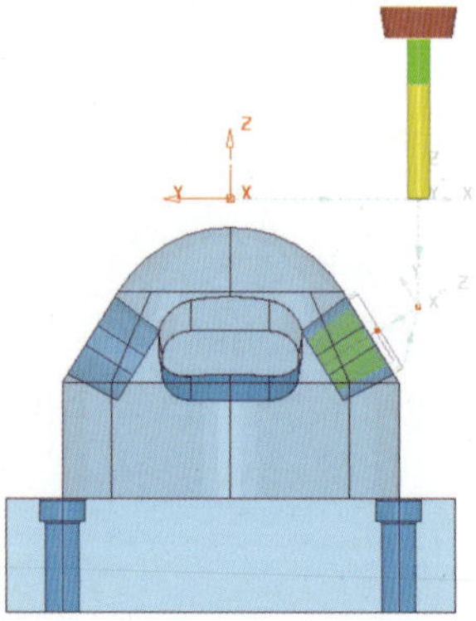

Tool Moved to pkt1

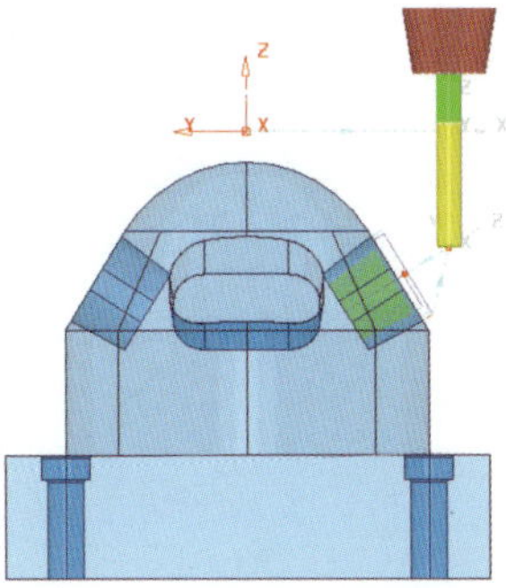

Tool Rotated at pkt1

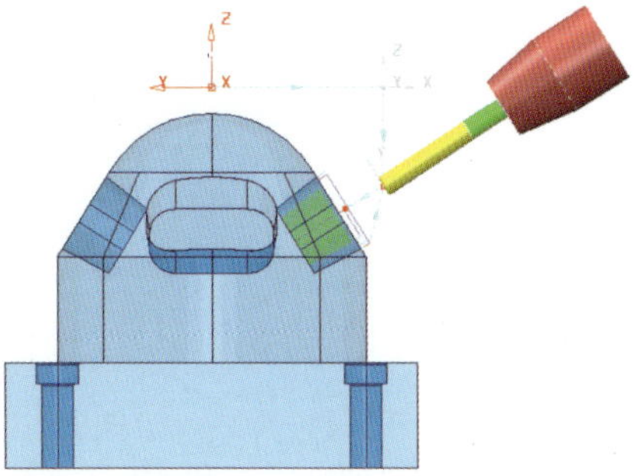

Note

작업 좌표계(Workplanes)를 이용하여 부품 주위에서의 공구의 움직임을 제어할 때 각각의 방법들이 포함되어 있는 시작과 끝 포인트(Start and End Point) 창에서 통상적으로 실행할 수 있는 처음 포인트(First Point)와 마지막 포인트(Last Point)를 사용한다.

4 ▸▸ 3D 공간에 패턴 가공을 이용한 공구 이동

공구 위치 이동은 3D 공간의 드라이브 커브를 사용하여 공구가 패턴 가공을 따라 진행하는 것을 제어할 수 있다.

Note

린 각은 공구가 통과하는 동안 공구 정렬 각도가 유지되면서 적용될 수 있다.

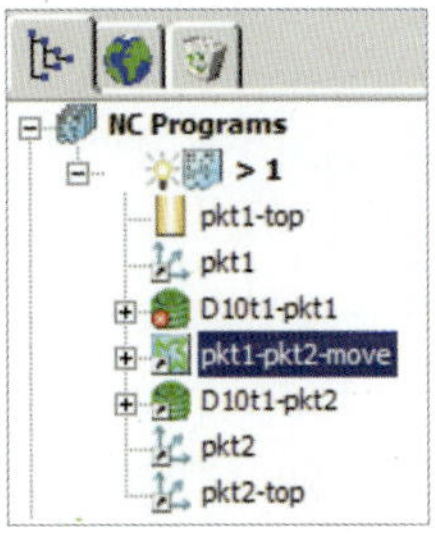

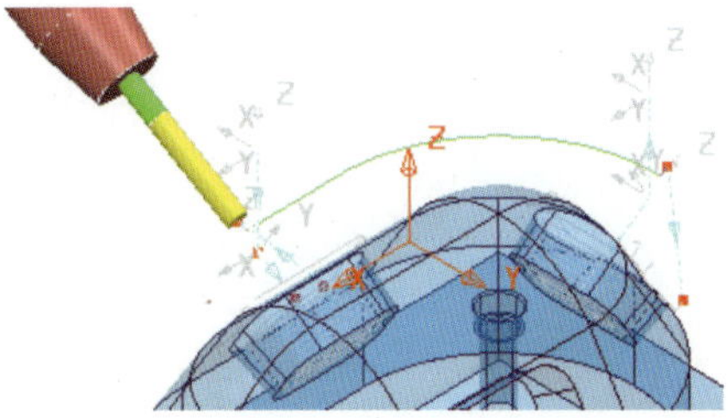

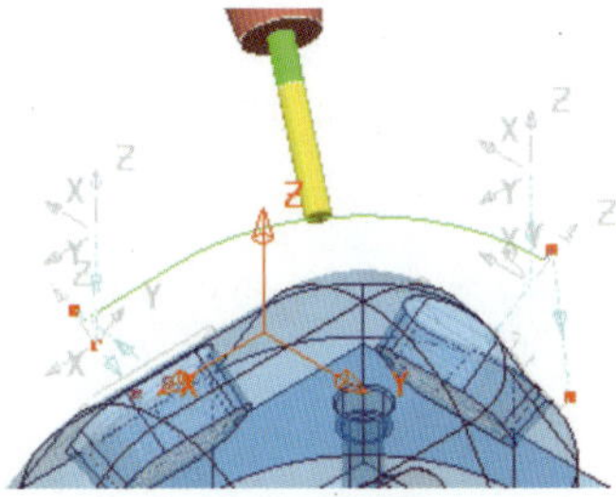

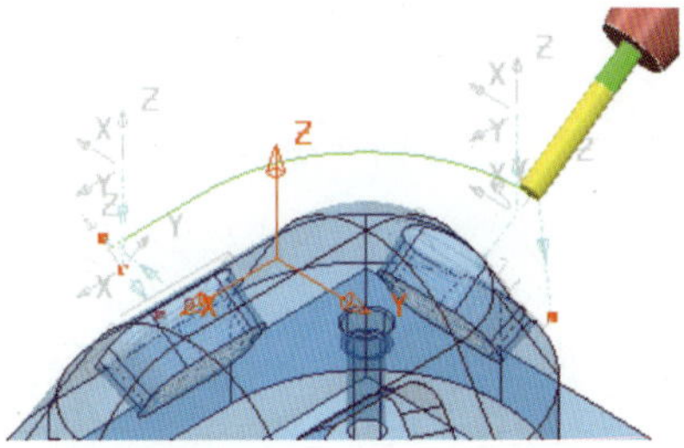

공구 위치 이동 예제(Example)－1

현재 프로젝트(Project)에 4개의 분리된 3+2 작업 좌표계가 포함되어 있고 정삭 툴패스가 NC 프로그램(NC Program)에 추가되어 있다.

NC 프로그램에 가공 툴패스 상에 공구가 부품을 관통하는 부분을 방지하는 적절한 위치 이동이 추가되어야 한다.

01 >> 프로젝트 불러오기

아래의 경로에서 프로젝트를 불러온다.

… \powerMILL_Data\FiveAxis\PositionalMoves\AngledPockets-Start

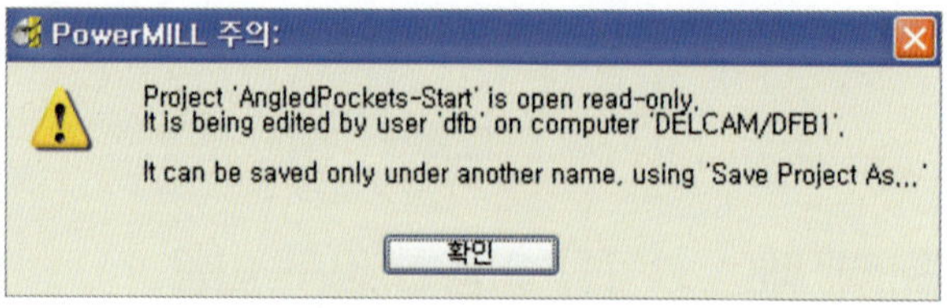

02 >> 다른 이름으로 프로젝트 저장

아래의 경로에 다른 이름으로 프로젝트를 저장한다.

…\COURSEWORK\powerMILL_Projects\AngledPockets

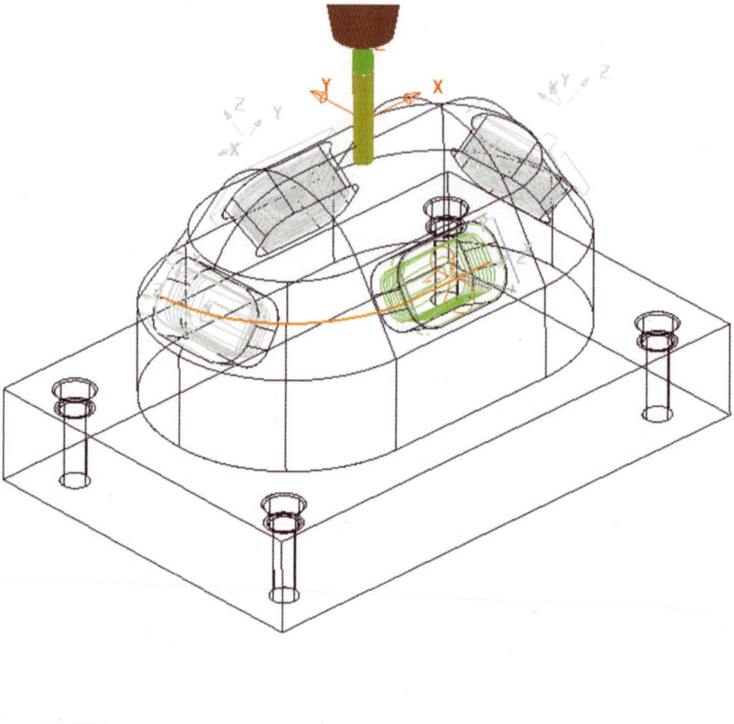

03 >> NC 프로그램 설정

- 파워밀 탐색기(powerMILL Explorer)의 NC 프로그램(NC Programs)에서 마우스 오른쪽 버튼을 클릭하고 메뉴에서 설정(Preferences)을 선택한다.

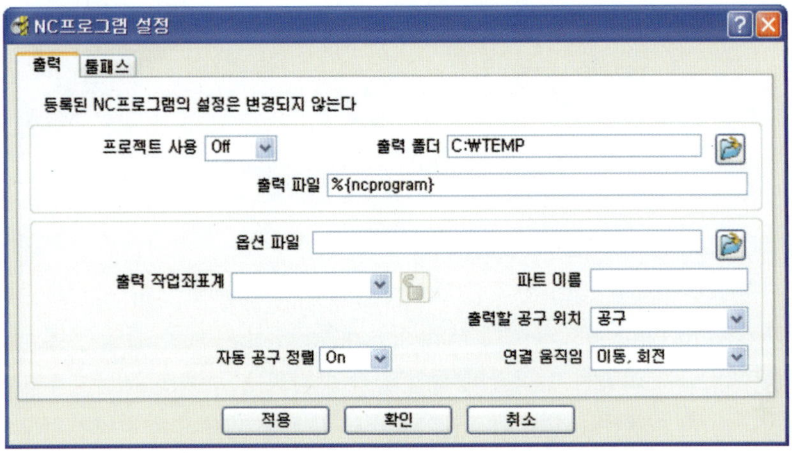

- 적절한 5축 기계 옵션 파일을 선택한다(경로는 옵션 파일이 있는 폴더를 선택한다).
  ex) D:\users\training\xtra-posts\MS-GV503-1.opt
- 적용(Apply)을 선택하고 NC 설정(NC Preferences)을 업데이트한다.
- 새로운 NC 프로그램(NC Program)을 생성한다.
- 4개의 3+2 툴패스를 선택하고 마우스 오른쪽을 클릭하여 메뉴에서 등록(Add to) → NC 프로그램(NC Program)을 선택한다.

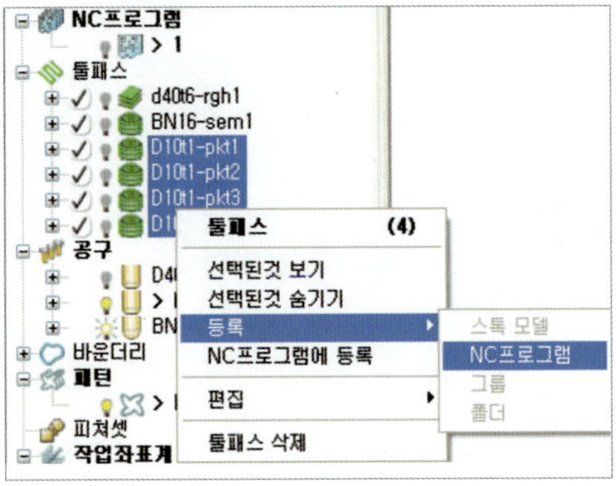

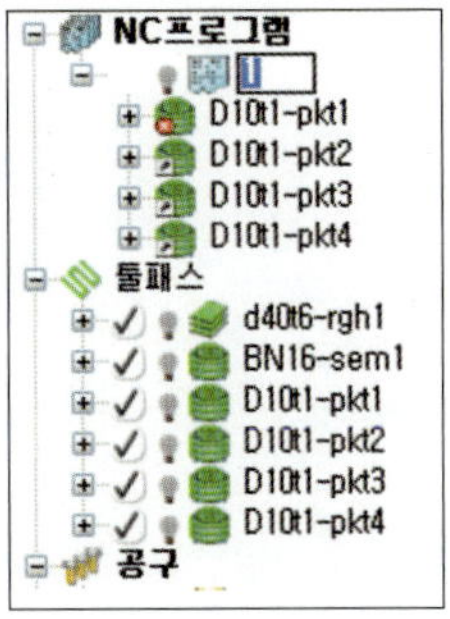

- 처음 두 툴패스 D40t6-rgh1, Bn16-sem에 모의가공 시뮬레이션(Viewmill Simulation)을 실행해 보면, 뒤에 오는 NC 프로그램(NC Program)에 3+2 툴패스가 포함되어 있다.

각각의 가공 방법들 사이에 부품을 관통하여 3+2 공구 위치 이동을 하기 때문에 주의해야 한다.

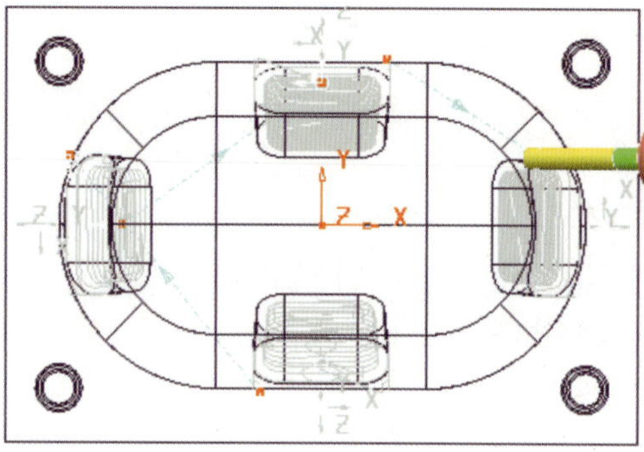

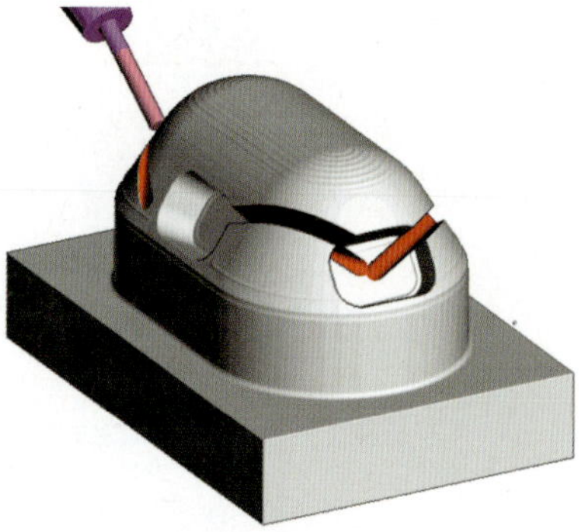

❶ NC 프로그램에 작업 좌표계 할당

- 마우스 드래그(Drag)나 드롭(Drop)을 사용하여 아래 보이는 것처럼 NC 프로그램(NC Program)의 툴패스 사이에 작업 좌표계(Workplanes)를 할당한다.
- 공구는 급속 이송하고 각각의 삽입된 작업 좌표계(Workplane) Z축에 정렬한다.
- 공구 위치 이동(Positional Tool Moves) 부품을 관통하여 지나가지 않는다.

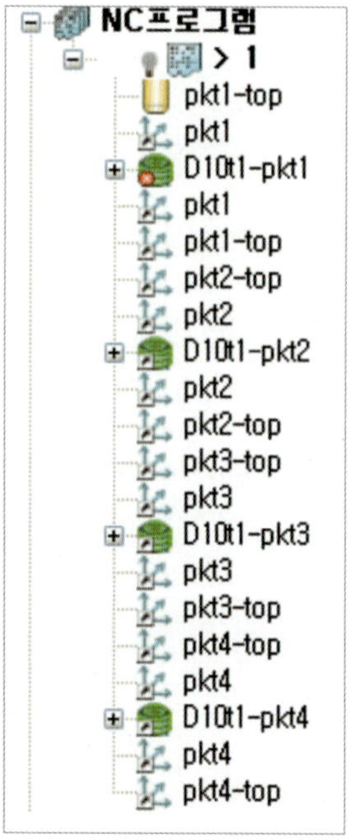

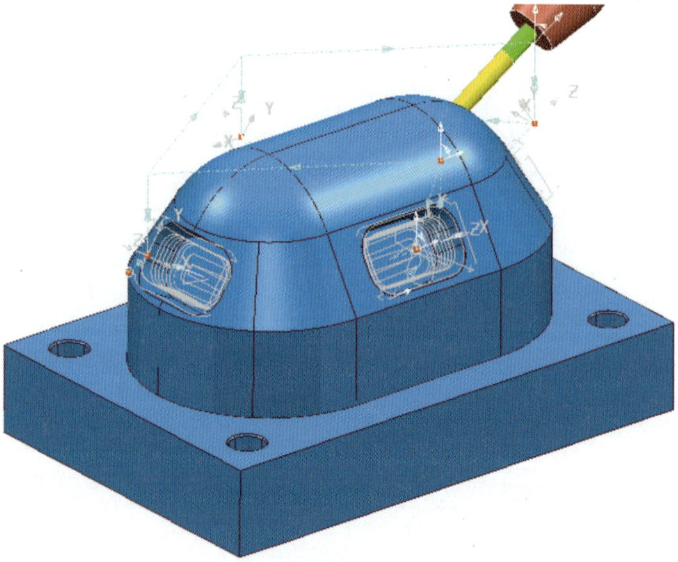

❷ 모의 가공 시뮬레이션

NC 프로그램(NC Program)에서 모의 가공 시뮬레이션(Viewmill Simulation)을 실행하면 링크 움직임에 과절삭(Gouging)이 발생하지 않는 것을 확인할 수 있다.

04 >> 패턴 가공 설정

- 패턴 가공(Pattern Finishing) 방법은 3D 상에서 부드럽게 변화되는 커브를 부품에 좀 더 가까이에 생성한다.
- 패턴 가공(Pattern Finishing) 창의 정삭(Finishing) 탭에서 패턴 가공을 선택하고 아래의 창과 같이 정확하게 설정한다.
- 최저 한계(Base Position) 옵션을 드라이브 커브(Drive Curve)로 설정한다.

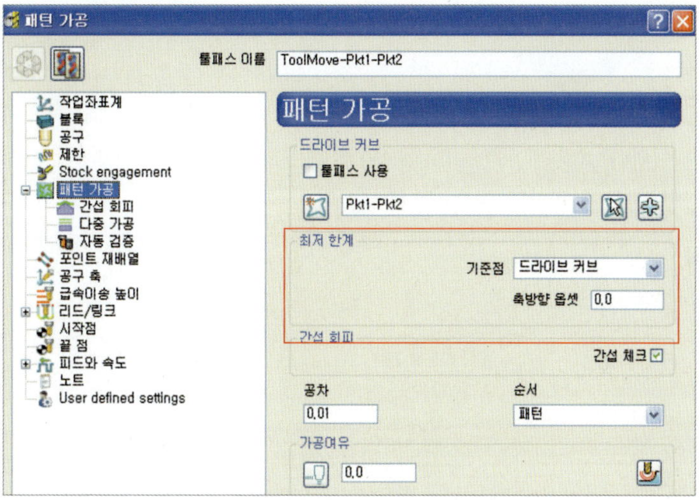

❶ 공구 축 설정

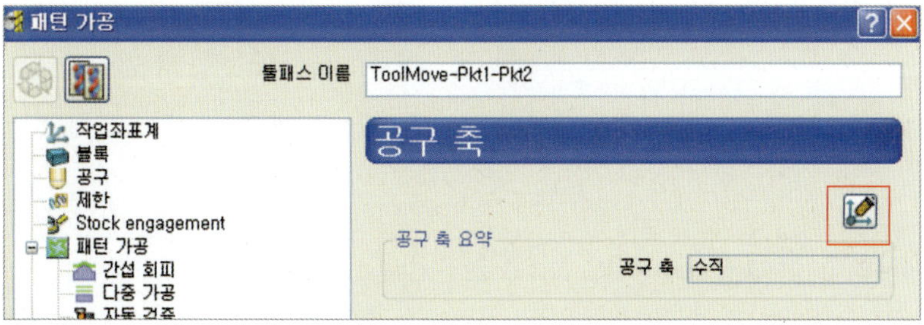

- 툴패스 탐색기에서 공구 축(Tool Axis) 페이지를 선택하고 공구 축(Tool Axis) 아이콘을 선택한다.
- 공구 축(Tool Axis) 창에서 리드/린(Lead/Lean)을 선택하고 린(Lean) 각에 45를 입력한다.
- 확인(Accept)을 누르고 공구 축(Tool Axis) 창을 닫는다.

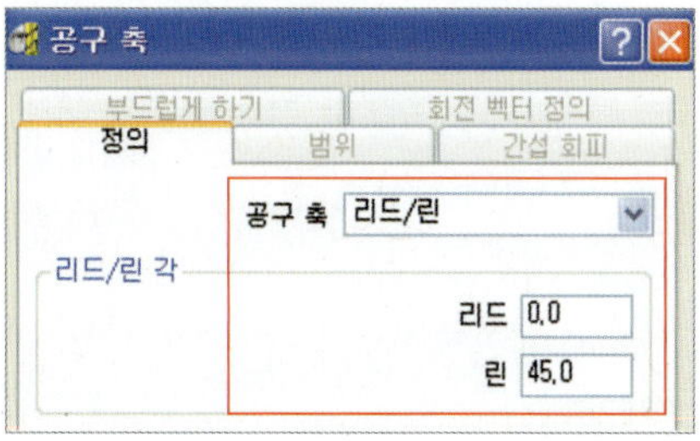

• 패턴 가공(Pattern Finishing) 툴패스를 계산(Calculate)한다.

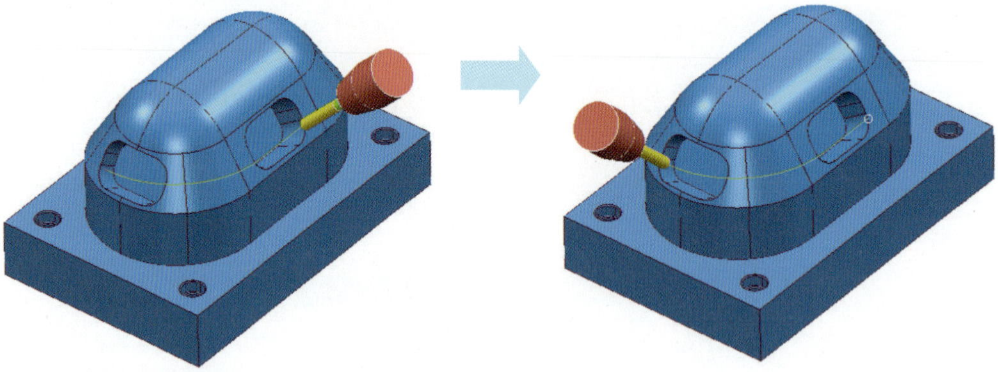

• 패턴 가공(Pattern Finishing) 방법은 공구가 나선형처럼 구부려져 움직이므로 충돌에 안전하게 부품 주위를 이동할 수 있다.

• NC 프로그램을 열고 D10t1-pkt1와 D10t1-pkt2 툴패스 사이의 pkt1의 모든 작업 좌표계 할당을 삭제한다.

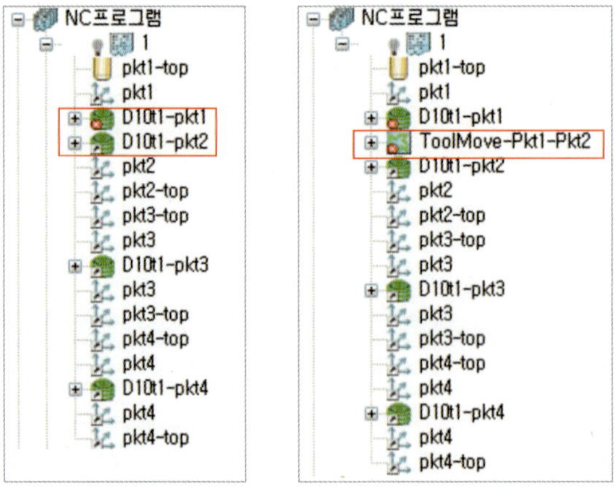

• D10t1-pkt1과 D10t1- pkt2 툴패스 사이에 패턴 가공(Pattern Finishing), 공구 이동(ToolMove-Pkt1-Pkt2)이 삽입된 것을 확인할 수 있다.

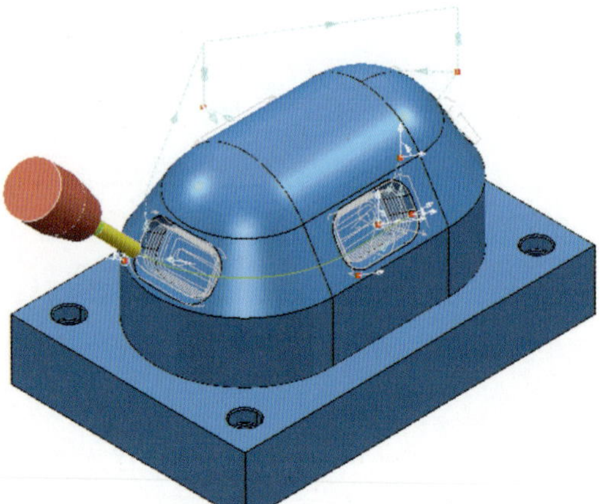

05 >> 공구 축 이동을 위한 나머지 패턴 가공 툴패스 생성

- 공구 위치 이동(Positional Tool Moves)을 위한 패턴 가공(Pattern Finishing) 툴패스를 D10t1-pkt2와 D10pkt3 그리고, D10t1-pkt3와 D10t1-pkt4 툴패스 사이에 2개 더 생성한다.
- 방법 제안
  ① 툴패스 편집(Edit) → 변환(Transform) → 대칭 이동(Mirror)을 사용한다.
  ② 패턴 가공 창에서 툴패스 복사를 사용해 패턴을 2번 복사하고 위치를 재조정한다.
- NC 프로그램(NC Program)에서 작업 좌표계(Workplanes)를 새로운 패턴 가공(Pattern Finishing) 방법으로 대체한다.

Note

각각의 새로운 패턴 방법의 방향을 체크하여 필요하다면 방향을 반대로 조정한다.

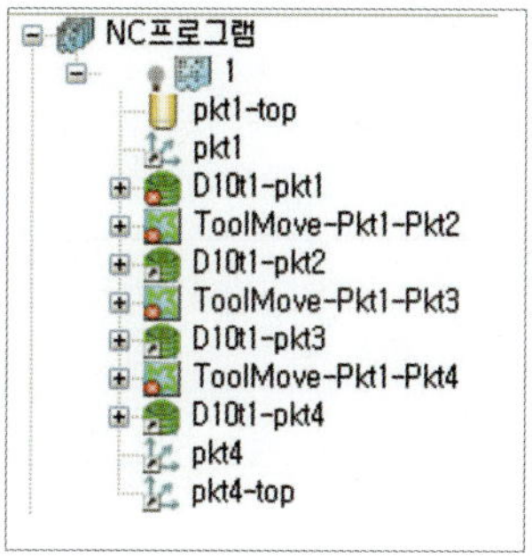

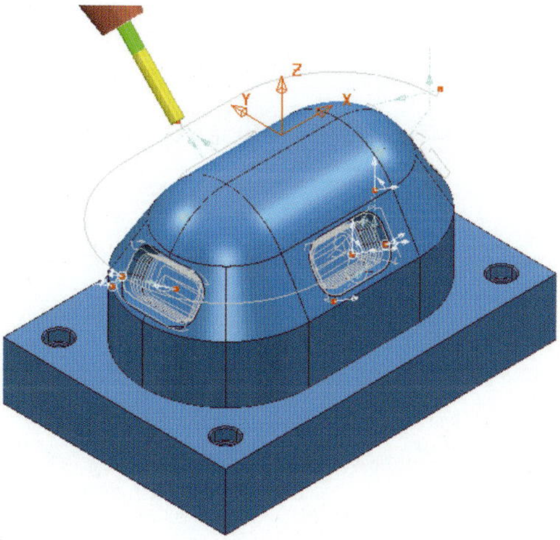

5 ▸▸ 공구 축 되돌아 가기 이동

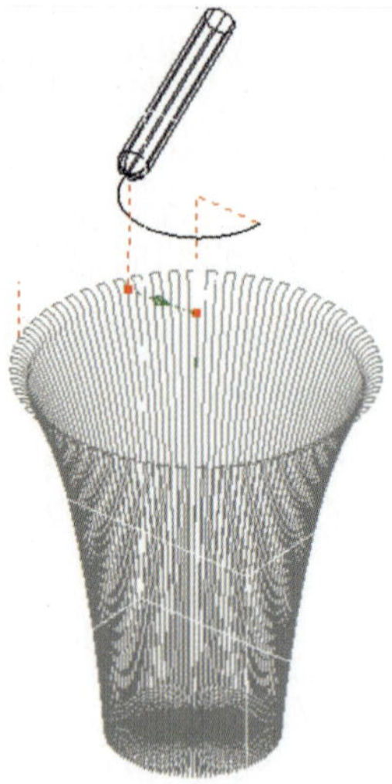

Note

패턴(Pattern)을 사용하여 공구 위치 이동(Positional Tool Move)과 같이 로터리 축 제한(Rotary Axis Limit)에 도달하는 유용한 방법이다.
원형 패턴 가공(Pattern Finishing) 방법은 3D 상에서 공구의 시작에서 로터리 이동 제한까지 뒤로 되돌아 가기를 사용할 수 있다.

Chapter 04

5축 공구 정렬

1절 5축 공구 정렬

1 리드/린(Lead/Lean) 공구 정렬

① 개 요

5축 가공에서 기계는 헤드 또는 테이블이 직선 이송과 함께 지속적으로 회전운동을 하며 파워밀(powerMILL)은 이에 적합한 공구 정렬(Tool Alignments)과 가공 방법(Machining Strategies)을 제공한다.

일반적인 모델은 3축으로 가공할 수 있다. 그러나 언더컷이나 측벽이 깊은 3축으로 가공하기 어려운 부분들은 다른 방법, 즉 5축을 사용할 수 있다.

5축에서는 과절삭 체크를 통해서 발생된 문제를 수정하기 위해 알맞은 리드/링크(Leads/Links)나 3D 제한(3D Limiting) 적용이 필수적이다. 그리고 보다 시각적인 검증 절차를 거쳐 문제를 해결하는 것이 바람직하다.

② 5축 공구 정렬과 가공 옵션

파워밀에서 기본적으로 공구 축을 정렬하는 방법은 수직 축이며 3축을 이용하고 다축 툴패스를 생성하기 위해서는 다축에 관련된 라이센스가 필요하다.

메인 툴바나 가공 방법 창에 있는 공구 축(Tool Axis) 아이콘 을 이용해 5축 공구 정렬을 사용할 수 있다.

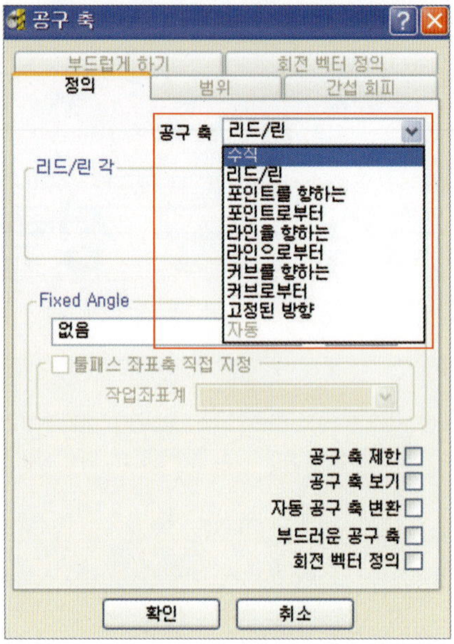

3 리드/린(Lead/Lean)

리드(Lead)는 공구 진행방향을 따라 회전하는 각을 지정하고, 린(Lean)은 공구 진행 방향에 대해 공구가 앞/뒤로 꺾이는 각도를 정의한다. 양쪽 각이 0이면 공구는 툴패스에 노말하게 정렬될 것이다.

① 노말은 툴패스가 서피스에 투영되는 방향에 따라 공구 축이 위치하게 된다.

② 공구 축은 패턴 가공(Pattern Finishing)에서는 항상 Z축 방향이 되고, 프로젝션 가공 (Projection Finishing)에서는 툴패스 투영 방향에 따라 달라질 것이다.

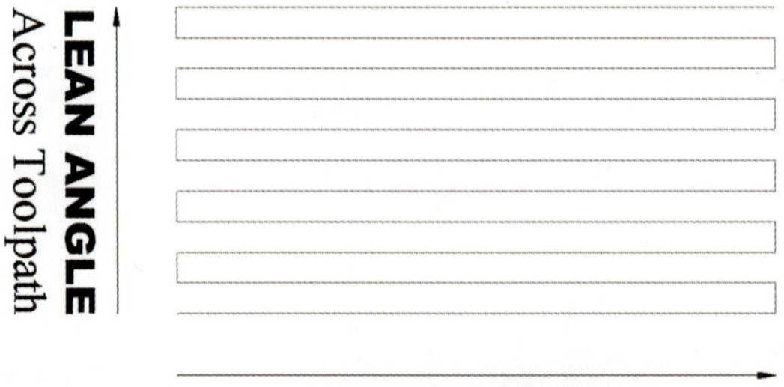

❶ Lead/Lean의 정의

- 리드(Lead) : 공구의 진행 방향으로 Tilting(기울어진)되는 −와 +의 값을 갖는 공구 축의 정렬 각도
- 린(Lean) : 공구 진행 방향에 대해 직각 방향으로 Tilting되는 −와 +의 값을 갖는 공구

축의 정렬 각도
- 작업 방법 : 가공 데이터 생성 전, 공구 축 방향 폼에서 가공 데이터와 가공 대상물의 형상을 고려하여 리드/린에 대한 각도 값 설정 후 가공 데이터 생성
- 주된 사용 영역 : 최대 공구 길이보다 깊은 측벽 영역과 코너부 및 평면 영역에 적용
- 이점 및 특징 : 기장이 짧은 공구로 최적화된 가공 데이터를 생성할 수 있고, 금형상의 파팅 면과 형상 부에 적절한 Lead/Lean 값을 적용하면 공구의 실질적 날 부분으로 가공하면 최상의 가공 면을 얻을 수 있다.

❷ 리드/린(Lead/Lean) 각이 0인 경우 공구의 축 방향이 면의 법선 방향이 된다.

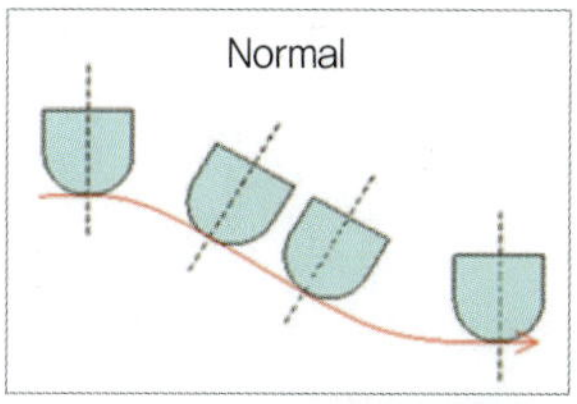

- 가장 쉬운 프로그래밍 방법이나 효과적이지 못하다.
- 접촉이 공구의 끝점에서 일어나서 절삭 속도가 느리다.
- 면이 복잡하면 축의 변화가 심하게 일어난다.
- 공구 간섭 없이 가공할 수 없는 영역이 발생한다.

❸ 리드/린(Lead/Lean) 각을 이용한 가공 사례

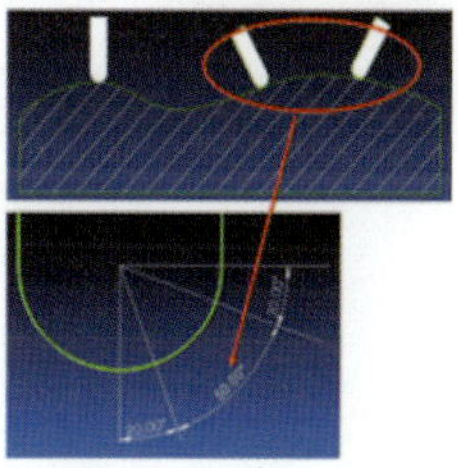

- 5축 가공을 이용해서 3축 가공 때보다 가공 품질이 30% 이상 향상되었고, 후공정(사상, 방전) 작업량도 감소된다.
- 3차원 R면 가공 시 공구와 가공면이 20~70도 사이에서 접촉되면서 가공 시 면 조도와 치수 정밀도가 가장 우수하다.
- 치수 정밀도
  - 단품 공차(0.01 → 0.003)
  - 조립 공차 → 현재 0.01 → 타깃 0.007

4 ▸▸ 리드/린(Lead/Lean) 설정

01 >> • 모두 삭제(Delete All) → 모든 폼 초기화(Reset forms)를 시킨다.

- 오른쪽 그림과 같이 블록 창에 값을 입력하고 블록을 생성한다.

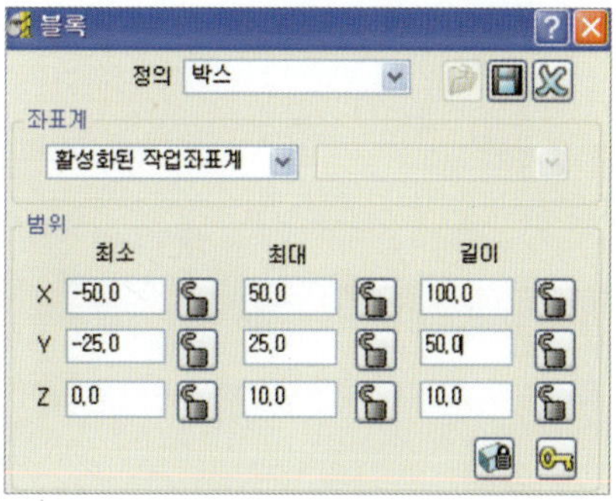

02 >> 급속 이송 높이(Rapid Move Heights)와 시작과 끝 포인트(Start and End Point)를 초기값으로 다시 설정한다.

03 >> 탐색기 모델(Models)에서 마우스 오른쪽 버튼을 클릭하고 Z 한계가 0인 모델을 생성한다.

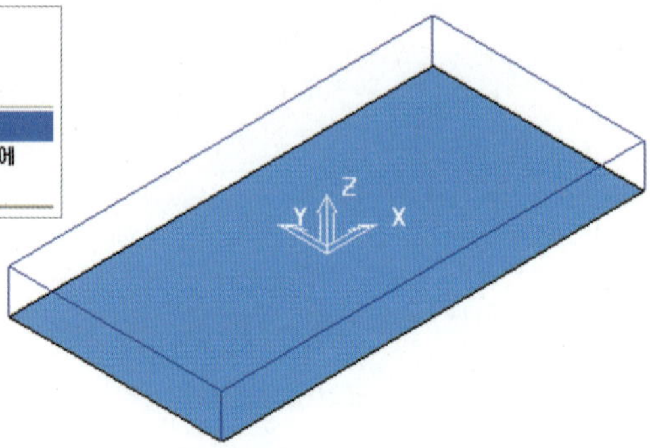

04 >> 지름 5mm 볼 공구에 길이 50인 공구를 BN5라는 이름으로 생성한다.

05 >> • 라스터 정삭(Raster Finishing)으로 이름은 BN5-Vertical로 지정하고, 톨러런스(Tolerance)를 0.02, 가공여유(Thickness)는 0, 스텝오버(Stepover)는 5, 각도(Angle)를 0, 스타일(Style), 양방향(Two Way), 짧은 링크(Short Link), Long Links(긴 링크)는 Skim(스킴)으로 설정하고 툴패스를 생성시킨다.

• 툴패스를 적용(Apply)하고 취소(Cancel)를 눌러 창을 닫는다.

06 >> • 툴패스를 시뮬레이션한다.

• 라스터 툴패스는 평면에 공구가 수직으로 정렬되어 생성된다.

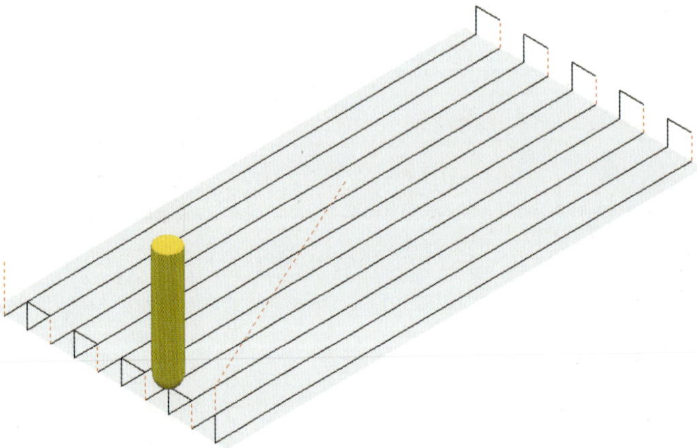

07 >> • 탐색기 창에서 BN5-Vertical 툴패스에 마우스 오른쪽을 클릭하고 설정(Settings)을 선택하여 툴패스 창을 연다.

• 툴패스를 복사(Copy) 하고 Raster Lead 30이라고 이름을 지정한다.

08 >> • 공구 축(Tool Axis) 아이콘 을 선택하여 공구 축 방향 폼을 연다.

• 리드/린(Lead/Lean) 각도에서 공구 리드 각도(Tool Lead Angle)를 -30으로 공구 축(Tool Axis)을 정의한다.

• 공구 축 방향 폼(Tool Axis Direction Form)에서 확인를 누르고 적용하고 취소를 선택해서 툴패스 창을 닫는다.

09 >> • 툴패스를 시뮬레이션한다.

• 툴패스는 공구 리드 각도(Tool Lead Angle)를 -30으로 지정하고 공구 축 방향으로 라스터 툴패스를 생성했다.

• 양방향(Two Way) 옵션을 사용하여 각각의 툴패스의 끝에서 공구 축 방향이 바뀌게 하였다.

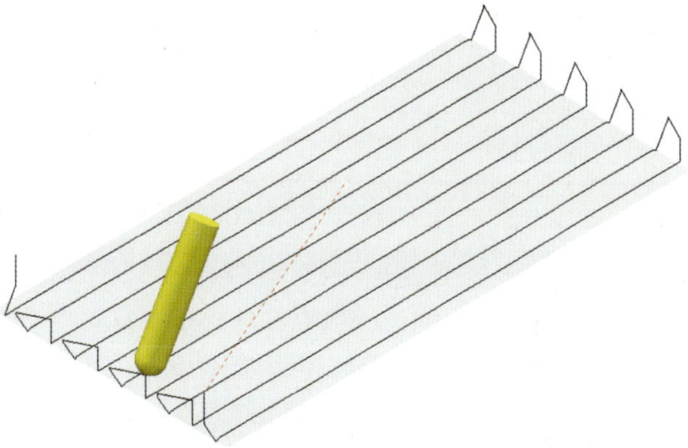

10 >> • 탐색기 창에서 Raster Lead -30 툴패스에 마우스 오른쪽 버튼을 클릭하고 설정(Settings)을 선택하여 툴패스 폼을 연다.

• 툴패스 수정 버튼을 선택하고 스타일을 양방향(Two Way)에서 일방향(One Way)으로 변경한다.

11 >> • 적용(Apply)을 선택하고 취소(Cancel)를 눌러 툴패스 창을 닫는다.

• 공구 축 방향이 일정한 일방향(One Way) 스타일이다.

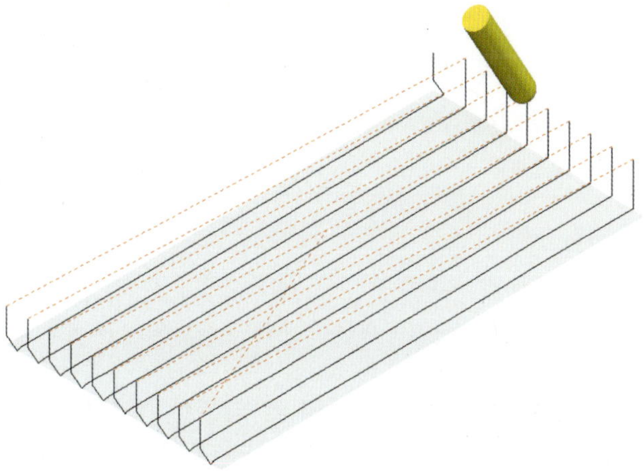

12 >> • 탐색기 창에서 Raster Lead@-30 툴패스에 마우스 오른쪽을 클릭하고 설정을 선택해 툴패스 폼을 연다.

• 복사(Copy) 아이콘 을 선택하고 툴패스 이름을 Raster Lean@-45로 한다.

13 >> • 공구 축 아이콘 을 선택하고 공구 축 방향 폼(Tool Axis Direction Form)을 연다.

• 리드/린(Lead/Lean) 각도에서 리드(Lead) 각도를 0, 린(Lean) 각도를 45°로 공구 축을 정의한다.

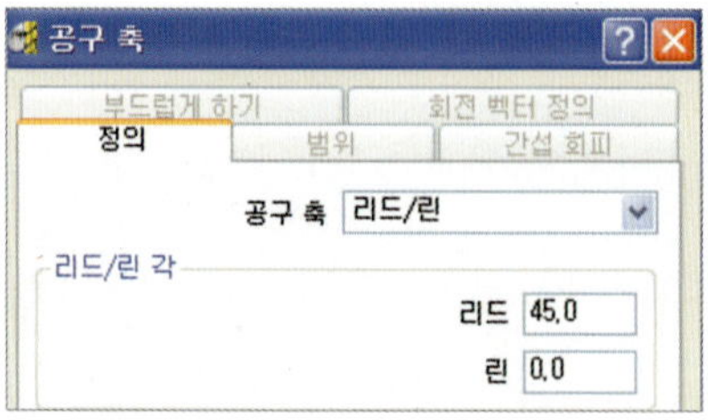

14 >> 공구 축 방향 폼(Tool Axis Direction Form)에서 확인(Accept)을 선택하고, 적용(Apply)하고 취소를 눌러 툴패스 창을 닫는다.

15 >> • 툴패스를 시뮬레이션한다.

• 공구 축 방향에서 린(Lean) 각을 45°로 설정한 라스터 툴패스를 생성시켰다.

• 양방향(two way) 방법으로 설정하면 공구 축은 툴패스와 반대 방향에서 번갈아 가면서 교차될 것이다.

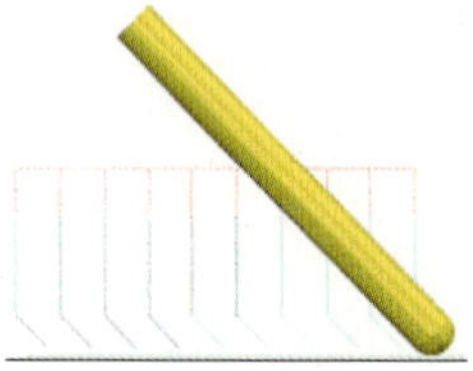

View from Left-X

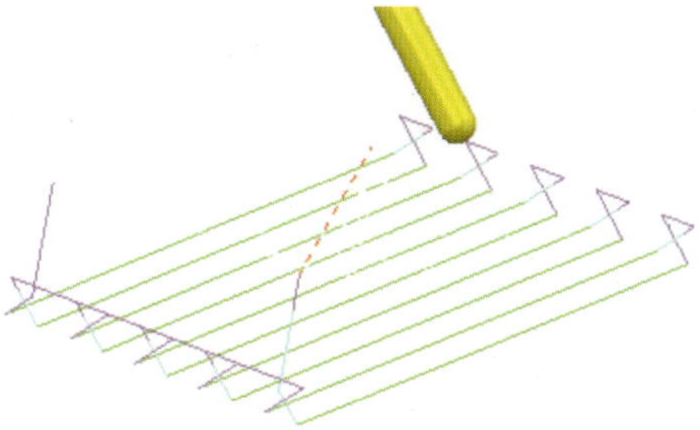

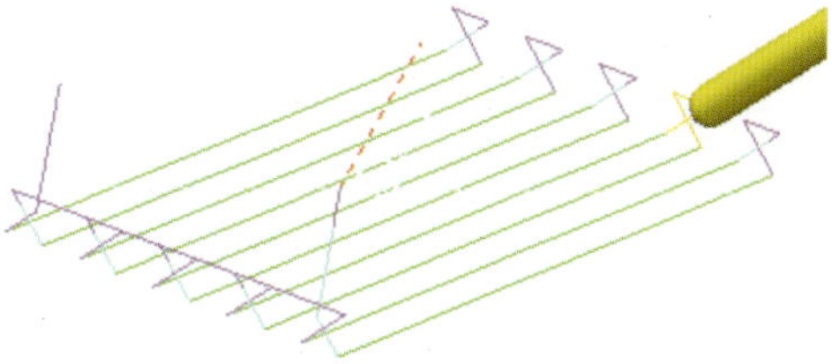

16 >> • 툴패스 편집(Edit) → 재정렬(Reorder) 옵션에서 일방향 ↔ 양방향(Alternate Directions) 아이콘 을 클릭해 일방향 방법을 수정한다.

• 원래의 공구 축 정렬(Tool Axis Alignment)은 영향을 받지 않고 남아 있을 것이다.

17 >> 툴패스에서 마우스 오른쪽을 클릭하고 메뉴에서 편집(Edit) → 재정렬(Reorder)을 선택하여 툴패스 목록(Toolpath Listing) 창을 연다.

18 >> • 툴패스 재정렬(Tool Alignment)에서 일방향 ↔ 양방향(Alternate Directions) 아이콘 을 선택하면 툴패스의 방향이 바로 변경되지 않고 파워밀 주의 창이 나타난다.

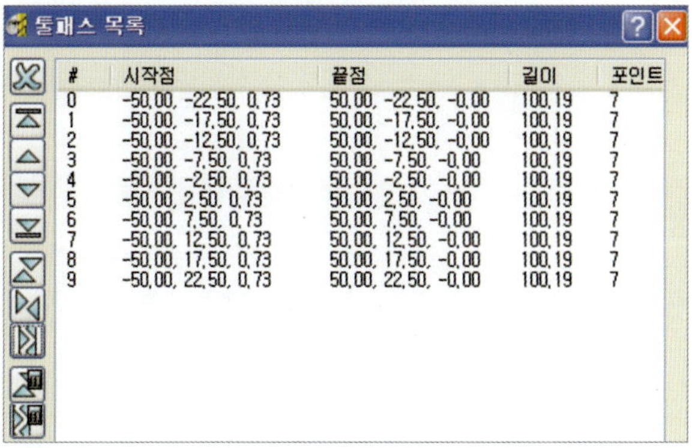

툴패스 목록

#	시작점	끝점	길이	포인트
0	-50.00, -22.50, 0.73	50.00, -22.50, -0.00	100.19	7
1	-50.00, -17.50, 0.73	50.00, -17.50, -0.00	100.19	7
2	-50.00, -12.50, 0.73	50.00, -12.50, -0.00	100.19	7
3	-50.00, -7.50, 0.73	50.00, -7.50, -0.00	100.19	7
4	-50.00, -2.50, 0.73	50.00, -2.50, -0.00	100.19	7
5	-50.00, 2.50, 0.73	50.00, 2.50, -0.00	100.19	7
6	-50.00, 7.50, 0.73	50.00, 7.50, -0.00	100.19	7
7	-50.00, 12.50, 0.73	50.00, 12.50, -0.00	100.19	7
8	-50.00, 17.50, 0.73	50.00, 17.50, -0.00	100.19	7
9	-50.00, 22.50, 0.73	50.00, 22.50, -0.00	100.19	7

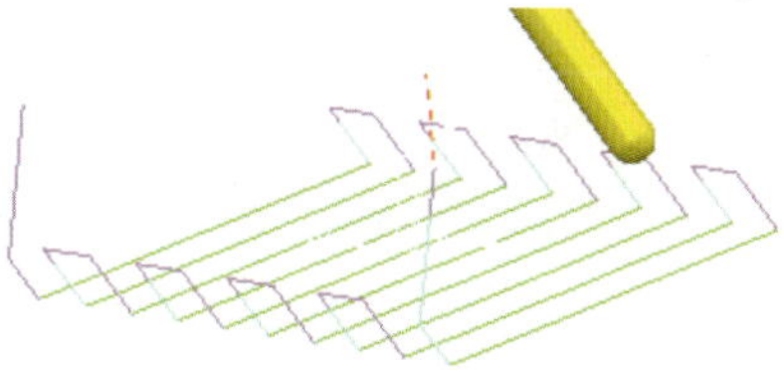

• 일방향 ↔ 양방향(Alternate Directions)

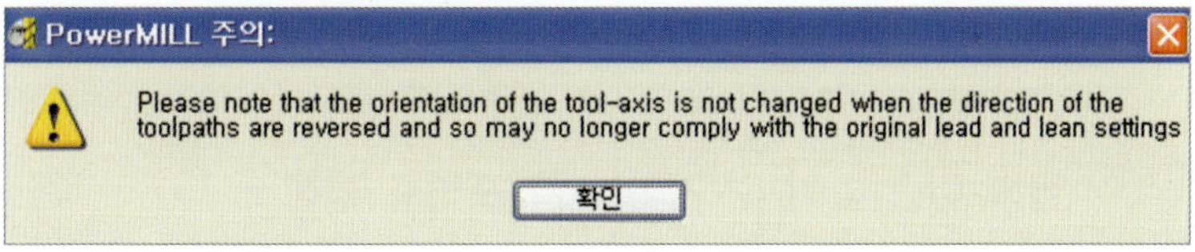

19 >> • 확인(OK)을 선택하여 파워밀 주의(powerMILL Warning) 창을 닫는다.

• 아래의 경로에 다른 이름으로 프로젝트를 저장(Project Save As)한다.

…\COURSEWORK\powerMILL_Projects\LeadLean-EX1

공구 축 정렬 리드/린 설정 예제(Example) – 1

1 ▸▸ 평면 프로젝션 가공을 이용한 방법

01 ›› 프로젝트 불러오기

- 모두 삭제(Delete All) 그리고 초기화를 시킨다.
- 아래의 경로에서 챕터 1에 저장한 프로젝트를 불러온다.
  …\COURSEWORK\powerMILL-Projects\ 3+2 example

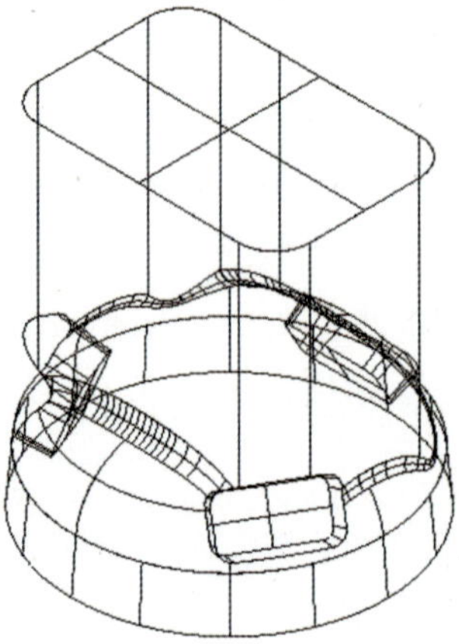

02 ›› 블록 및 좌표계 설정

블록 정의를 원통(Cylindrical Block)으로 선택하고, 타입(Type)은 모델(Model)로 설정하고, 좌표계(Coordinate System)는 ztop175_A를 선택한다.

03 ›› 공구 설정

- 지름 15 mm 볼 공구(Ball Nose)를 이름 BN15로 정의한다.
- 작업 좌표계 ztop175_A를 활성화한다.

04 ›› 급속 이송 높이 및 시작과 끝 포인트 설정

- 급속 이송 높이(Rapid Move Heights)에서 직업 좌표계를 ztop175_A로 선택하고 계산(Calculate)한다.
- 시작과 끝 포인트(Start and End Point)의 사용(Use)을 절댓값(Absolute)으로 선택하고 시작과 끝점(Start and End Points) 모두 좌표값을 X 100, Y 0, Z 10으로 설정한다.

05 ›› 공구 축 설정

- 메인 툴바 공구 축(Tool Axis) 리드/린(Lead/Lean) 값을 둘 다 0으로 지정한다.
- 모델 위에 투영된 방향에 따라 공구가 정렬된다.
- 리드/링크(Leads/Links) 각는 아래와 같이 지정한다.

Z 높이(Z Heights)	스킴(Skim) 15	플런지(Plunge) 5	
리드인/아웃(Lead In/Out)	수직 아크(Vertical Arc)	각도(Angle) 90	반지름(Radius) 6
링크(Links)	짧은/긴/초기값 스킴		

06 ›› 평면 프로젝션 가공 설정

- 가공 패턴 (Toolpath Strategies) 아이콘 을 선택하고 정삭(Finishing) 탭을 선택한다.
- 평면 프로젝션 가공(Plane Projection Finishing) 창을 열고 가공조건은 아래의 그림과 같이 설정한다.
  - 고도각(Azimuth)을 270으로 설정하고, 고도 각도(Elevation)를 50으로 설정한다.
  - 공차 0.01, 가공여유 0.0, 스텝오버 1.0으로 가공 조건을 입력하고 적용한다.

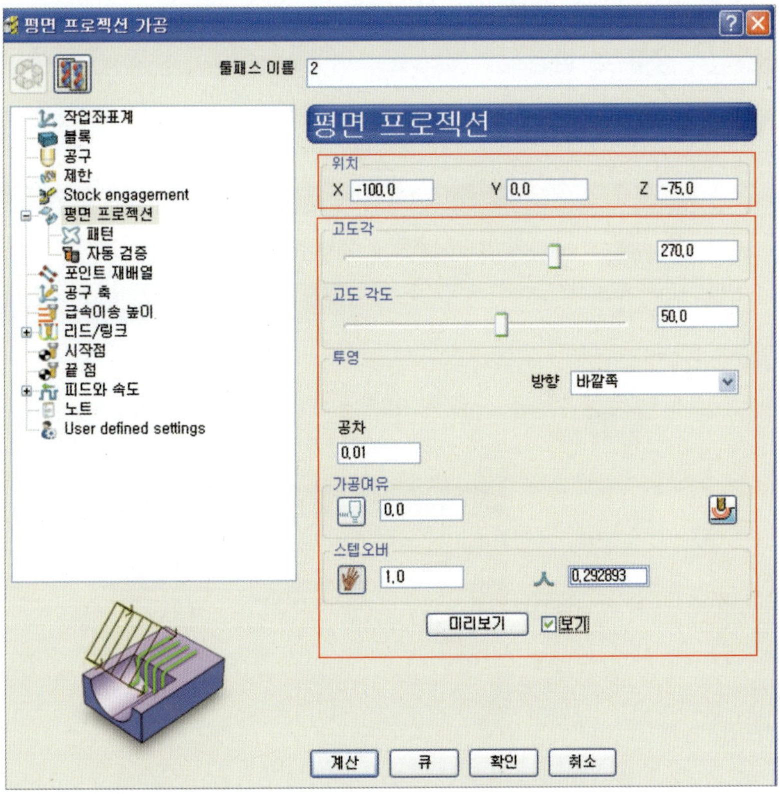

07 >> 패턴 옵션 설정

- 패턴 페이지에서 패턴 방향(Pattern Direction)을 U, 순서를 일방향(One Way)으로 설정한다.
- 범위의 높이는 시작 −5.0, 끝 20, 너비는 시작 50, 끝 −50으로 입력한다.

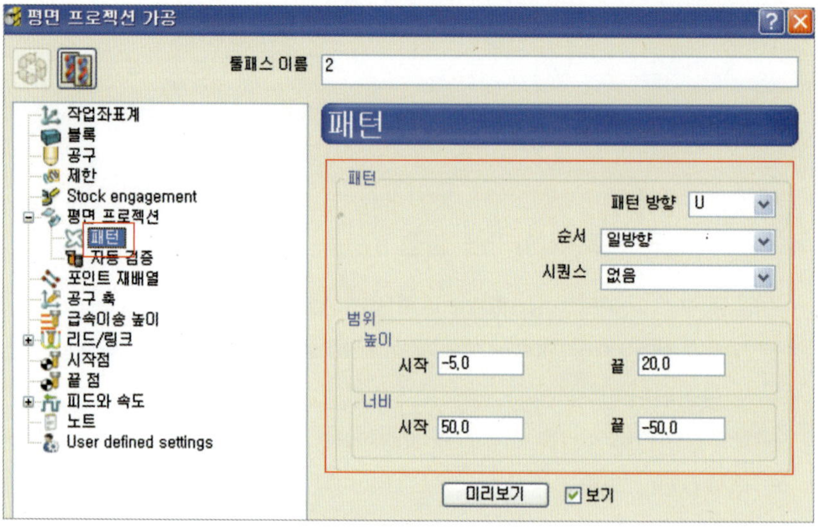

08 >> 공구 축 설정

툴패스를 계산(Calculate)하고 최소(Cancel)를 선택하여 창을 종료한다.

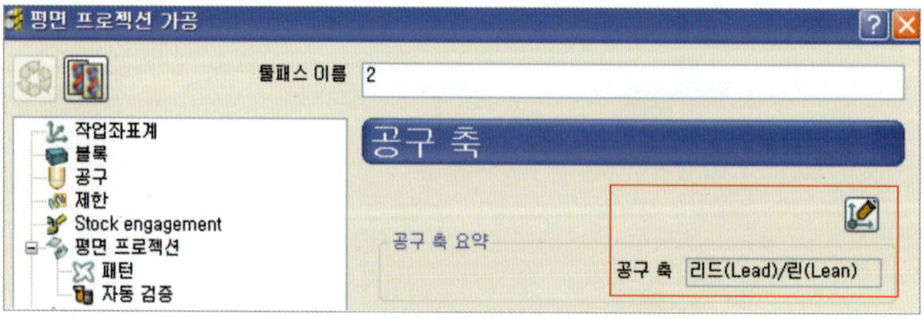

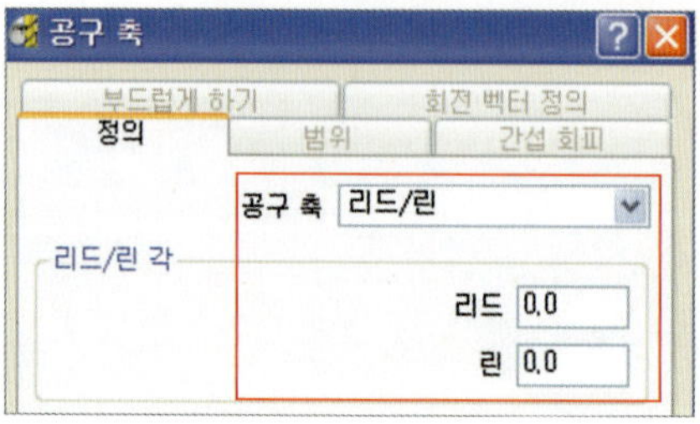

09 >> • 툴패스를 시뮬레이션하고 공구 정렬을 확인한다.

- 툴패스가 아래쪽 코너에서 시작하는 결과를 확인할 수 있고, 리드인/아웃이 모두 설정된 값 0으로 중심을 향하여 진행하며 투영된 방향으로 공구 정렬이 생성된다.
- 리드와 린 값을 0으로 설정하면 높은 쪽으로 결합하는 방법을 실행할 수 있는 옵션이다.

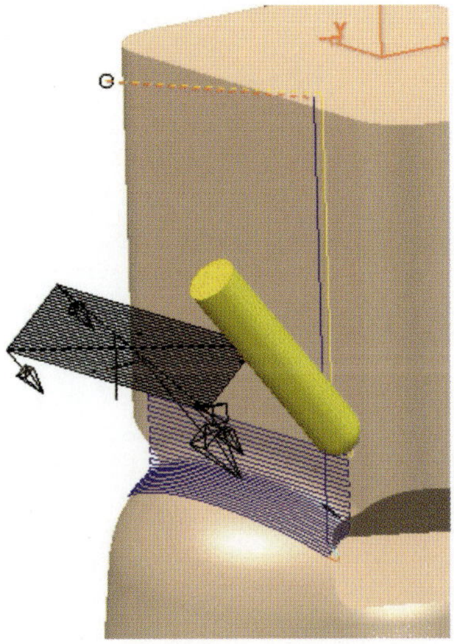

다른 가공 방법을 적용하는 것과 결과를 비교하고 부품의 같은 영역을 라스터 가공(Raster Finishing)을 사용하여 비교해 보자.

이번에는 공구 축(Tool Axis)의 린(Lean) 각을 40으로 정렬하면 라스터 가공(Raster Finishing)에서 아래쪽으로 투영될 것이다.

2 ▸▸ 라스터 가공을 이용한 방법

01 >> 블록 설정

블록 정의를 박스(Box)로 선택하고 범위를 X최소(Min) −70/X최대(Max) −50, Y최소(min) −50/Y최대(max) 50 타입을 모델로 설정한다.

02 >> 라스터 가공 설정

- 가공 패턴(Toolpath Strategies) 아이콘 을 선택하고 정삭(Finishing) 탭을 선택한다.
- 라스터 가공(Raster Finishing) 창을 열고 가공조건을 다음 그림과 같이 설정하고 적용과 취소를 누른다.

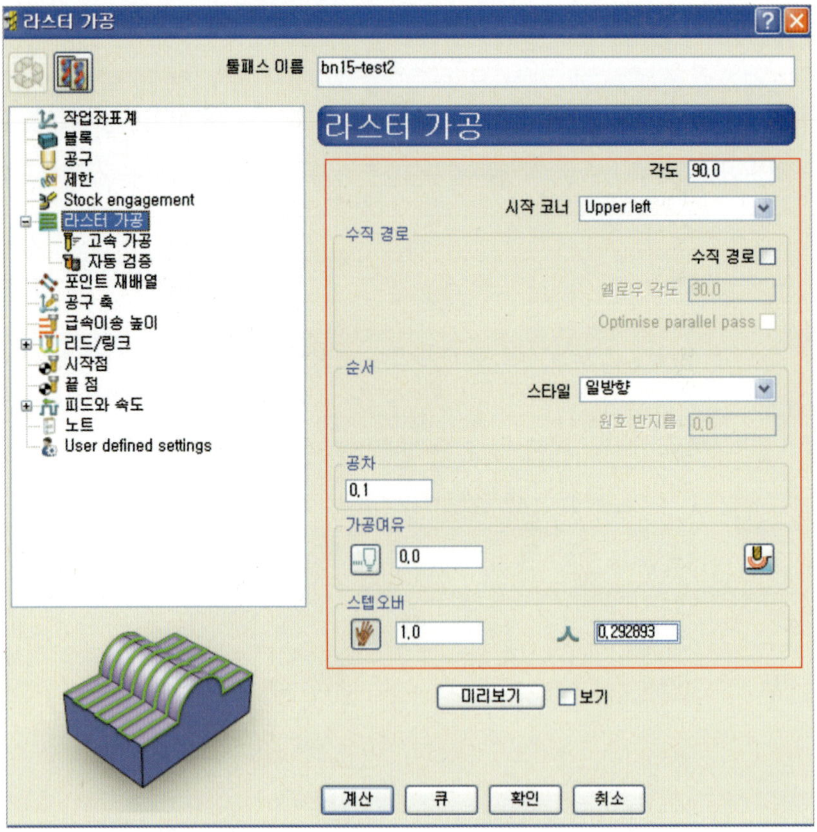

• 툴패스를 계산(Calculate)하고 취소(Cancel)를 선택해 툴패스 창을 닫는다.

03 >> 공구 축 설정

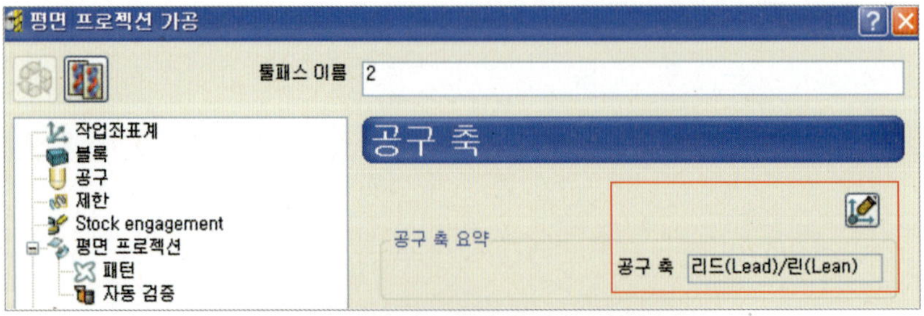

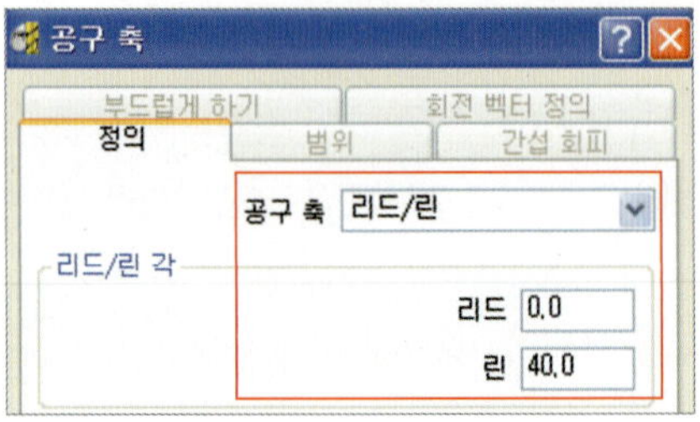

- 아래 코너에서 시작해서 위로 올라가면서 툴패스가 생성된다.
- Y축에서 시뮬레이션하면 양쪽의 툴패스가 리드/린(lead/lean) 옵션에 따라 회전하는 결과를 볼 수 있다.
- 양쪽 툴패스의 공구 정렬이 비슷하고 라스터(Raster) 방법에는 알맞은 린(Lean) 값 40이 적용되었다.

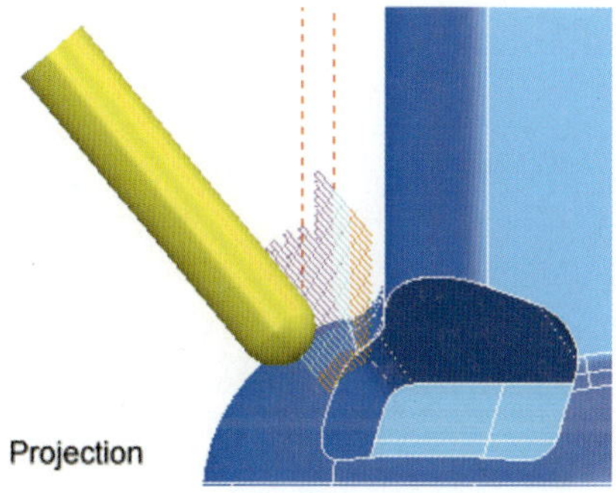

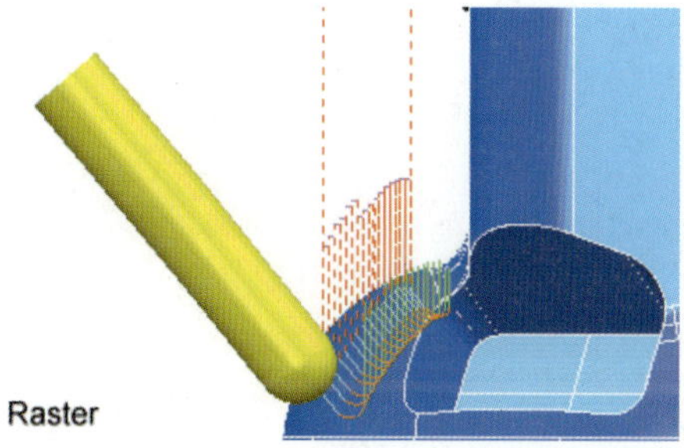

- 리드/린(Lead/Lean)은 툴패스에 일정한 방향으로 적용되며 경사가 급한 형상에서는 공구 축이 항상 일정한 각도를 유지하면서 가공된다.

다음 예제는 공구 축 정렬(Tool Axis Alignment)의 리드/린(Lead/Lean) 중 알맞은 린(Lean) 값을 사용해서 적용한 것이다.

공구 축 정렬 리드/린 설정 예제(Example) – 2

01 >> 모델 불러오기

- 모두 삭제(Delete All) → 모든 폼 초기화(Reset Forms)를 시킨다.
- 예제 파일에서 joint5axis.dgk 모델을 불러온다.
  powerMILL_Data\five_axis\joint_5axismc\joint5axis.dgk

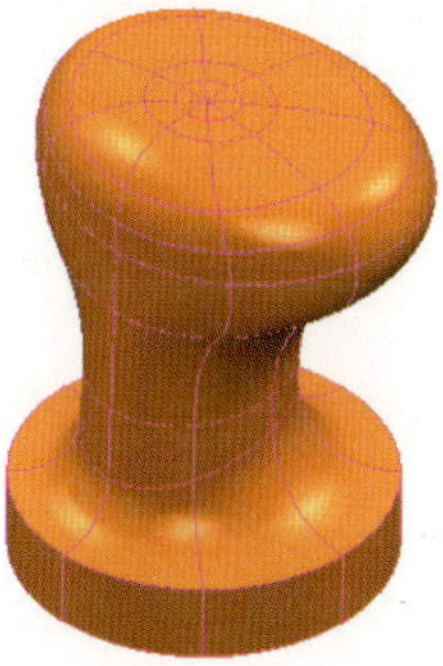

02 >> 블록 및 공구 설정

- 모델 크기에 맞게 블록을 생성하고 X, Y로 15 mm 연장한다.
- 지름 25 mm 볼 공구(Ball Nosed)를 이름 bn25로 정의한다.

03 >> 급속 이송 높이 및 시작과 끝 포인트 설정

- 급속 이송 높이(Rapid Move Heights)를 설정한다.
- 시작과 끝 포인트(Start and End Point)에서 시작점(Start Point)은 블록중심과 안전높이(Block Centre Safe Z), 끝점(End Point)은 끝점과 안전높이(Last Point Safe)로 설정한다.

04 >> 리드와 링크 설정

리드/링크(Leads/Links) 를 아래와 같이 수정한다.

Z Heights(Z 높이)	Skim(스킴) 45	Plunge(플런지) 10
Links(링크)	Skim(스킴)	

05 >> 라인 프로젝션 가공 설정

- 가공 패턴(Toolpath Strategies) 아이콘 을 선택하고 정삭(Finishing) 탭을 선택한다.
- 라인 프로젝션 가공(Line Projection Finishing) 창을 열고 옵션사항과 공구 축을 아래의 그림과 같이 설정하고 계산을 누른다.
- 패턴 스타일은 스파이럴로 선택한다.
- 위치 X 0, Y 0, Z 22, 고도각(Azimuth) 0, 고도 각도(Elevation) 0으로 설정한다.
- 방향은 안쪽, 공차 0.01, 가공여유 0.0, 스텝오버 2.0으로 설정한다.

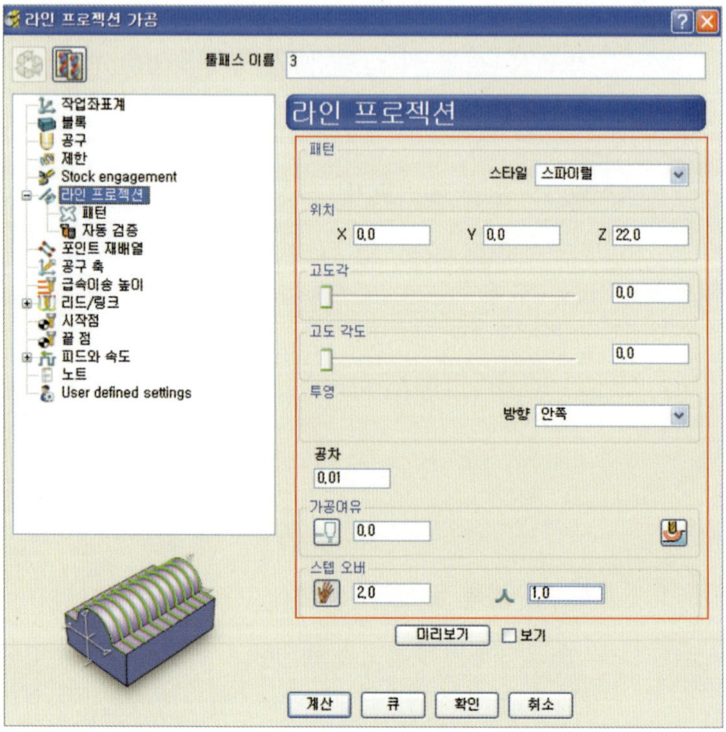

06 >> 패턴 옵션 설정

패턴 페이지 설정, 범위에서 높이 부분에 시작 5.0, 끝 50으로 설정한다.

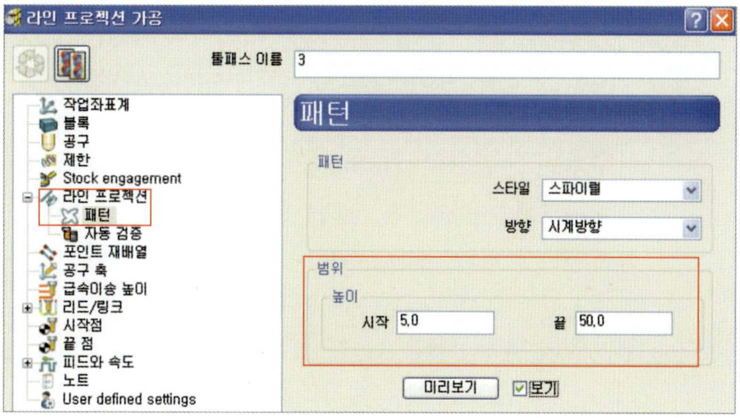

07 >> 공구 축 설정

리드(Lead) 0, 린(Lean) 30으로 설정한다.

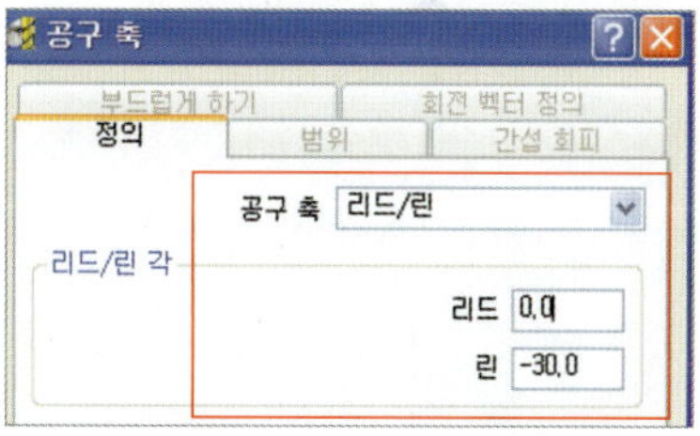

08 >> 아래의 그림과 같은 가공 결과를 볼 수 있다.

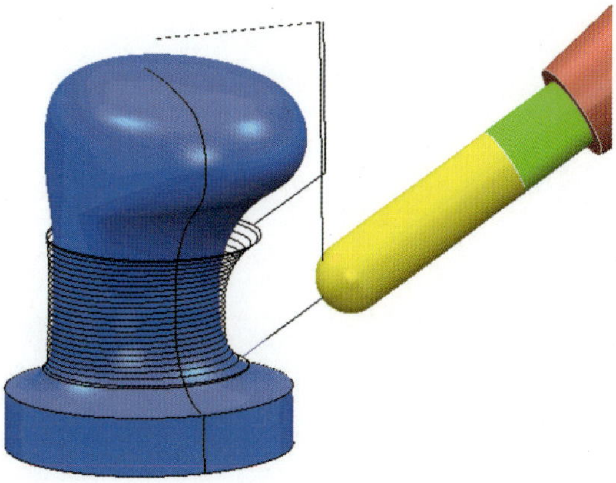

2 포인트를 향하는/포인트로부터(Toward/From Point) 공구 정렬

1 포인트를 향하는/포인트로부터(Toward/From Point)

① 공구 축은 정의된 포인트를 향하거나 반대로 나오는 형상으로 정렬된다.
② 미리보기(Preview)를 통해서 툴패스의 형상을 미리 확인할 수 있다.
③ 포인트를 향하는(Toward Point)는 볼록한 형상 정렬에 알맞고, 포인트로부터(From Point)는 오목한 형상 정렬에 알맞다.
④ 모델의 위쪽 부분은 포인트를 향하는(Toward Point) 공구 정렬이 적용되었다.

❶ 정 의

사용자의 정의에 의해 생성된 한 점을 이용하여 공구의 진행 방향과 축 정렬이 정의되는 공구 축 정렬 방법

❷ 적용 방법

가공 대상물의 형상을 고려하여 적정한 위치를 선정 후 공구 축 방향 폼에서 좌표값 설정을 적용할 수 있다.

❸ 주된 사용 영역

구 형상의 내/외경에 적용 시 최적의 가공 데이터를 생성할 수 있으며 음/양각의 형상에 주로 적용된다. 파이프 형상의 내/외경 부위도 부분적으로 적용될 수 있다.

❹ 이 점

구 형상의 언더컷 부위를 끊김없이 형상을 감싸는 듯한 부드러운 가공 데이터를 생성 할 수 있는 공구 축 정렬 방법이다.

2 ▸▸ 포인트와 라인을 향하는 공구 정렬(Toward/From Point/Line Aligment)

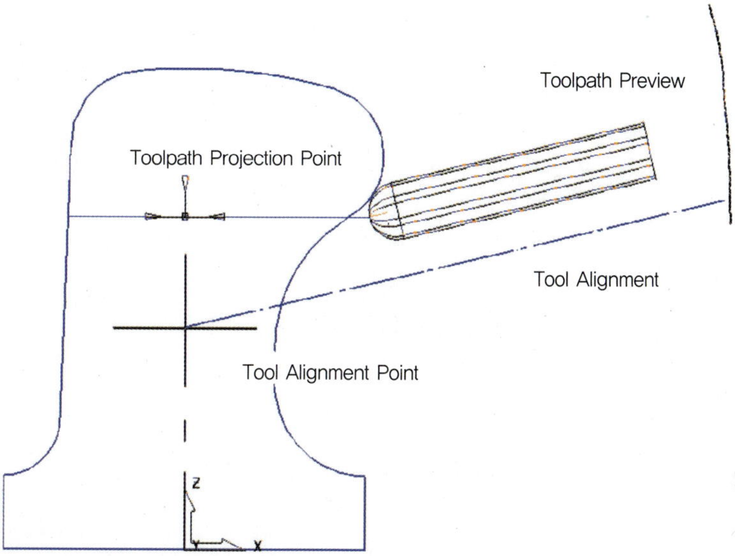

Note

라인을 향하는 Toward/From Line이 적용되어 정렬된 모습이다.

01 >> 리드와 링크 설정

리드/링크(Leads/Links) 를 아래와 같이 설정한다.

Z heights(Z 높이)	Skim(스킴) 45	Plunge(플런지) 10	
Lead In(리드인)	Horizontal Arc(수평 아크)	Angle(각도) 90	Radius(반지름) 6.0
Lead Out(리드아웃)	Vertical Arc(수직 아크)	Angle(각도) 90	Radius(반지름) 6.0
Extensions(연장)	Inwards/Outwards	Extended(연장)	Distance(거리) 30
Links(링크)	Skim(스킴)		

02 >> 포인트 프로젝션 가공 설정

- 가공 패턴(Toolpath Strategies) 아이콘 을 선택하고 정삭(Finishing) 탭을 선택한다.
- 포인트 프로젝션 가공(Point Projection Finishing) 창을 열고 설정 값을 다음 그림과 같이 설정하고 계산을 누른다.
- 패턴 스타일을 스파이럴로 선택한다.
- 위치 X 0, Y 0, Z 70으로 지정한다.

• 공차 0.01, 가공여유 0.0, 각도 스텝오버 2.0으로 설정한다.

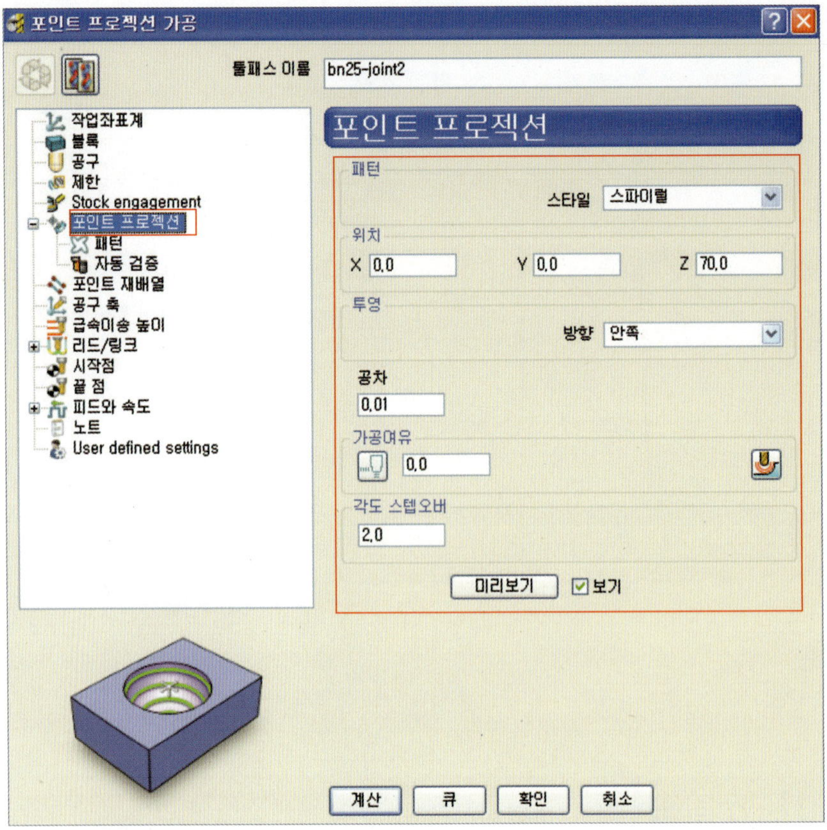

03 ›› 패턴 옵션 설정

범위의 고도각(Elevation Angles)을 시작 90, 끝 0.0으로 설정한다.

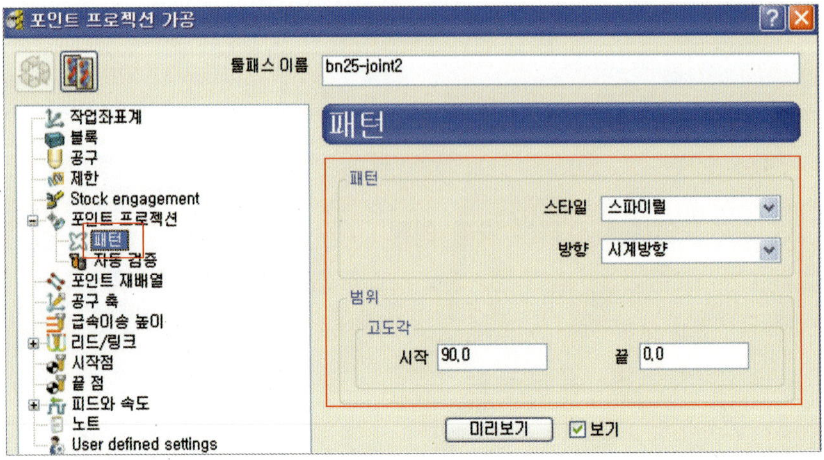

04 >> 공구 축 정렬

툴패스를 계산(Calculate)하고 취소(Cancel)를 선택해 창을 닫는다.

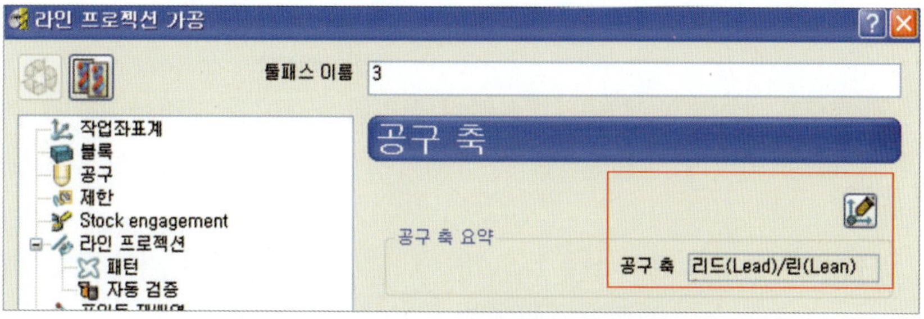

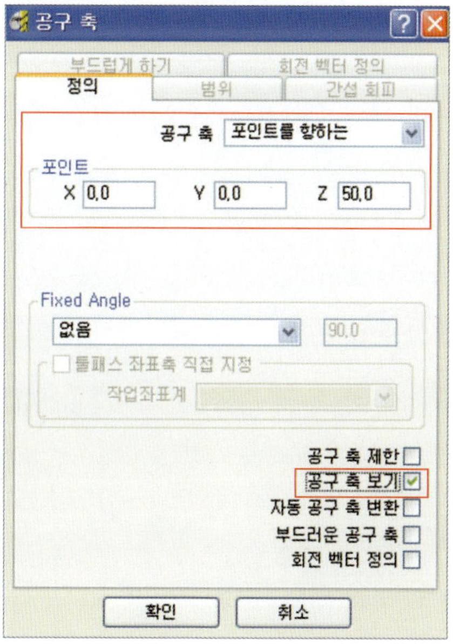

포인트는 대략 투영가공(Projection Finishing) 중심 포인트의 10mm 아래에 위치하고 중심에 있는 포인트 회전 축과 고도각이 변함없이 가공하는 동안 오른쪽 그림과 같이 공구 충돌을 피하여 가공을 할 수 있다.

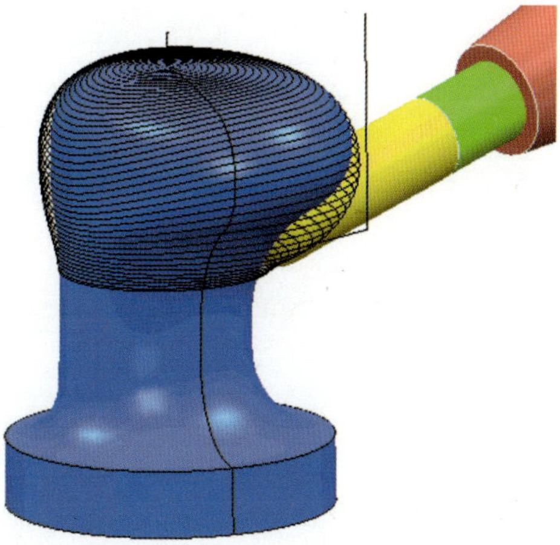

3 라인을 향하는/라인으로부터(Toward/From Line) 공구 정렬

1 ▸▸ 라인을 향하는/라인으로부터(Toward/From Line)

이 옵션은 포인트와 벡터를 이용하여 설정된 사용자가 지정한 라인을 이용하여 공구 축을 정의한다. 미리보기(Preview)를 통해서 공구 축 정의에 사용할 라인의 형상을 미리 확인할 수 있다.

선을 향하는 방향(Toward Line)은 볼록한 형상 정렬에 적당하고, 선으로부터(From Line)는 오목한 형상 정렬에 적당하다.

❶ 정 의

사용자 정의에 의한 임의의 점과 벡터 값을 갖는 직선을 이용하여 공구를 고정시키는 공구 축 정렬 방법이다.

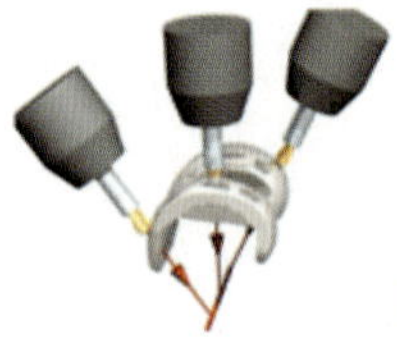

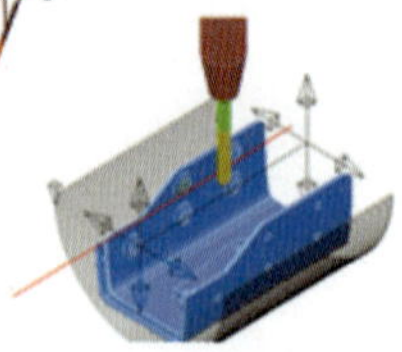

❷ 적용 방법

가공 대상물의 형상을 고려하여 공구 축 방향 폼에서 Towards/From Line 선택 후 각각의 포인트 값을 설정하여 적용할 수 있다.

❸ 주된 사용 영역

최대 공구 길이보다 깊은 측벽 영역과 기타 음/양각의 돌출 형상에 주로 적용되는 공구 축 정렬 방법이다.

❹ 이 점

점 이용의 제한적 사용범위를 가공할 수 있다. 또한 하나의 축을 고정한 형태의 가공 방법으로 사용할 수 있다.

○ 공구 축 정렬 라인을 향하는/라인으로부터 예제(Example) – 3

01 >> 모델 불러오기

- 메인 풀다운 메뉴 파일(File) → 모두 삭제(Delete All)를 선택한다.

- 아래의 경로에서 from-line-model.dgk 모델을 불러온다.
  …\ powerMILL_Data\five_axis\Casing\from-line-model.dgk

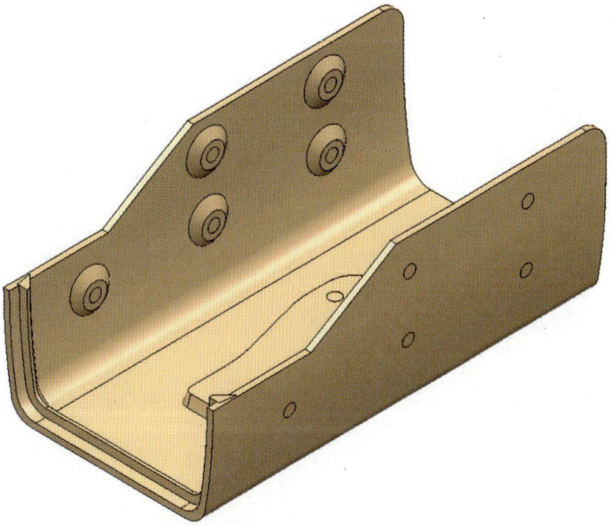

02 >> 공구 설정

- 공구 : 지름 12 mm, 길이 55인 볼 공구를 생성한다.
- 생크 : 지름이 12, 길이가 40인 생크를 추가한다.
- 홀더 : 1-하단 지름 25, 상단 지름 40, 길이 40인 홀더를 추가한다.
  2-상 · 하 지름 40, 길이 60, 가공 최적 길이 90인 홀더를 하나 더 추가해 공구를 생성한다.

03 >> 블록 및 급속 이송 높이, 시작과 끝 포인트 설정

- 블록을 박스(Box)로 설정한다.
- 급속 이송 높이를 초기 설정 값으로 설정한다.
- 시작 높이와 끝 포인트를 블록 중심으로 설정한다.

04 >> 리드와 링크 설정

Z 높이는 스킴 거리와 플런지 거리를 5, 리드와 링크는 없음으로 설정하고, 짧은 링크는 부드러운 원호, 긴 링크는 스킴으로 설정한다.

05 >> 라인 프로젝션 가공 설정

- 가공 패턴(Toolpath Strategies) 아이콘 을 선택하고 정삭(Finishing) 탭을 선택한다.

- 라인 프로젝트(Line Projection) 가공 창에서 옵션 값과 공구 축을 클릭한 후 다음 그림과 같이 입력하고 Preview(미리보기)를 선택한다.
- 고도각(Azimuth)을 0, 고도 각도(Elevation)를 90으로 설정한다.

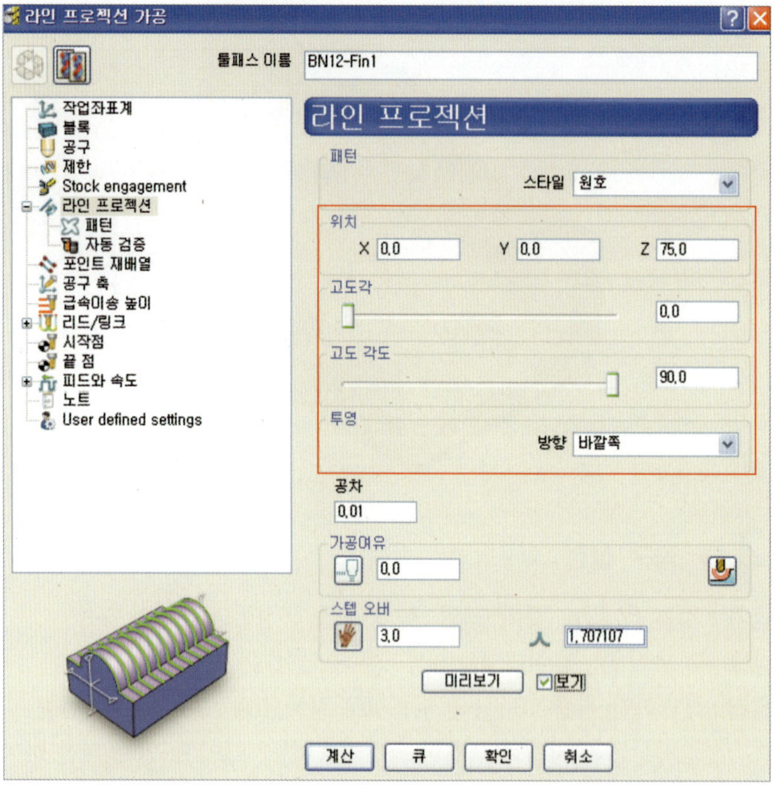

06 >> 패턴 옵션 설정

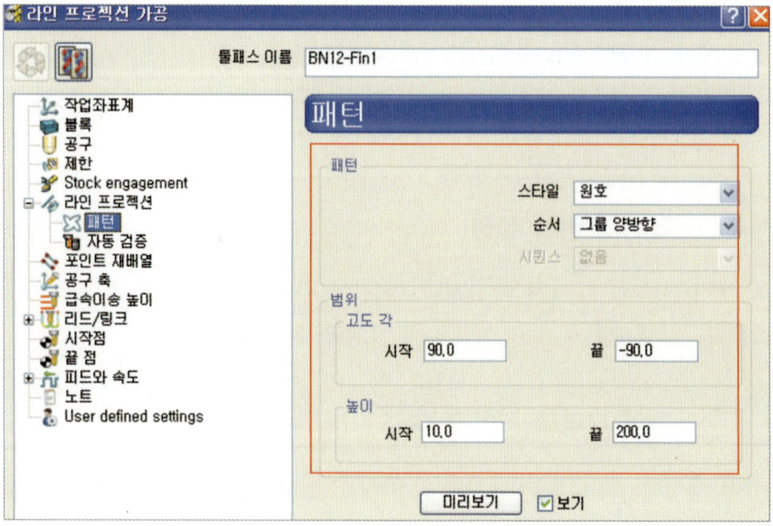

07 ›› 공구 축 설정

공구 축 보기 박스에 체크를 해서 모델에 맞게 툴을 정렬한다.

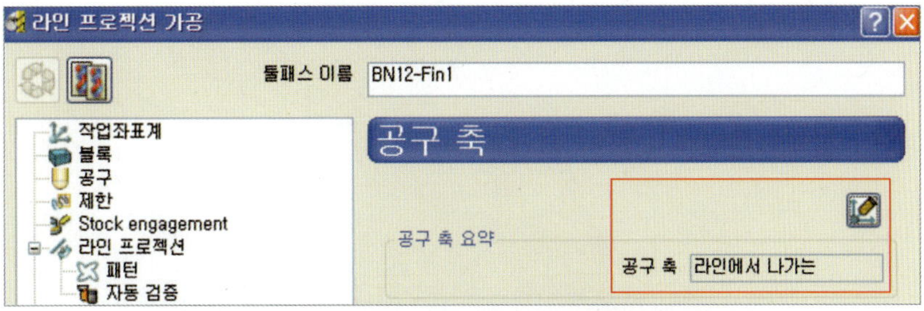

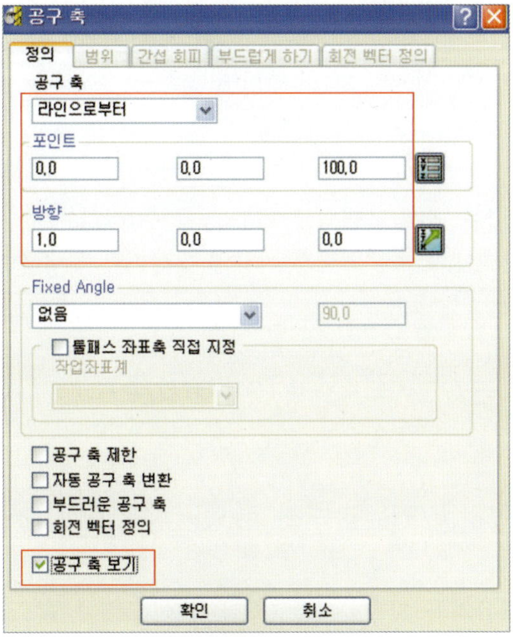

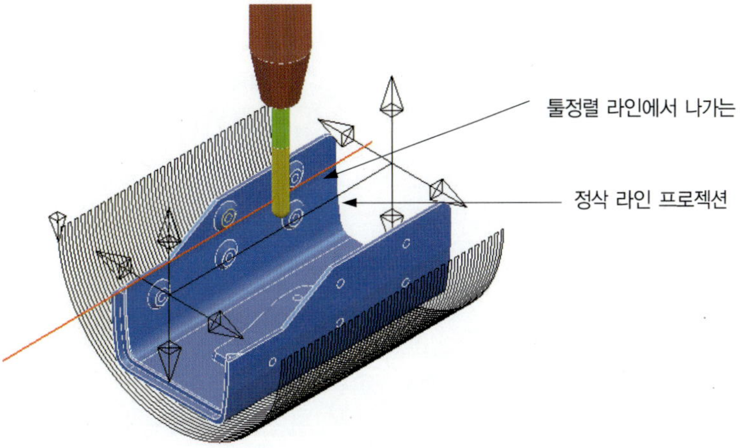

08 >> 미리보기를 클릭해서 툴패스 적용 전에 확인한다.

09 >> 최종 결과는 아래 화면과 같다.

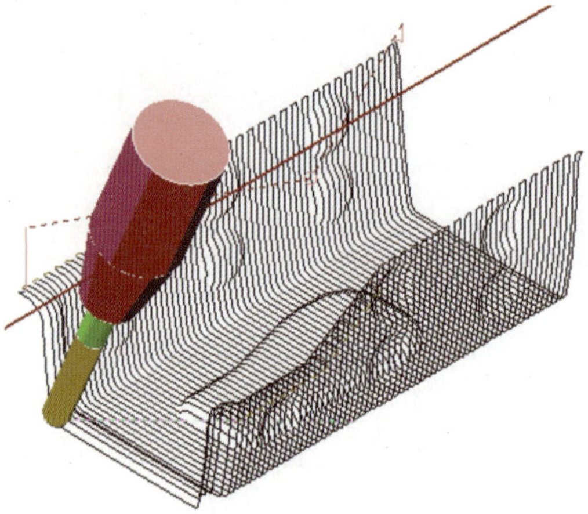

언더컷을 포함한 내부 모델의 전체를 공구 축(라인에서 나가는) 정렬과 정삭 툴패스 생성 방법은 라인 프로젝션 툴패스를 이용해 툴패스를 생성한다.

4 커브를 향하는/커브로부터(Toward/From Curve) 공구 정렬

1 커브를 향하는/커브로부터(Toward/From Curve)

이 옵션은 사용자가 지정한 커브(패턴)을 이용하여 5축 툴패스를 생성할 때 공구 축을 정의한다.

❶ 정 의

라인(Line)으로 정의되는 축 정렬 방법과 달리 형상을 가지고 있는 커브로 공구가 그 커브를 향하게 하는 공구 축 정렬 방법이다.

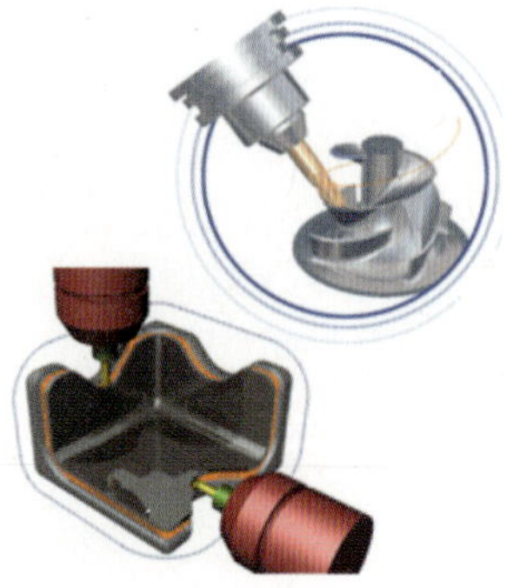

❷ 적용 방법

패턴으로 정의된 커브 또는 외부 데이터를 패턴화하여 공구 축 방향 폼에서 설정 후 가공 데이터에 적용할 수 있다.

❸ 주된 사용 영역

급격한 굴곡의 변화가 생기는 코너 부와 그 외 기하학적 형상(양/음각)에 적용할 수 있다.

❹ 이 점

피벗 포인트가 짧은 급격한 변환 구간에서의 급격한 공구 축의 각도 변환을 패턴화시킨 단순 커브 형상으로 고정 정렬할 수 있으므로 안정된 축 정렬 방법이다.

공구 축 정렬 커브를 향하는/커브로부터 예제(Example) – 4

01 >> 모델 불러오기

- 주 메뉴에서 파일(File) → 모두 삭제(Delete All)를 선택한다.
- 아래의 경로에서 impeller+Curve.dgk 모델을 불러온다.
  …\ powerMILL_Data\five_axis\Impeller\ impeller+Curve.dgk

02 >> 패턴 설정

- 비어있는 패턴을 생성하고 Align2Curve로 이름을 변경한다.
- 모델을 불러들일 때 모델과 함께 들어온 커브를 패턴 Align2Curve로 만든다[패턴 메뉴에서 Insert(불러오기) → Model(모델)].

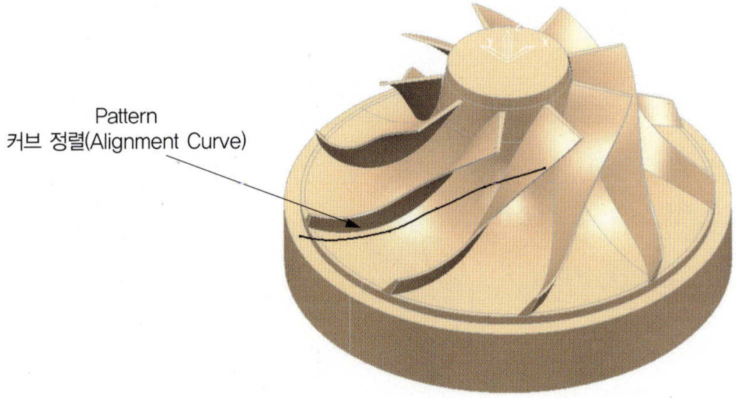

03 >> 공구 생성

- **공구** – 지름 3, 길이 15인 볼 공구를 공구 이름 BN3으로 생성한다.
- **생크** – 상단/하단 지름 3, 길이 10으로 생크를 추가한다.
- **홀더 1** – 상단 지름 15, 하단 지름 10, 길이 10으로 홀더를 추가한다.

- 홀더 2 – 상단/하단 지름 15, 길이 10, 가공 최적 길이 20으로 홀더를 하나 더 추가하여 공구를 생성한다.

04 >> 블록 생성

모델의 치수와 같은 원통 형상의 블록을 생성한다.

05 >> 리드인/아웃 설정

리드인/아웃은 수직 원호(Vertical Arc), 거리 0, 각도 90, 반지름 3, 모든 링크는 스킴으로 설정한다.

06 >> 급속 이송 높이 및 시작과 끝 포인트 설정

- 급속 이송 높이는 안전높이 초기화를 선택한다.
- 시작과 끝 포인트를 블록 중심과 안전높이로 설정한다.

07 >> 명령 프롬프트 창에 명령어 입력

- 보기(View) → 툴바(Toolbar) → 명령 프롬프트(Command)를 선택한다.
- 명령 프롬프트 창에 아래의 3줄 명령어를 넣는다. 이 명령어는 선택된 면의 1mm 내에서 효과적인 프로젝션을 만들 수 있다.

```
EDIT SURFPROJ AUTORANGE OFF
EDIT SURFPROJ RANGEMIN -1
EDIT SURFPROJ RANGEMAX 1
```

- 명령 프롬프트를 닫는다.

08 >> 서피스 프로젝션 가공 설정

아래쪽 패턴 가까이에 있는 블레이드면을 선택하고 서피스 프로젝션(Projection Surface) 가공 방법을 이용한다.

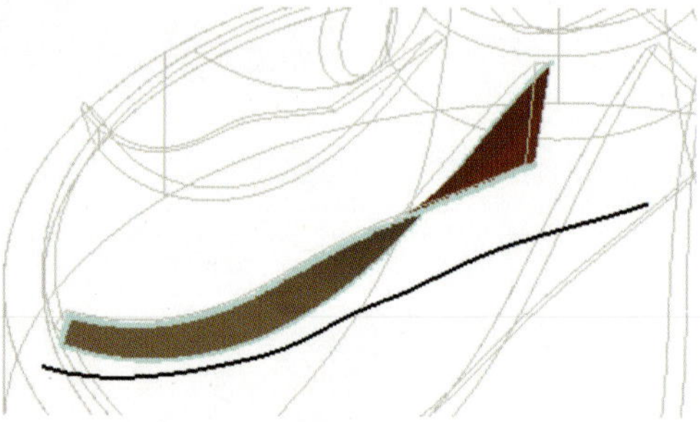

09 >> 가공 패턴(Toolpath Strategies) 아이콘 을 선택하고 가공 패턴 대화상자에서 정삭(Finishing) 탭을 선택한다.

10 >> 서피스 프로젝트(Projection Surface Finishing) 가공 창에서 옵션 값과 공구축을 클릭하여 다음 그림과 같이 입력한 후 미리보기를 선택한다.

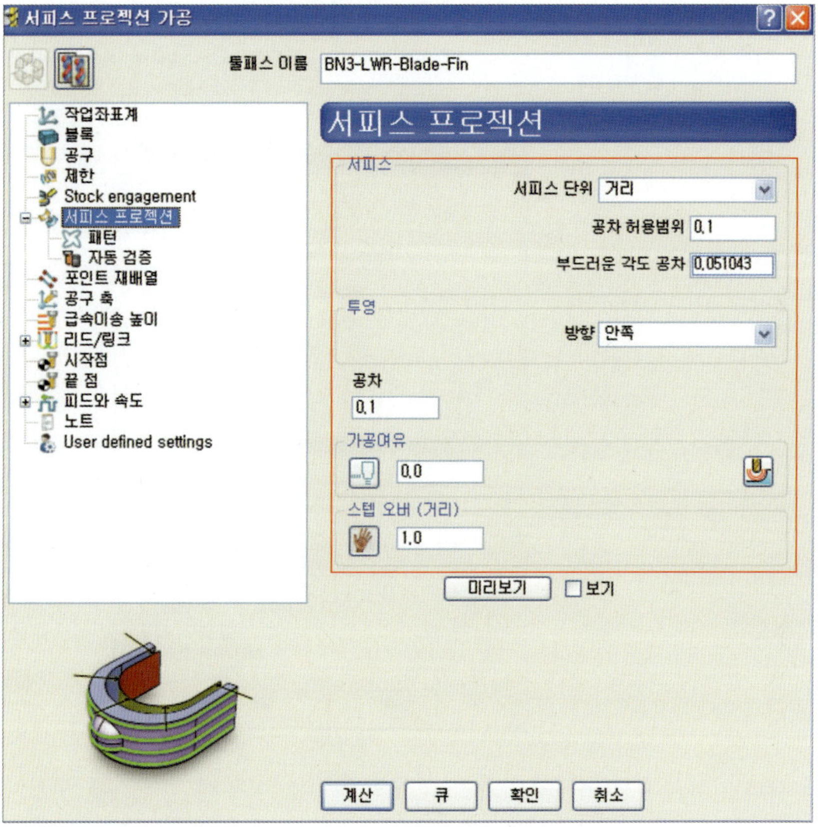

11 >> 패턴 옵션 설정

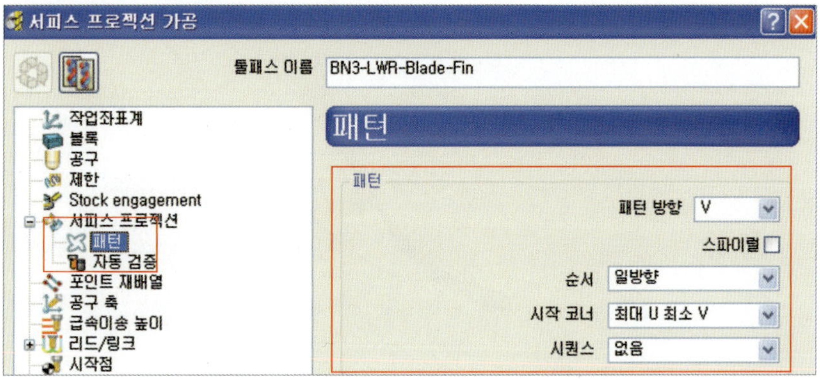

12 ›› 공구 축 설정

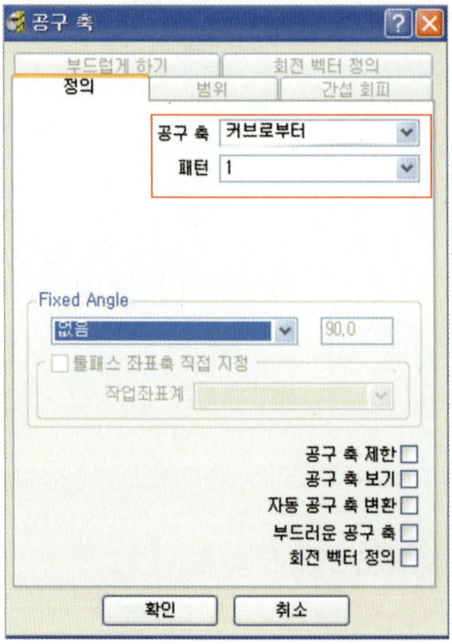

- 서피스 프로젝션(Projection Surface) 가공을 이용해 툴패스를 생성하면 공구 축은 항상 패턴(커브)을 따라가며 정렬된다.

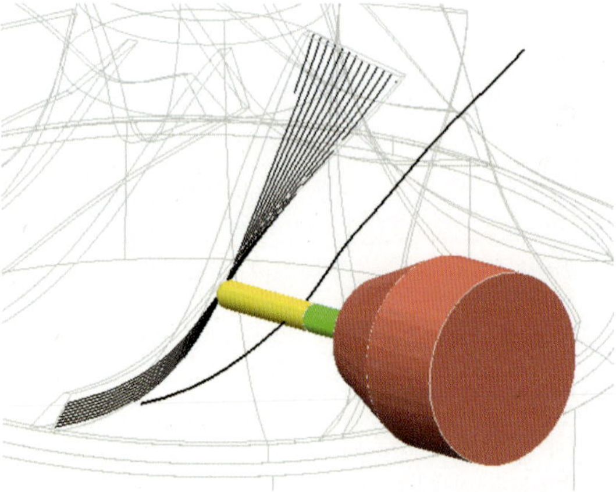

• 상단 옆 패턴과 가까이에 있는 날카로운 면을 선택하고 서피스 프로젝션(Projection Surface) 방법을 이용한다.

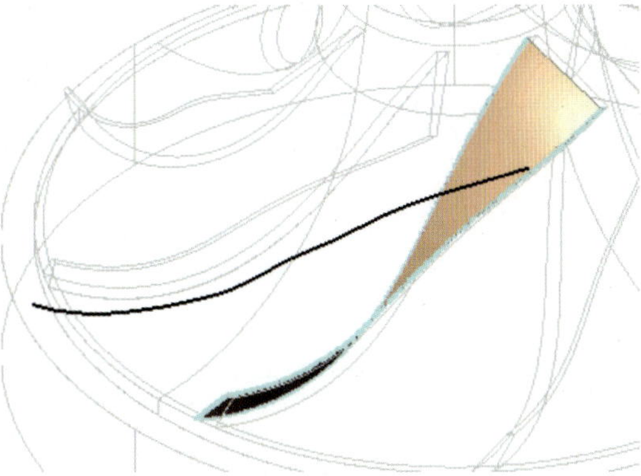

13 >> 서피스 프로젝션 설정

• 가공 패턴(Toolpath Strategies) 아이콘 을 선택하고 정삭(Finishing) 탭을 선택한다.
• 서피스 프로젝트(Projection Surface Finishing) 가공 창에서 다음 그림과 같이 옵션사항을 입력한 후 계산을 누른다.
• 툴패스 이름을 BN3-UPR-Blade-FIN으로 입력한다.

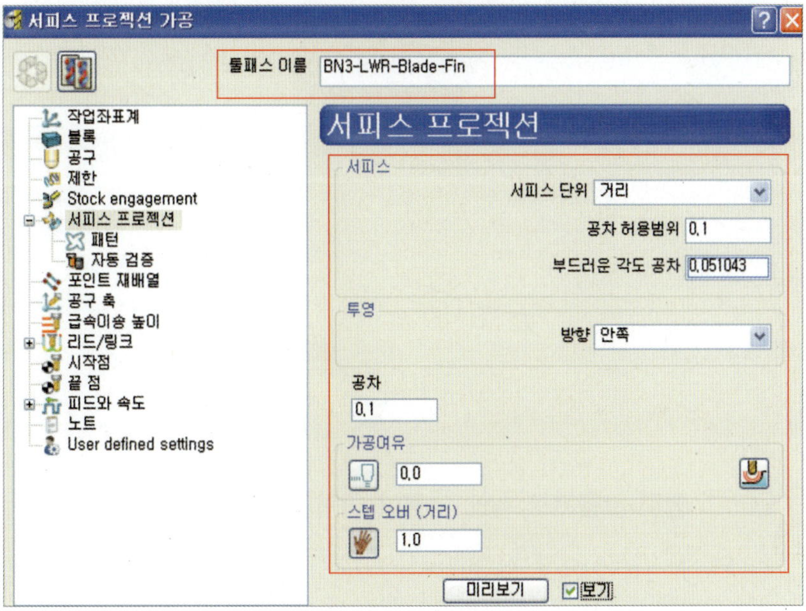

14 >> 패턴 옵션 설정

- 패턴 방향(Pattern Direction) V, 시작 코너(Start Corner) 최소 U 최대 V(Min U Max V)로 설정한다.

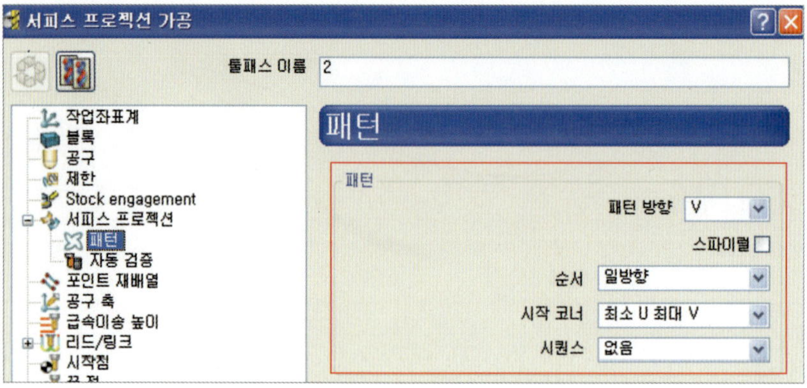

- 서피스 프로젝션(Projection Surface) 가공이 진행되는 동안 지정한 패턴(Pattern)은 항상 공구 축(Tool Axis)에 정렬된다.

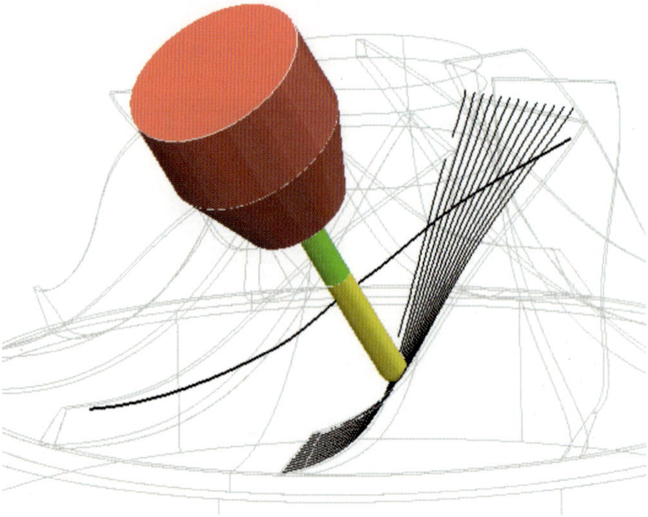

15 >> 명령 프롬프트 창에 명령어 입력

- 주 메뉴 뷰(View) → 툴바(Toolbar) → 명령 프롬프트(Command)를 선택한다.
- 명령 프롬프트 창에 아래의 명령어를 입력한다.

  EDIT SURFPROJ AUTORANGE ON
- 방향 고정(Fixed Direction) : 공구 축은 벡터에 의해 정의되거나 사용자에 의해 정의된 고정된 각을 따라 설정된다.

5 방향 고정(Fixed Direction)

아래의 표는 X, Y 평면 상의 벡터와 각도를 나타낸다.

각도에 따른 벡터 변환표(Angle to Vector Conversion Table)

Angle	Vectors		
(Degrees)	I	J	K
0	1	0.0000	0
5	1	0.0875	0
10	1	0.1760	0
15	1	0.2680	0
20	1	0.3640	0
25	1	0.4660	0
30	1	0.5770	0
35	1	0.7000	0
40	1	0.8390	0
45	1	1.0000	0
50	1	1.1920	0
55	1	1.4280	0
60	1	1.7320	0
65	1	2.1450	0
70	1	2.7470	0
75	1	3.7320	0
80	1	5.6710	0
85	1	11.4300	0
90	0	1.0000	0

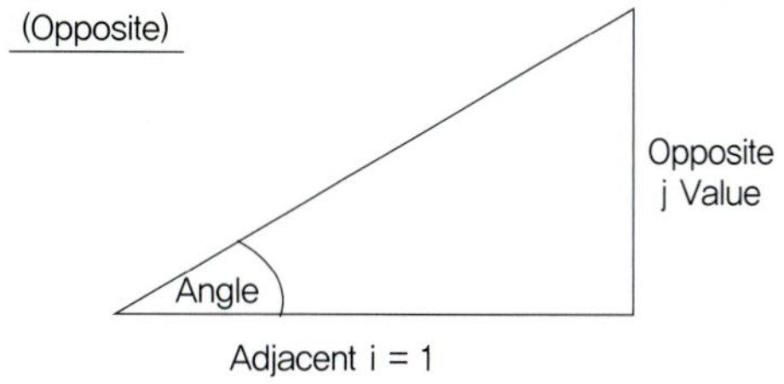

Tan(Angle) = 1

공구 축(Tool Axis)은 창에서 활성화되어 있는 작업 좌표계를 중심으로 IJK 벡터에 의해서 정의된 고정된 방향을 향한다. IJK 벡터를 구하는 것이 어렵지만 이 옵션을 언더컷 부분 가공에 효과적으로 사용할 수 있다.

방향 고정 예제(Example) – 5

01 >> 프로젝트 파일 불러오기

- 주 메뉴 파일(File)에서 모두 삭제(Delete All)를 선택하고, 도구(Tools)에서 모든 폼 초기화(Reset Forms)를 선택한다.
- 아래의 경로에서 프로젝트 파일을 불러온다.
  …\powerMILL_Data\five_axis\AngledFrame\ToolAxisFixed1-Start

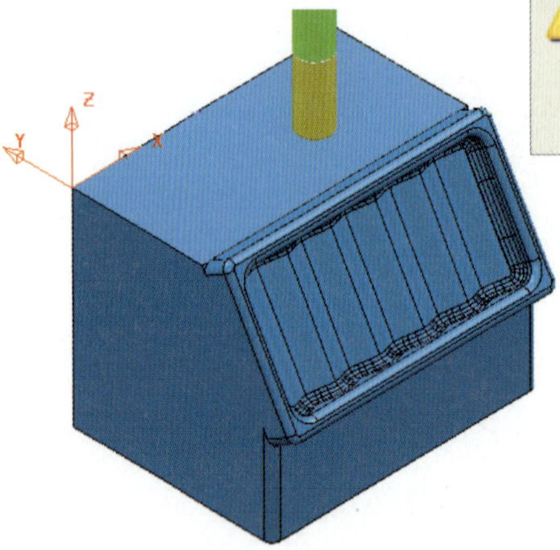

02 >> 다른 이름으로 프로젝트 저장

- 다른 이름으로 프로젝트를 저장(Save Project As)한다.
- MC-Datum 작업 좌표계를 활성화한다.
- BN6 공구를 활성화한다.
- 오른쪽 그림에서 물결 모양의 서피스를 선택한다.

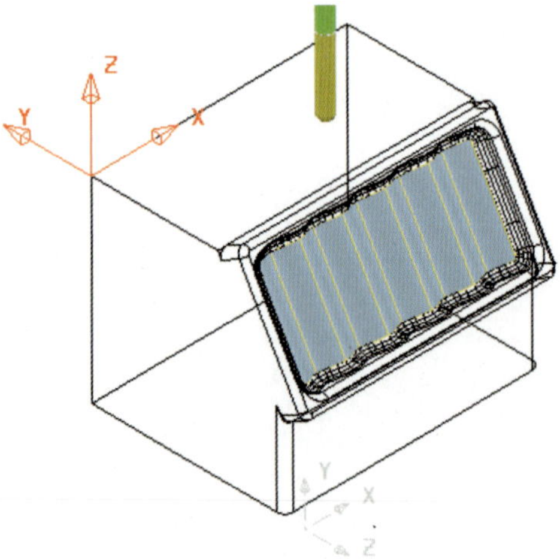

03 >> 서피스 가공 설정

- 가공 패턴(Toolpath Strategies) 아이콘 을 선택하고 가공 패턴 대화상자에서 정삭(Finishing) 옵션을 선택한다.
- 서피스 가공(Surface Finishing)을 선택하고 아래 보이는 것과 동일한 값을 입력한다.
  - 서피스 방향 바깥쪽, 스텝오버 0.5로 설정한다.

04 >> 패턴 옵션 설정

패턴 방향 V, 순서는 양방향으로 설정한다.

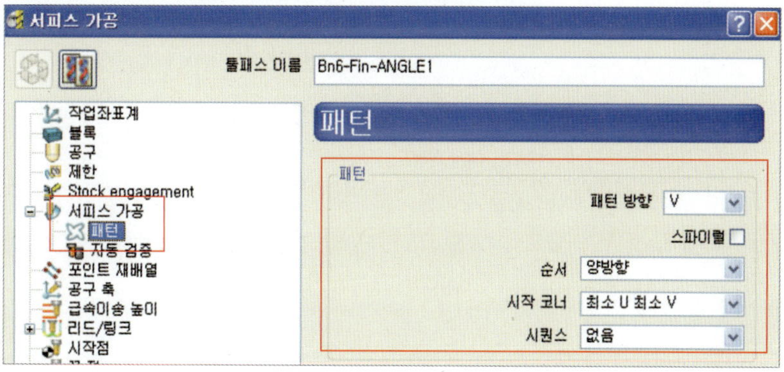

05 ›› 공구 축 설정

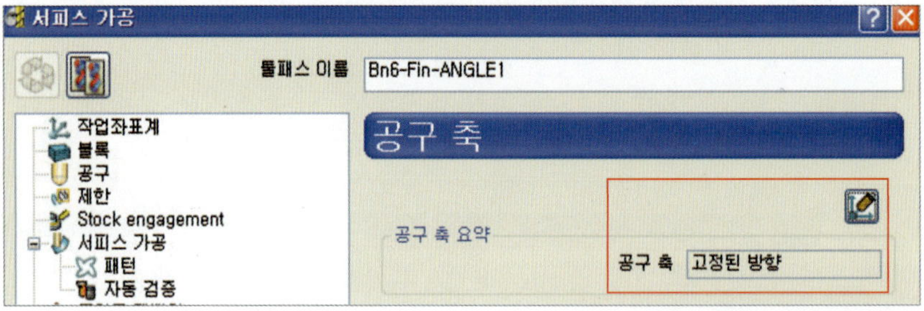

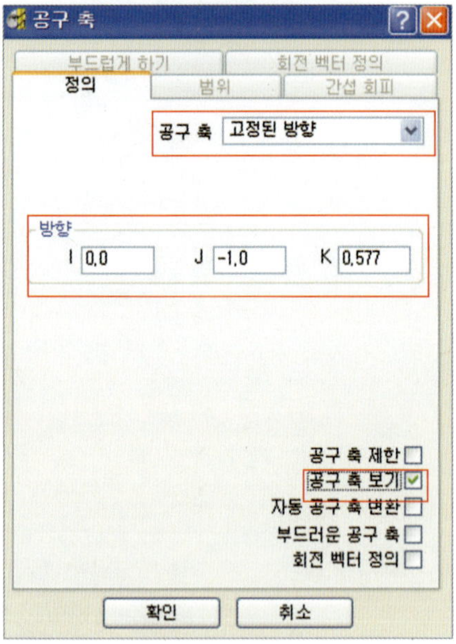

- 공구 축(Tool Axis)은 고정된 방향(Fixed Direction)으로 설정한다.
- 공구 축 보기(Draw Tool Axis) 옵션에 체크한다.
- 방향 벡터 값은 I 0, J −1, K 0.577로 입력한다.

06 ›› 리드/링크 설정

아래 보이는 리드/링크(Leads/Links) 창과 동일하게 링크(Links) 옵션을 설정한다.

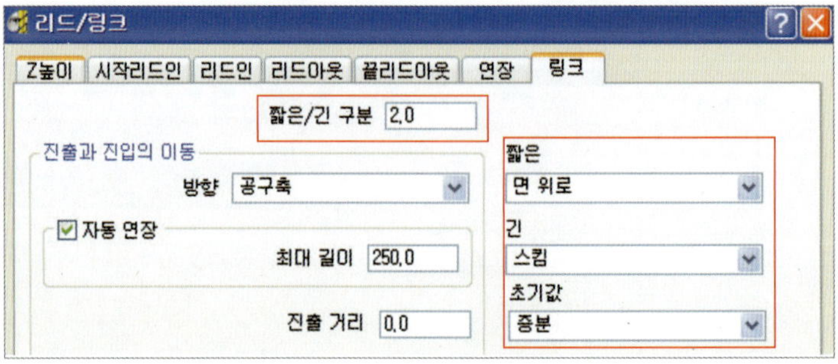

07 >> 미리보기(Preview)를 클릭하고 계산(Calculate)하여 툴패스를 생성한다. 서피스 가공 창을 닫는다.

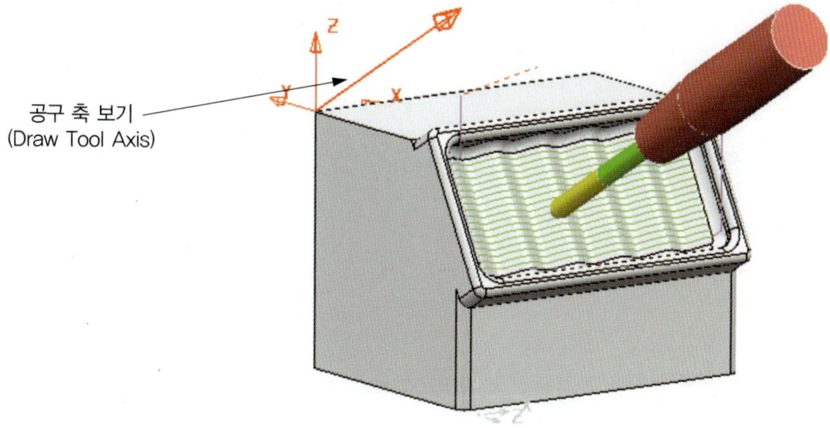

Note

오른쪽 그림과 같이 2 mm 스텝오버 값으로 툴패스가 생성된 것을 확인할 수 있다.

08 >> …\COURSEWORK\powerMILL_Projects\ToolAxisFixed-EX1 프로젝트를 저장한다.

Chapter 05

서피스 프로젝션 가공

1절 서피스 프로젝션 가공

1 서피스 프로젝션 가공의 정의 및 설정

① 개 요

툴패스는 사용자가 선택한 참조 서피스(Reference Surface)에 대해 수직인 방향으로 툴패스가 생성되며 공구 축의 꺾여진 각도를 임의로 변경할 수 있다. 참조 서피스(Reference Surface)의 U/V 방향에 의해서 툴패스의 생성 방향이나 범위를 설정할 수 있으며 각각의 서피스 커브(Surface Curve) 사이에서 설정된 거리 값이나 파라메트릭(Parametric) 값을 이용하여 툴패스의 피치가 결정된다. 경우에 따라서 참조 서피스(Reference Surface)는 가공될 전체 모델이 될 수도 있고 일부분이 될 수도 있다.

참조 서피스(Reference Surface)를 만들기 위해서 사용자들은 적당한 서피스 모델링(Surface Modelling) 프로그램이 필요할 것이고 가장 이상적인 프로그램이 파워쉐이프(PowerSHAPE)이다. 아래의 예제에 사용하기 위해서 미리 만들어진 참조 서피스(Reference Surface)를 사용할 것이고 이것들은 dgk 형식으로 저장되어 있다.

② 서피스 프로젝션 가공

❶ 정 의

서피스의 속성 즉, UV 벡터의 형상이 툴패스의 형상과 품질을 결정하는 가공 데이터로 선택 면에 의해 빛의 발단 영역이 정의된다.

❷ 적용 방법

가공 대상이 되는 하나의 면을 선택하여 빛의 투영 방법의 표현으로(안쪽, 바깥쪽) 가공 데이터를 가공 대상물에 투영시킨다.

❸ 주된 가공 영역

모든 영역에 충족되지만 하나의 면만을 선택 가공 데이터를 생성한다. 또한 참조 면을 이용한 가공 방법에 적용할 수 있다.

❹ 이 점

가공이 용이하고 안정적인 가공 데이터로 최적의 부분 가공을 할 수 있으며 사용자가 원하는 대로 축 방향을 자유자재로 설정할 수 있다.

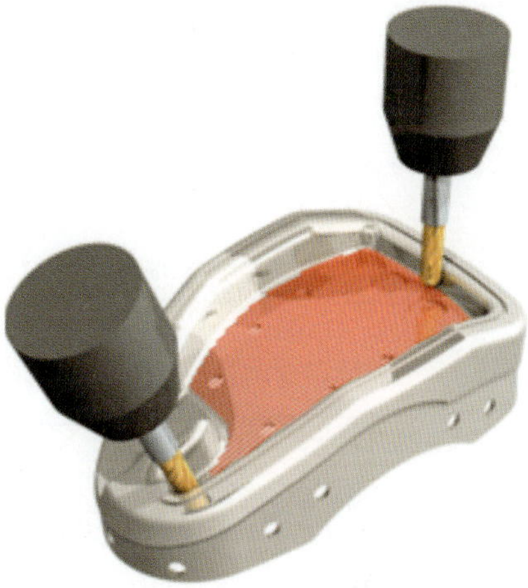

01 >> 모델 불러오기

아래의 경로에서 joint5axis.dgkd와 joint_ template1.dgk 두 모델을 불러온다.

…\powerMILL_Data\five_axis\joint_5axismc

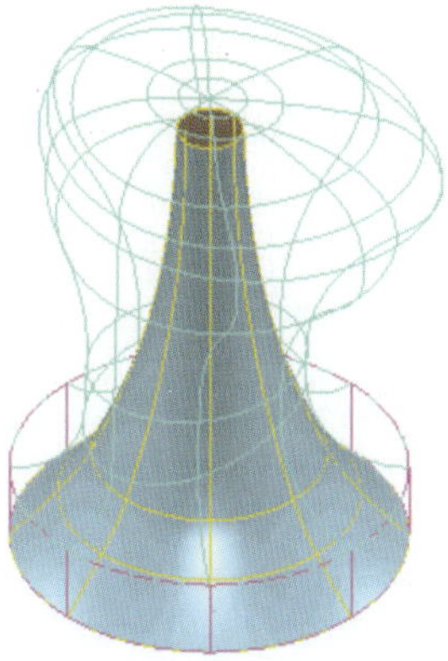

02 >> 다른 이름으로 프로젝트 저장

다른 이름으로 프로젝트를 저장(Save Project As)한다.
…\COURSEWORK\powerMILL_Projects\Ref-surfs-Ex1

03 >> 블록 및 공구 설정

- Block(블록) 정의는 박스(Box), 타입은 모델(Model)로 생성한다.
- 공구는 지름이 16mm인 볼 공구(Ball Nosed)를 BN16 이름으로 생성한다.

04 >> 급속 이송 높이 및 시작과 끝 포인트 설정

- 급속 이송 높이(Rapid Move Heights)를 초기 설정 값으로 계산한다.
- 시작과 끝 포인트(Start and End Point)는 모두 블록 중심의 안전높이(Block Centre Safe Z)로 설정한다.

05 >> 리드와 링크 설정

리드/링크(Leads/Links) 창을 열어 짧은 링크(Short Links)를 면 위로(On Surface)로, 긴/초기값 링크(Long/Safe Links)를 스킴(Skim)으로 설정하고 Z 높이(Z Heights)에서 스킴 거리(Skim Distance)를 30, 플런지 거리(Plunge Distance)를 5로 설정한다.

06 >> 참조 서피스 선택

참조 서피스(Reference Surface)를 불러온 모델 중 joint_ template1.dgk로 선택한다.

07 >> 서피스 프로젝션 가공 설정

- 메인 툴바의 가공 패턴(Toolpath Strategies) 아이콘 을 선택하고 정삭(Finishing) 탭에서 서피스 프로젝션 가공(Projection Surface Finishing)을 선택한다.
- 서피스 프로젝션 가공(Surface Projection Finishing) 폼과 공구 축(Tool Axis) 폼의 설정 값을 아래와 같이 설정한다.
  - 툴패스 이름은 BN16-Ref1-U로 입력한다.
  - 투영 방향(Direction)은 안쪽(Inwards)으로 설정한다.
  - 스텝오버(Step Over)는 1로 설정한다.

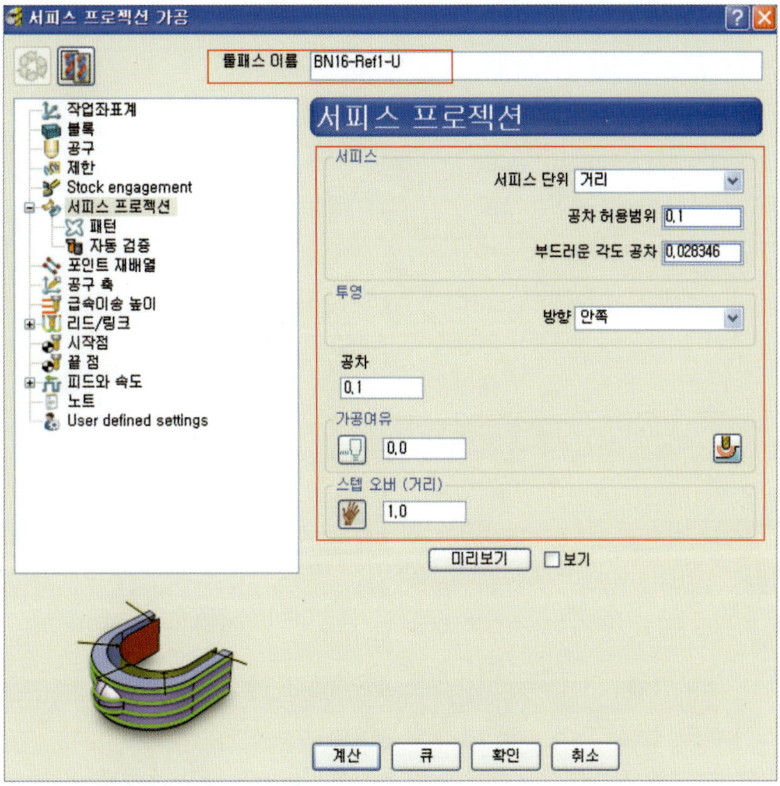
서피스 프로젝션 가공
툴패스 이름 BN16-Ref1-U
작업좌표계
블록
공구
제한
Stock engagement
서피스 프로젝션
패턴
자동 검증
포인트 재배열
공구 축
급속이송 높이
리드/링크
시작점
끝 점
피드와 속도
노트
User defined settings
서피스 프로젝션
서피스
서피스 단위 거리
공차 허용범위 0.1
부드러운 각도 공차 0.028346
투영
방향 안쪽
공차
0.1
가공여유
0.0
스텝 오버 (거리)
1.0
미리보기
보기
계산
큐
확인
취소

08 >> 패턴 옵션 설정

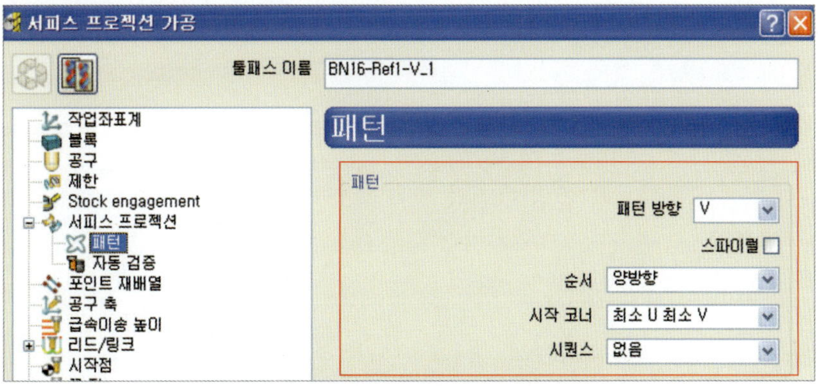
서피스 프로젝션 가공
툴패스 이름 BN16-Ref1-V_1
작업좌표계
블록
공구
제한
Stock engagement
서피스 프로젝션
패턴
자동 검증
포인트 재배열
공구 축
급속이송 높이
리드/링크
시작점
패턴
패턴
패턴 방향 V
스파이럴
순서 양방향
시작 코너 최소 U 최소 V
시퀀스 없음

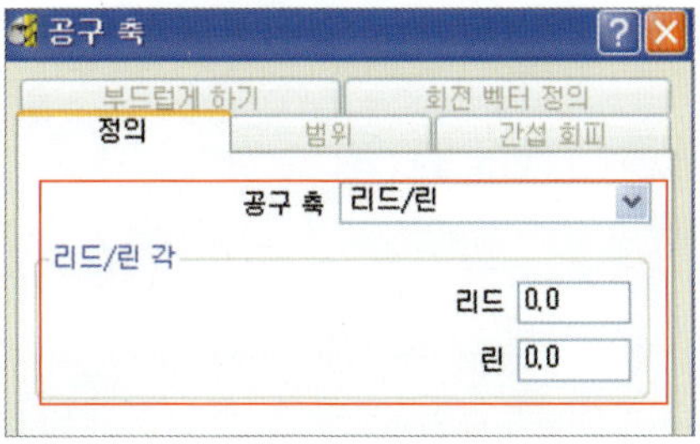
공구 축
부드럽게 하기
회전 벡터 정의
정의
범위
간섭 회피
공구 축 리드/린
리드/린 각
리드 0.0
린 0.0

• 패턴 방향(Pattern Direction)을 U로 설정하면 툴패스는 옆의 그림과 같이 참조 서피스(Reference Surface)의 롱지투디널(Longitudinal) 방향으로 생성된다.

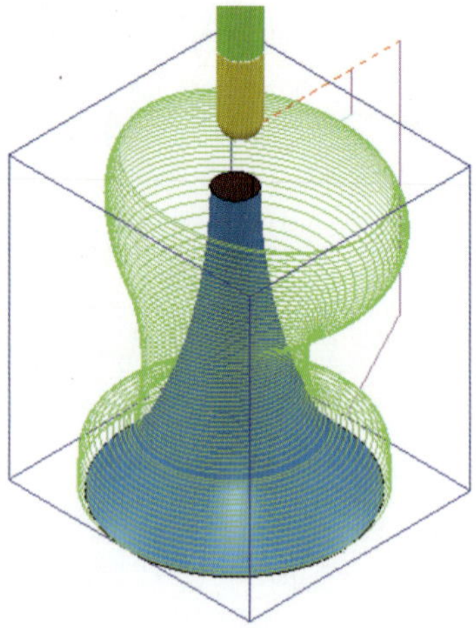

• 창을 닫지 말고 복사(Copy) 아이콘 을 누른 후 이름에 Ref1_V를 넣는다.
• 패턴 방향(Pattern Direction)을 V로 선택하고, 스파이럴(Spiral) 체크를 풀고 순서(Ordering)는 양방향(Two Way)으로 설정하여 계산(Calculate)한다.

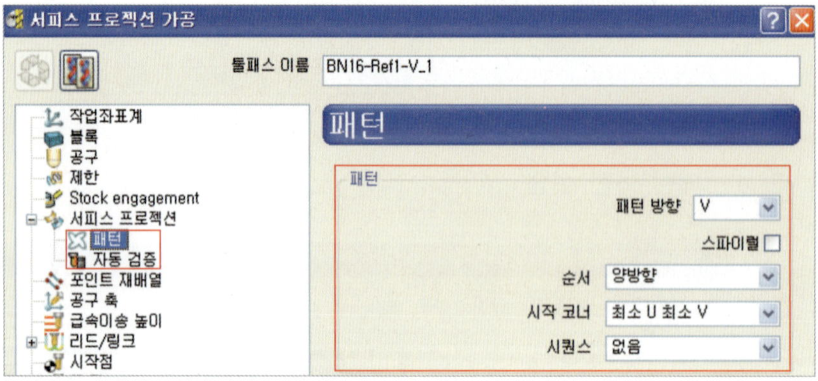

• 이번에는 툴패스가 옆의 그림과 같이 참조 서피스(Reference Surface)의 래터럴(Lateral) 방향으로 생성된다.

위의 툴패스는 모두 참조 서피스(Reference Surface)에 대해서 일정한 거리 값으로 생성되었다. 정삭(Finishing) 폼은 파라메트릭(Parametric) 값을 사용하기 위해 변경된다.

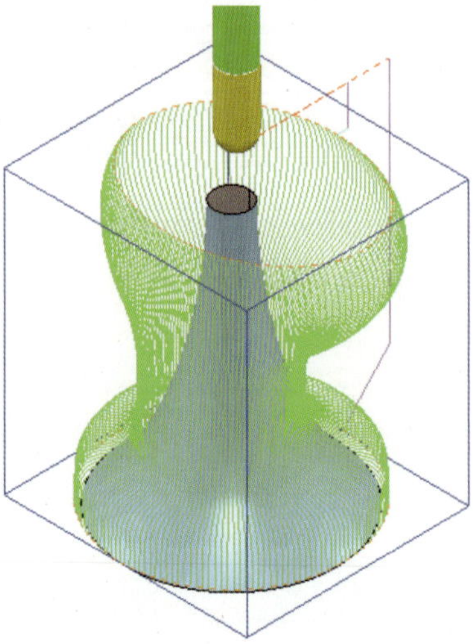

09 >> 참조 서피스 선택

- 참조 서피스(Reference Surface)인 joint_ template1.dgk를 삭제하고, 파워밀 탐색기(powerMILL Explorer)의 모델(Models)에서 레퍼런스 서피스 불러오기(Import Reference Surfaces)를 선택한다.
- 아래의 경로에서 joint_ template4.dgk를 불러온 후 서피스를 선택한다.
  …\powerMILL_Data\five_axis\joint_5axismc
- 새로운 참조 서피스(Reference Surface)는 가공될 부품의 외각에 있다.
- 결과적으로 불러들인 참조 서피스(Import Reference Surfaces)를 이용하여 가공 모드에서 참조 서피스(Reference Surface)를 무시하고 툴패스를 생성할 것이다.

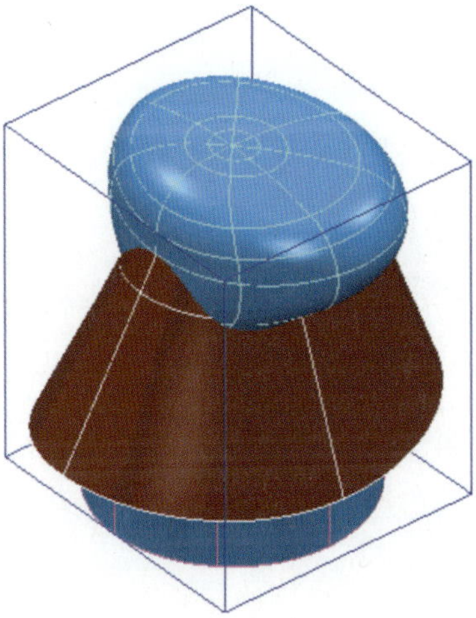

- 또한 참조 서피스(Reference Surface)는 안쪽(쉐이딩 상태에서 진한 갈색으로 보이는)을 서피스 프로젝션(Projection Surface) 방법을 이용하여 프로젝션 방향을 바깥쪽(Outwards)으로 변경해야 한다.

10 >> 서피스 프로젝션 설정

- 메인 툴바의 가공 패턴(Toolpath Strategies) 아이콘 을 선택한다.
- 정삭(Finishing) 탭에서 서피스 프로젝션 가공(Projection Surface Finishing)을 선택한다.
- 아래 보이는 서피스 프로젝션 가공(Surface Projection Finishing) 창과 공구 축(Tool Axis)에 동일한 값을 입력한다.
  - 툴패스 이름은 BN16-Ref4-U으로 입력한다.
  - 투영 방향(Direction)은 안쪽(Inwards)으로 설정한다.

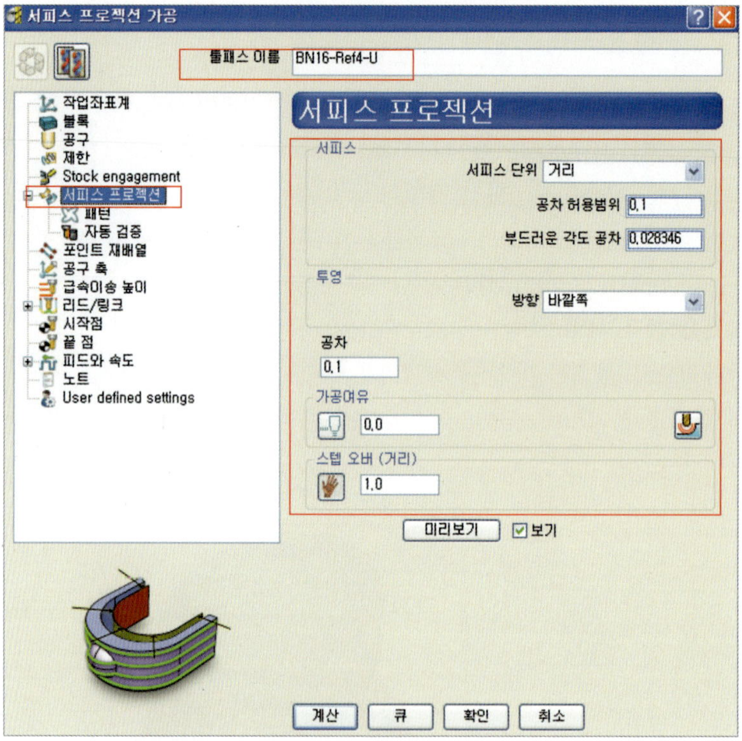

11 >> 패턴 옵션 설정

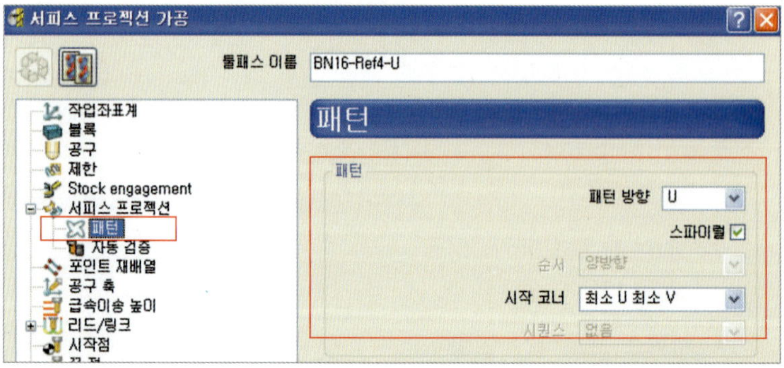

12 >> 공구 축

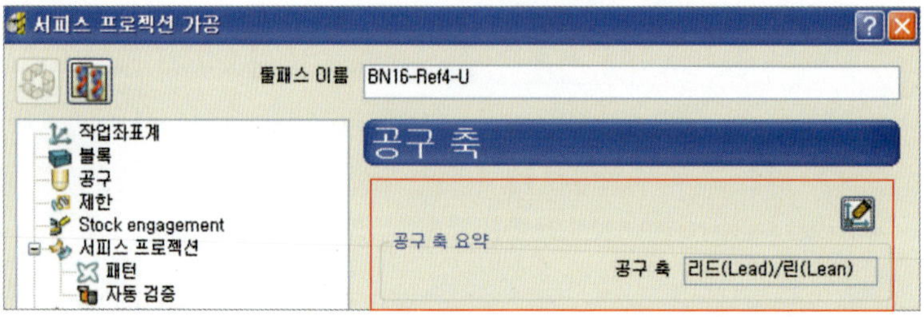

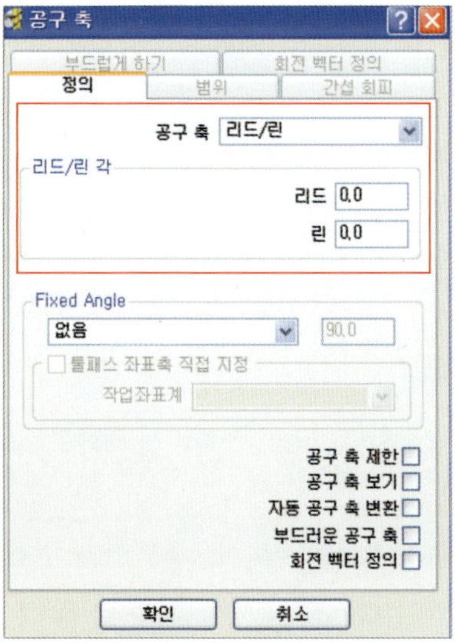

- 불러들인 Joint_template4 모델을 참조 서피스(Reference Surface)로 선택한다.
- 서피스 프로젝션 가공(Surface Projection Finishing)을 계산(Calculate)하여 툴패스를 생성한다.

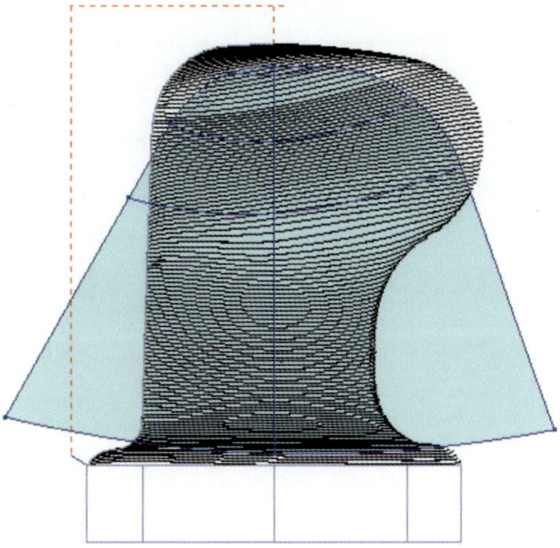

Note

공구 축을 정렬하기 위해 사용된 참조 서피스(Reference Surface)는 툴패스가 생성되는 동안 무시될 것이다.

13 >> 작업한 내용을 아래의 경로에 프로젝트 파일을 업데이트한다.

…\COURSEWORK\powerMILL_Projects\Ref-surfs-Ex1

③ ▸▸ 서피스 프로젝션 범위(Surface Projection Range)

서피스 프로젝션(Surface Projection) 가공은 툴패스를 생성하는 동안 프로젝션(Projection) 범위를 제한하는 것이 필요할 때가 있다. 이것은 가공할 서피스에 가공하지 않을 다른 서피스가 가까이 있어 프로젝션(Projection)에 영향을 미칠 경우 필요한 기능이다.

01 >> 모델 불러오기

- 파일(File) → 모두 삭제(Delete All)를 선택하고 도구(Tools) → 모든 폼 초기화(Reset Forms)를 선택한다.
- 아래의 경로에서 Blade Inserts.dgk_ 모델을 불러온다.
  …\powerMILL_data\five_axis\ Blade_Sub_Assembly\Blade Inserts

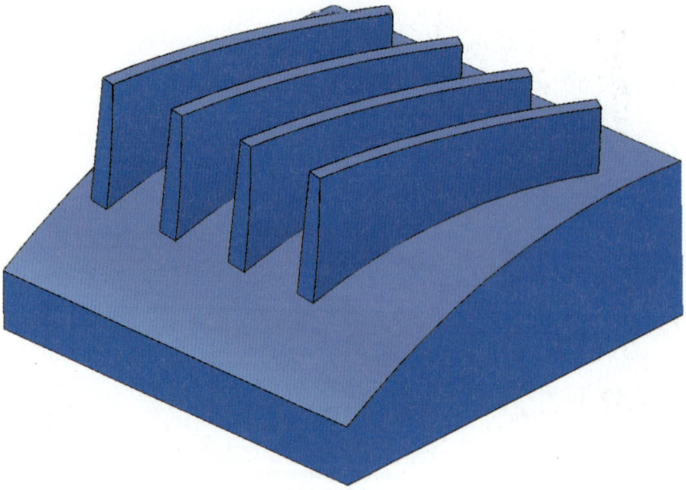

02 >> 프로젝트 저장

아래의 경로에 프로젝트를 저장한다.
…\COURSEWORK\powerMILL_Projects\Ref-Surfs-Blades

03 >> 블록 설정

블록(Block) 정의를 박스(Box), 타입은 모델(Model)로 설정한다.

04 >> 공구 설정

지름이 6mm, 길이 30인 볼 공구(Ball Nosed)를 BN6 이름으로 생성한다.

- **생크** – 상단 지름(Upper Dia) 6, 하난 지름(Lower Dia) 6, 길이(Length) 20으로 설정하고 생크를 생성한다.
- **홀더** – 상단 지름(Upper Dia) 20, 하단 지름(Lower Dia) 16, 길이(Length) 30으로 만들고, 홀더(Holder)를 하나 더 추가하여 상단 지름(Upper Dia) 30, 하단 지름(Lower Dia 30) 길이(Length) 20, 가공 최적 길이(Overhang) 40으로 설정한다.

05 >> 급속 이송 높이 및 시작과 끝 포인트 설정

- 급속 이송 높이(Rapid Move Heights) 창에서 안전높이(Safe Z)와 시작 높이(Start Z)를 초기화한다.
- 시작과 끝 포인트(Start and End Point)는 모두 블록의 중심 안전높이(Block Centre Safe Z)로 설정한다.

06 >> 리드/링크 설정

리드/링크(Lead/Link)를 아래와 같이 설정한다.

리드인/ 아웃 (Lead In/Out)	수평 원호 (Horizontal Arc)	거리(Distance) 0	각도(Angle) 90	반지름(Radius) 3
링크(Links)	짧은/긴, 초기 값(Short/Long/Safe)			스킴(Skim)

07 >> 가공 면 선택

오른쪽과 같이 가공 될 Blade Surface를 선택한다.

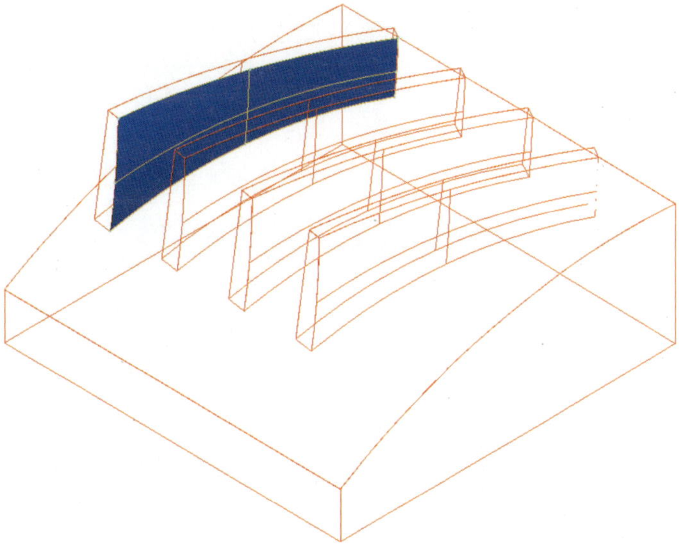

08 ›› 서피스 프로젝션 설정

- 메인 툴바의 가공 패턴(Toolpath Strategies) 아이콘 을 선택한다.
- 정삭(Finishing) 탭에서 서피스 프로젝션 가공(Projection Surface Finishing)을 선택한다.
- 아래 보이는 서피스 프로젝션 가공(Surface Projection Finishing) 창과 공구 축(Tool Axis)에 동일한 값을 입력한다.
  - 툴패스 이름을 BN6-AutorangeON으로 입력한다.

09 ›› 패턴 옵션 설정

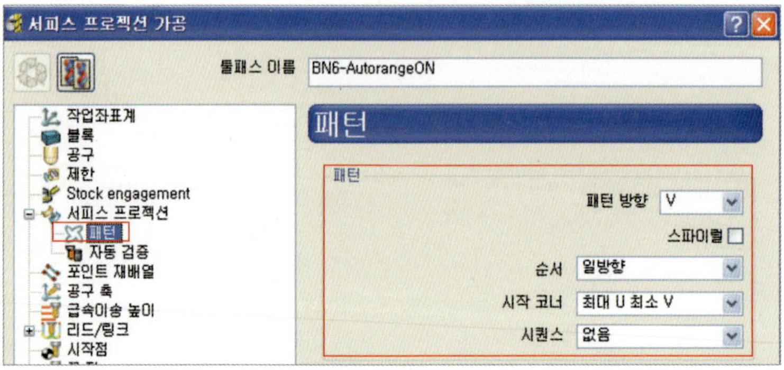

- 툴패스를 계산(Calculate)하면 아래와 같은 서피스 프로젝션 가공(Surface Projection Finishing) 툴패스가 생성된다.
- 초기값인 No Limite로 툴패스를 생성하면 가공할 면이 가공되지 않고 투영 방향의 제일 외곽에 있는 면부터 툴패스가 생성된다.

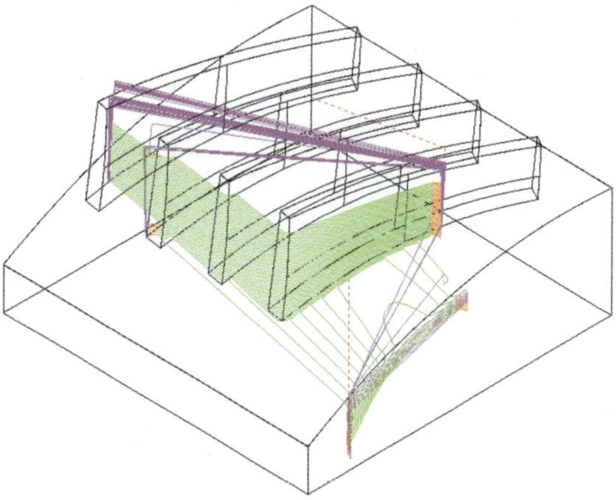

10 >> 투영 범위(Projection Range)

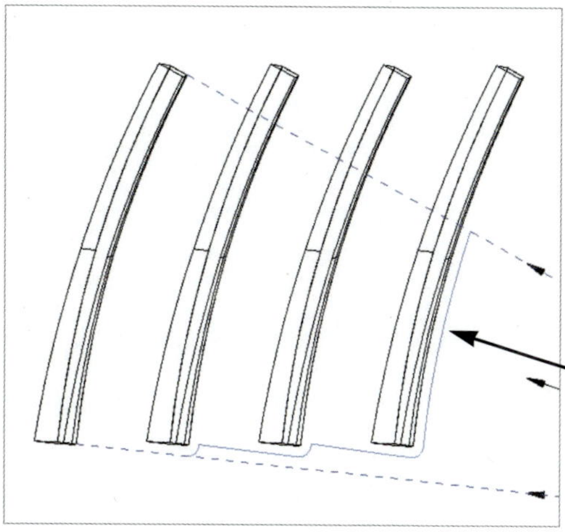

툴패스는 모델을 선택한 면이 아닌 첫 번째 면에서부터 프로젝션 방향(Projection Direction)으로 생성되었다.

11 >> 명령 프롬프트 창에 명령어 입력

이 문제는 투영(Projection) 범위를 제한함으로 해결될 수 있다.

- 뷰(View)에서 툴바(Toolbar) → 명령 프롬프트(Command Window)를 선택한다.

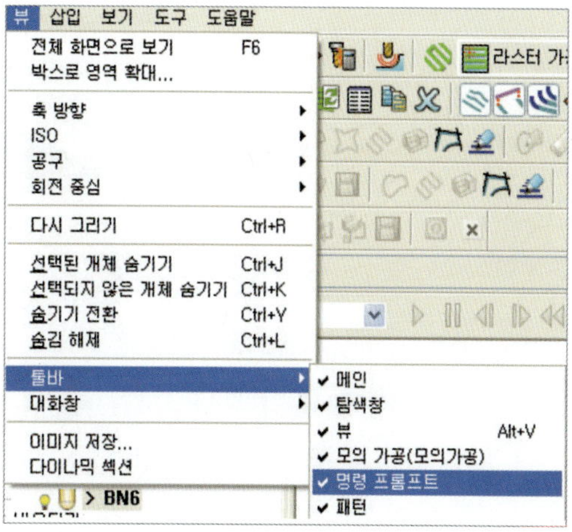

- 생성된 툴패스 위에서 설정(Settings)을 누르고 툴패스 복사(Copy) 아이콘  을 누른다.
- 툴패스의 이름을 3mm_projection_range로 바꾼다.
- 명령 프롬프트(Command Window)에 아래의 명령어를 입력한다.

  EDIT SURFPROJ AUTORANGE OFF

  EDIT SURFPROJ RANGEMIN-3

  EDIT SURFPROJ RANGEMAX 3
- 이 명령은 서피스 프로젝션(Surface Projection)의 투영 거리를 선택된 면에 대해 ±3mm로 제한한다.

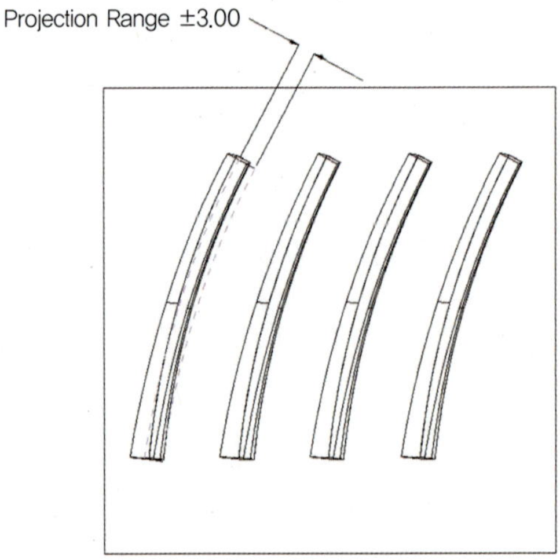

- 적용(Apply)을 누른다.
- 시뮬레이션을 사용하여 제한된 투영(projection) 거리가 적용된 툴패스를 확인한다.

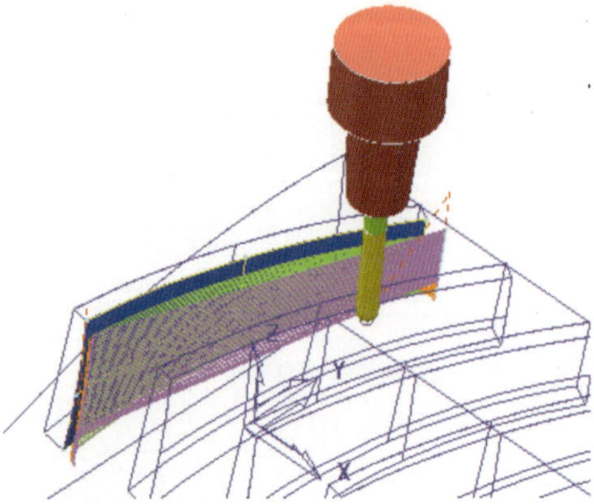

- EDIT SURFPROJ AUTORANGE ON

  위의 명령은 서피스 프로젝션(Surface Projection)의 투영(projection) 거리 값을 초기 값인 No Limit로 돌려 놓는다.

12 >> 아래의 경로에 작업한 툴패스를 저장하여 프로젝트를 업데이트한다.
…\COURSEWORK\powerMILL_Projects\Ref-Surfs-Blades

④ ▶▶ 서피스 가공과 서피스 프로젝션 가공-스파이럴

아래는 추가된 서피스 가공(Surface Finishing)과 서피스 프로젝션 가공(Surface Projection Finishing)에 관련된 내용이다.

① 스텝 오버는 자동으로 조절된 서피스 에지 상에 마지막 가공을 정확하게 마무리한다.
② 두 방법 모두 스파이럴(Spiral) 옵션을 포함하고 있다.

서피스 거리의 단위를 선택하였다면 처음과 마지막 패스는 서피스의 에지에 맞춰진다.

중간의 패스는 지정한 스텝오버보다 작거나 동일하게 조절되며 이전 버전에서는 첫 번째 패스가 서피스 에지에 그 뒤의 패스가 스텝 오버 거리만큼 분리되었다(이는 마지막 패스가 서피스 에지와 동일하게 맞춰지지 않는다는 의미이다).

지금은 첫 번째 패스와 마지막 패스가 서피스 에지와 동일하게 맞고, 자동으로 스텝오버 값이 알맞게 조절된다. 이는 새로운 스파이럴 옵션을 통해 가능하며 스파이럴 툴패스를 생성한다.

또한 공구 방향이 급격히 변경되거나 공구가 떠서 움직이는 횟수를 최소화 할 수 있으며 가공시간을 단축할 수 있고 공구가 편심되지 않고 일정한 상태를 유지할 수 있다.

다중으로 툴패스를 생성할 때 쉽게 트림할 수 있다. 이것은 오직 서피스 거리 단위를 선택 했을 때만 가능하다.

서피스 가공(Surface Finishing)

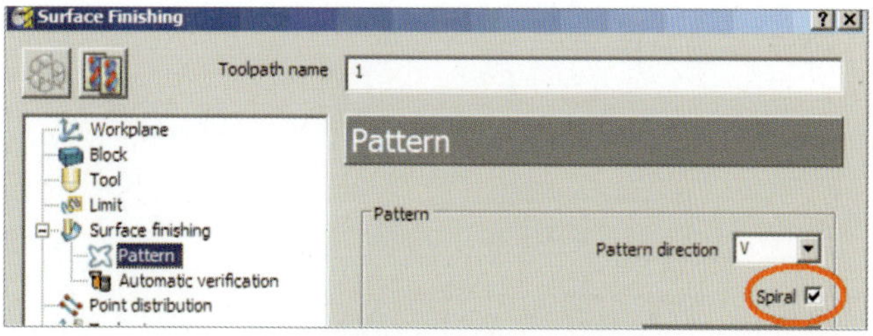

서피스 프로젝션(Surface Projection)

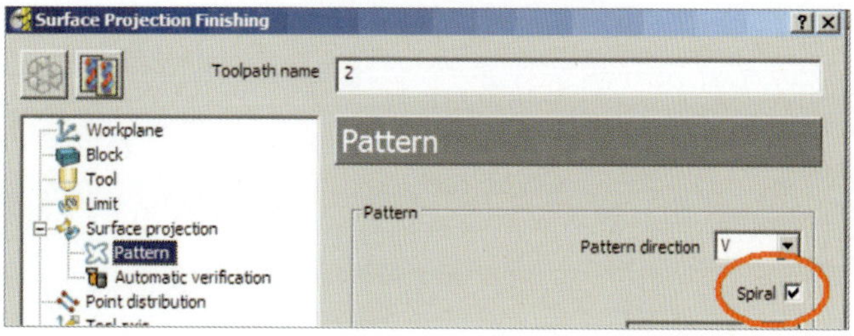

서피스 프로젝션 예제(Example) - 1

01 ›› 프로젝트 불러오기

- 모두 삭제(Delete All)을 선택하고 모든 폼을 초기화(Reset forms)한다.
- 파일(File) → 프로젝트 열기(Open Project)에서 아래의 경로에서 프로젝트를 불러온다.

  …\powerMILL_Data\five_axis\ProjSurf-Blade\SurfProjSpiral-Start

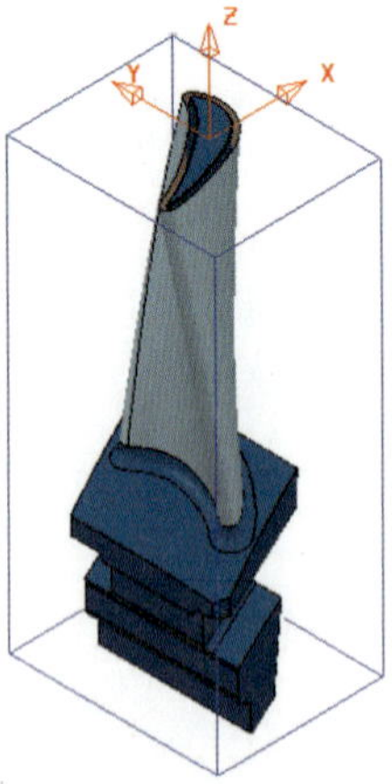

02 ›› 다른 이름으로 프로젝트 저장

아래의 경로에 다른 이름으로 프로젝트를 저장한다.

…\COURSEWORK\powerMILL_Projects\Ref-Surfs-Blades

03 ›› 툴패스 배치 실행

- 파워밀 탐색기(PowerMill Explorer)의 툴패스에서 마우스 오른쪽을 클릭하고 메뉴에서 배치 실행(Batch Process)을 선택하여 툴패스를 생성한다. 이 방법은 이전에 선택한 서피스를 사용하여 이전 작업상태로 자동으로 복원하는 방법이다.

Note

위의 프로젝트는 계산되지 않은 툴패스를 포함하고 있다(툴패스 앞에 계산기 모양 아이콘).

- 생성된 툴패스는 이미 설정된 리드 인/아웃(Lead In/Out)인 서피스 노멀 원호(Surface Normal Arcs)와 툴패스를 포함하고 있다.
  이 툴패스는 모델에 적절한 닫혀 있는 루프 스파이럴(Spiral) 옵션이 적용되었다.

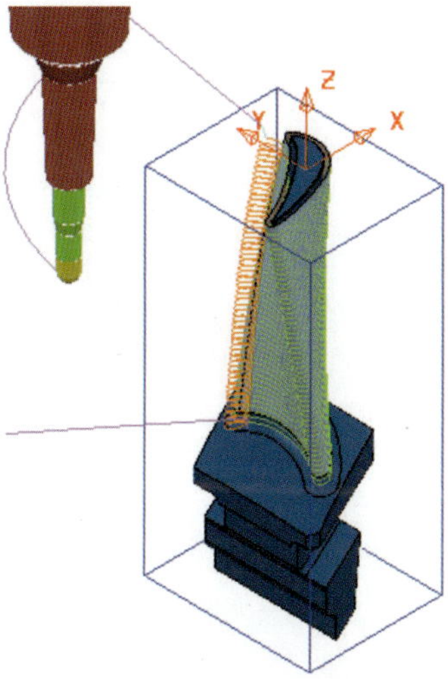

04 >> 서피스 프로젝션 가공 설정

- 활성화(Active)된 툴패스에 마우스 오른쪽 버튼을 클릭하여 메뉴에서 설정(Settings)을 선택하고 서피스 프로젝션 가공(Surface Projection Finishing) 창을 연다.
- 툴패스 복사 아이콘 을 선택한다.
- 스파이럴(Spiral) 옵션을 체크한다.

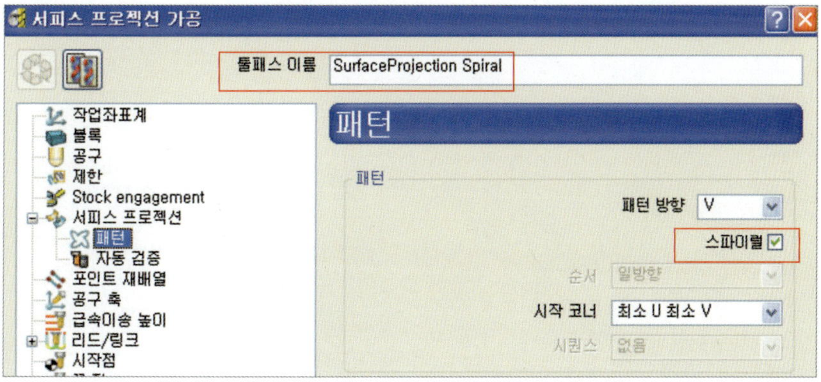

- 참조 서피스(Reference Surface)는 이미 선택되어 있고 툴패스 이름을 Surface ProjectionSPIRAL로 변경한 뒤 스파이럴(Spiral) 옵션을 체크하고 계산(Calculate)한다.
- 프로젝션 서피스 방법은 단일 스파이럴 툴패스가 생성되었고 위에서부터 효과적이고 자연스럽게 가공할 수 있다.

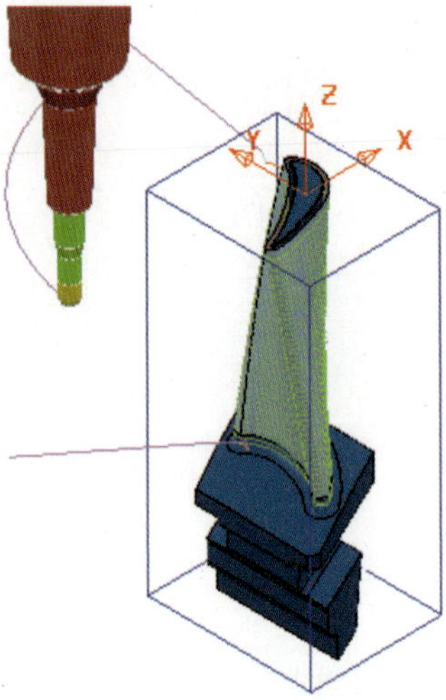

05 >> 창을 닫고 작업한 프로젝트를 저장하여 업데이트한다.

powerMILL

Chapter

06 5축 패턴 가공

1절 5축 패턴 가공

1 5축 패턴 가공의 정의 및 설정

1 개 요

3D 옵셋(3D Offset), 등고선(Constant Z), 옵티마이즈 등고선(Optimised Constant Z), 펜슬(Pencil), 코너(Corner) 등의 툴패스는 5축 가공에 직접 적용할 수 없다.

위의 툴패스들을 이용하여 5축 가공을 하기 위해서는 패턴(Pattern) 가공 방법을 이용하여 3축 툴패스를 5축으로 변환하여야 한다.

플런지 밀링(Plunge Milling)과 드릴링(Drilling) 가공을 제외한 모든 가공 방법은 5축 공구 정렬(Axis Tool Alignments)을 바로 지원한다. 그러나 정확한 정삭 가공 방법은 볼 공구(Ball Nose)만 사용된다. 만일 엔드밀(End Mill)이나 코너 R(Tip Radiused) 공구를 사용하여 툴패스를 생성하였다면 패턴(Pattern) 방법으로 다시 가공하여 5축(5-Axis) 변환을 해야 한다.

패턴(Pattern) 가공 창에서 기준점(Base Position)을 자동(Automatic)으로 설정하면 5축 공구 정렬(5-Axis Tool Alignment)은 아래 설명된 것처럼 5축 툴패스를 생성할 수 있다.

다음의 그림은 등고선 가공에 코너 R 공구를 적용한 것을 나타낸 것이다. 이는 수직 정렬(Vertical Alignment)만 제어할 수 있고 결과적으로 패턴 가공의 리드/린 정렬(Lead/Lean Alignment)을 선택하여 다시 생성해야 한다.

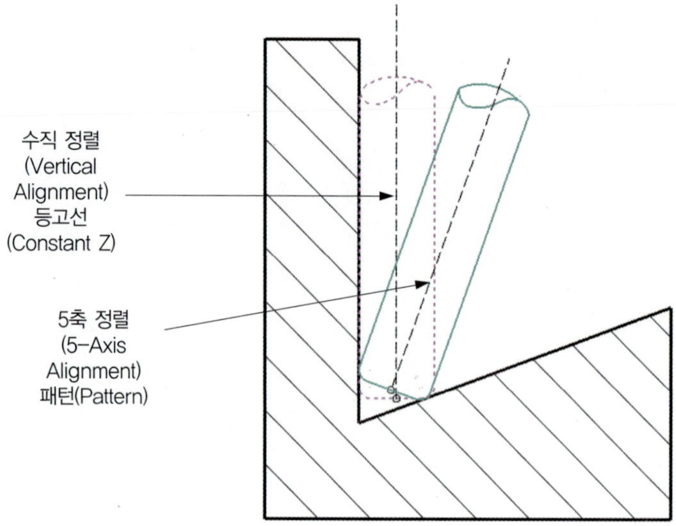

❶ 정 의

일반적인 3축 가공 데이터에 공구 축 정의를 추가하여 5축 가공 데이터로 변경하여 사용할 수 있다.

❷ 이 점

3축 가공 데이터는 쉽게 생성할 수 있으므로 원하는 데이터를 생성 후, 생성된 데이터를 이용하여 공구 축 정의를 추가하여 쉽게 5축 데이터로 변경할 수 있으므로 3축 가공 데이터에 익숙한 사용자는 쉽게 5축 가공에 접근할 수 있다.

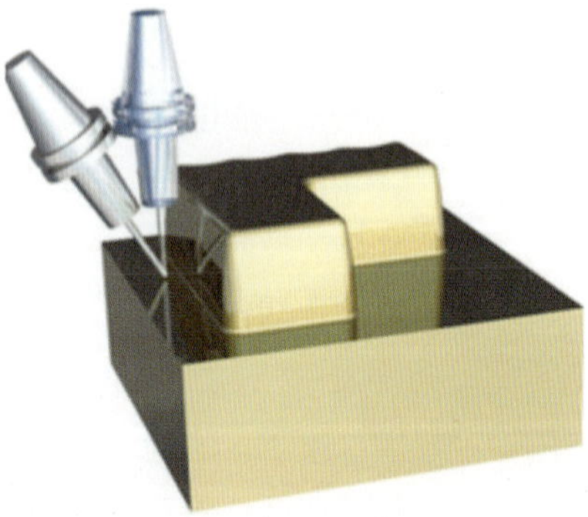

2 ▶ 등고선 가공 – 5축으로 전환

01 >> 프로젝트 불러오기

- 아래의 경로에서 punch2_insert.dgk 모델을 불러온다.

  …\powerMILL_Data\five_axis\punch2\ punch2_insert.dgk

• 처음에 홀더 충돌이 일어나는 3축 등고선(Constant Z) 툴패스가 생성될 것이다. 이 툴패스는 패턴(Pattern) 가공 방법을 이용해 형상을 가공하기 적당한 5축 툴패스로 변환될 것이다. 완전한 홀더 충돌체크는 마지막으로 수정된 툴패스에 적용될 것이다.

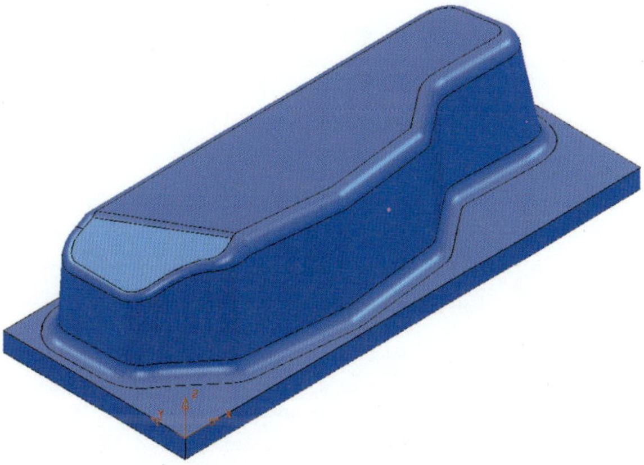

02 >> 다른 이름으로 프로젝트 저장

아래의 경로에 다른 이름으로 프로젝트 저장(Save Project As)을 선택한다.
…\COURSEWORK\powerMILL-Projects\Punch

03 >> 블록 및 급속 이송 높이, 시작과 끝 포인트 설정

• 블록(Block) 정의를 박스(Box), 타입을 모델(Model)로 설정한다.
• 급속 이송 높이(Rapid Move Heights)를 초기화한다.
• 시작과 끝 포인트(Start and End Point)는 블록 중심의 안전높이(Block Centre Safe Z)로 설정한다.

04 >> 공구 설정

❶ 공 구

지름(Dia) 20, 코너 R(Tip Radius) 3, 길이(Length)가 100인 공구를 D20T3으로 생성한다.

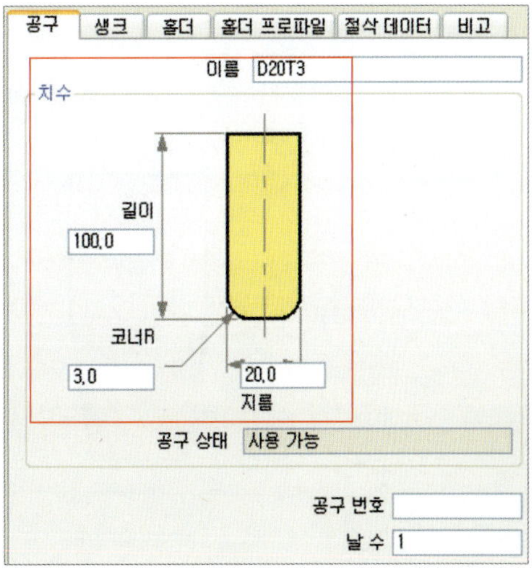

❷ 생 크

생크(Shank)의 상단 지름(Upper Dia) 20, 하단 지름(Lower Dia) 20, 길이(Length) 35로 설정한다.

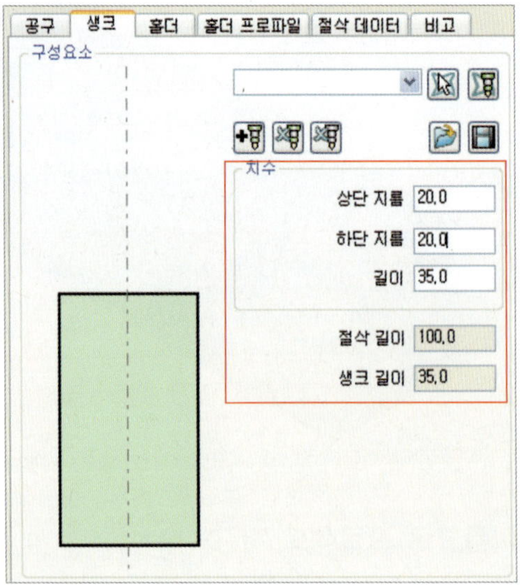

❸ 홀 더

- 홀더(Holder)의 상단 지름(Upper Dia) 50, 하단 지름(Lower Dia) 35, 길이(Length) 50에 가공 최적길이(Overhang) 125로 설정한다.
- 상단 지름(Upper Dia) 50, 하단 지름(Lower Dia) 50, 길이(Length) 50의 홀더(Holder)를 추가한다.

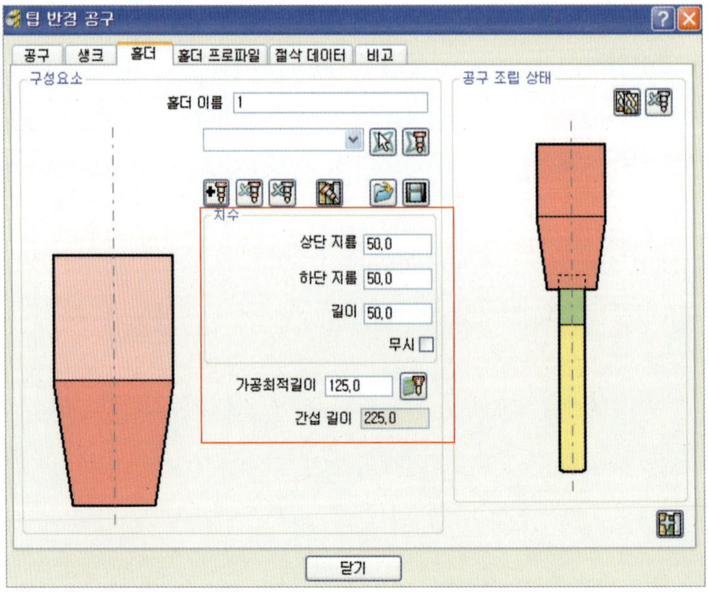

05 >> 선택 면 바운더리 생성

오른쪽 그림과 같이 측벽 부분의 면을 선택하고 선택면 바운더리(Selected Surface Boundary)를 만든 후 이름을 1로 입력한다.

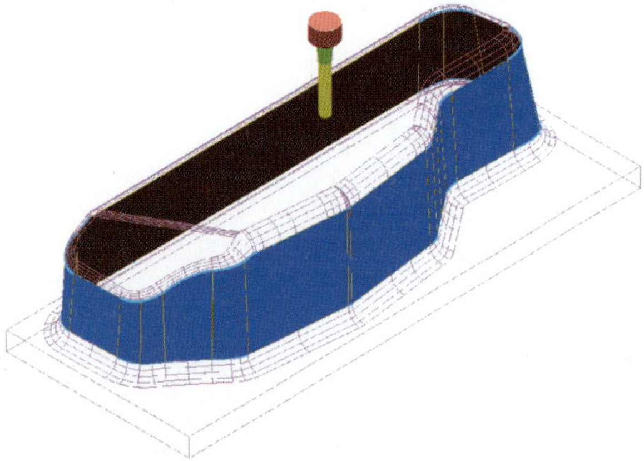

06 >> 등고선 가공 설정

- 가공 패턴(Toolpath Strategies) 아이콘 을 선택하고 정삭 탭에서 다음에 오는 정삭 옵션을 선택한다.
- 등고선 가공(Constant Z Finishing) 방법을 선택한 후 아래의 창과 같이 정확히 입력하고 계산(Calculate)한다.
- 툴패스의 이름을 D20t3-CZ-VERT로 입력한다.

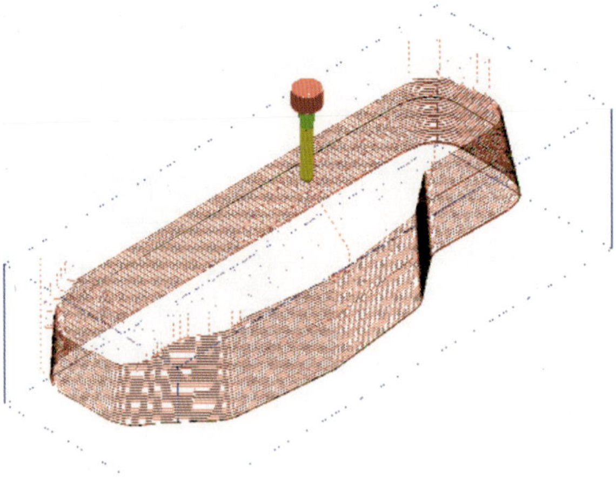

- 홀더 충돌을 확인하기 위해 활성화된 bn20 공구를 모델의 측벽 가장 깊은 포인트에 위치(Attach)시킨다.

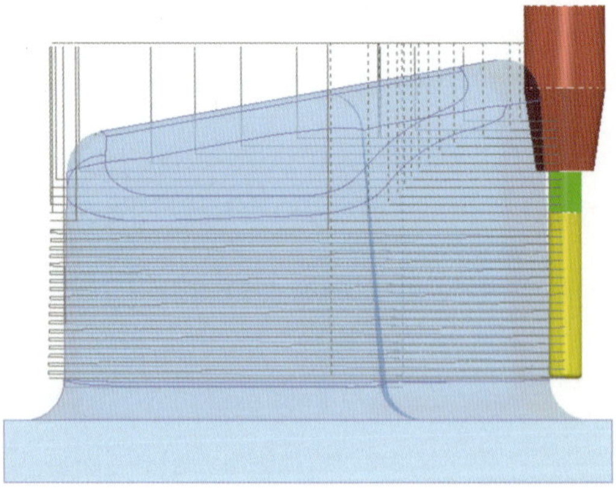

07 >> 공구 축 설정

- D20t3-CZ-VERT 툴패스에서 마우스 오른쪽 버튼을 클릭하고 메뉴에서 설정(Settings)을 선택한다.
- 툴패스 복사(Copy) 아이콘 을 선택하고 공구 축(Tool Axis) 옵션 페이지에서 리드/린(Lead/Lean)을 선택하고 린 각(Lean)을 30으로 입력한다.

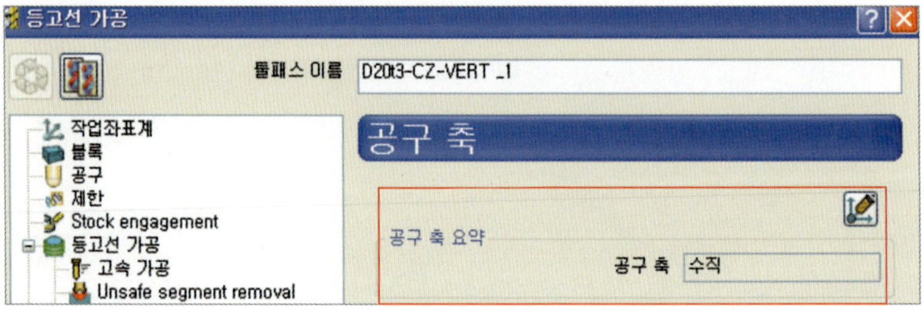

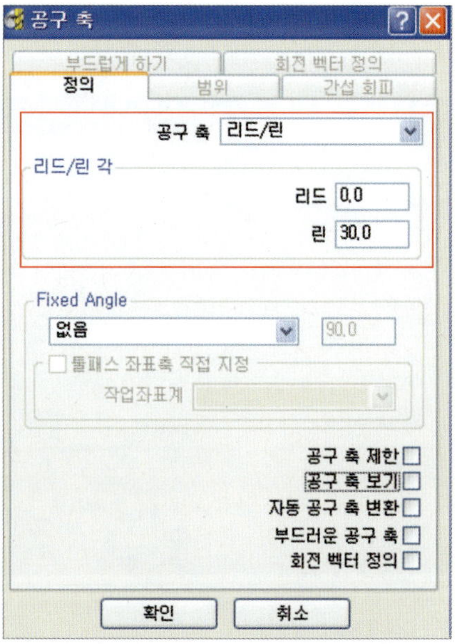

- 등고선 가공(Constant Z strategy) 창의 계산(Calculate)을 클릭하면 아래 그림과 같이 파워밀 주의(powerMILL Error) 창이 나타난다.
- 이는 공구 축(Tool Axis) 정의를 등고선(Constant Z) 가공에 적용할 수 없다는 다축 공구 정렬에 관해 확인할 수 있으며 볼 공구나 테이퍼 공구 등을 사용해야 한다.

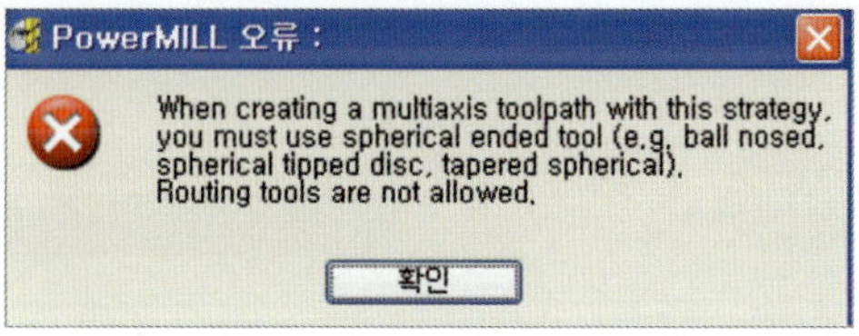

- 계산 되지 않은 등고선(Constant Z) 가공 툴패스 D20t3-CZ_VERT_1을 삭제(Delete) 한다.

08 >> 패턴 가공 설정

- 가공 패턴(Toolpath Strategies) 아이콘 을 선택하고 정삭(Finishing) 탭에서 다음에 오는 정삭 가공 방법 패턴 가공을 선택한다.
- 패턴 가공(Pattern Finishing) 창을 열어 아래의 그림과 같이 설정 값을 입력한 후 계산한다.

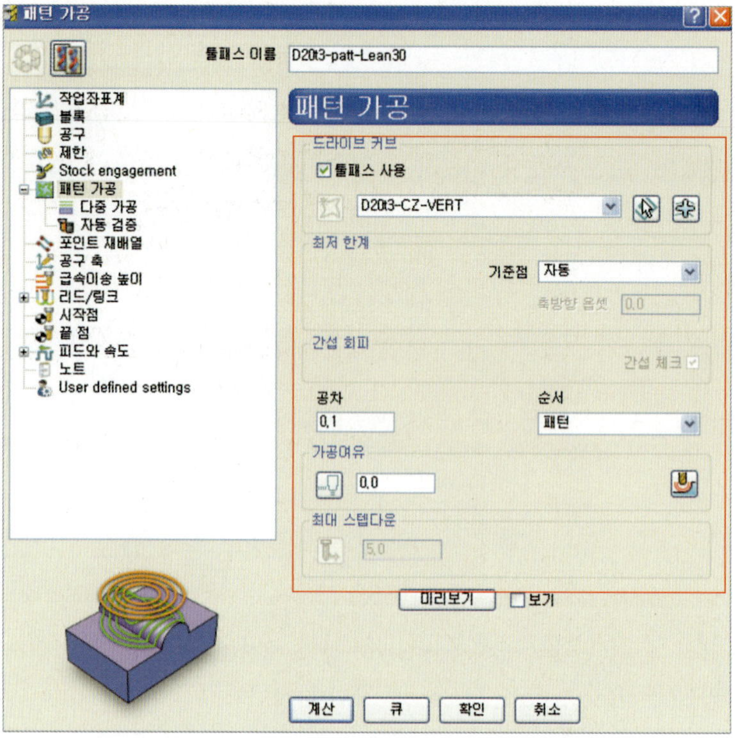
패턴 가공
툴패스 이름
D20t3-patt-Lean30
작업좌표계
블록
공구
제한
Stock engagement
패턴 가공
다중 가공
자동 검증
포인트 재배열
공구 축
급속이송 높이
리드/링크
시작점
끝 점
피드와 속도
노트
User defined settings
패턴 가공
드라이브 커브
툴패스 사용
D20t3-CZ-VERT
최저 한계
기준점
자동
간섭 회피
공차
0.1
순서
패턴
가공여유
0.0
최대 스텝다운
미리보기
보기
계산
큐
확인
취소

09 >> 공구 축 설정

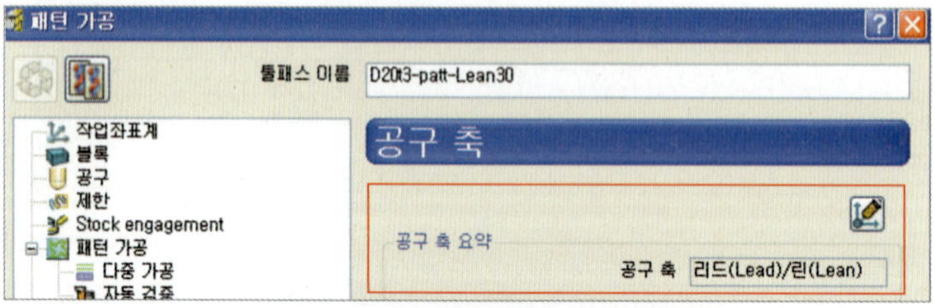
패턴 가공
툴패스 이름
D20t3-patt-Lean30
작업좌표계
블록
공구
제한
Stock engagement
패턴 가공
다중 가공
공구 축
공구 축 요약
공구 축
리드(Lead)/린(Lean)

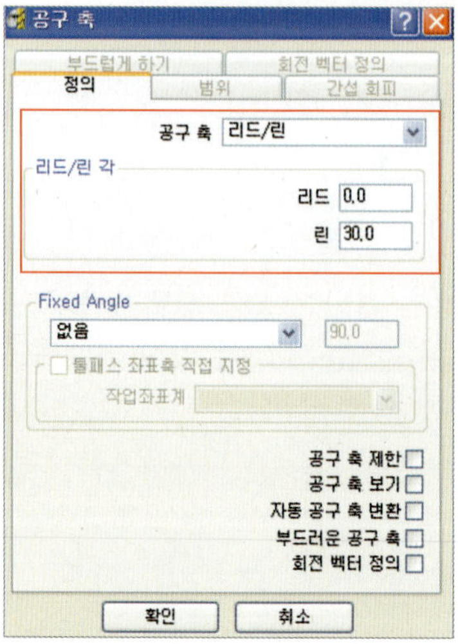
공구 축
부드럽게 하기
회전 벡터 정의
정의
범위
간섭 회피
공구 축
리드/린
리드/린 각
리드
0.0
린
30.0
Fixed Angle
없음
90.0
툴패스 좌표축 직접 지정
작업좌표계
공구 축 제한
공구 축 보기
자동 공구 축 변환
부드러운 공구 축
회전 벡터 정의
확인
취소

원래의 등고선(Constant Z) 가공 3축 툴패스가 왼쪽과 같이 5축 툴패스로 변환되었다.

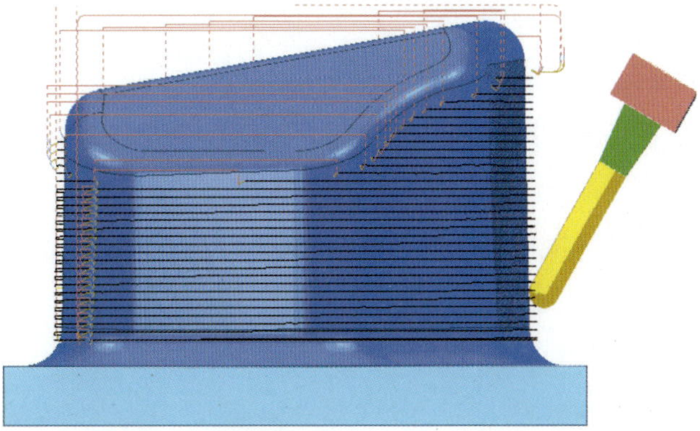

10 >> 툴패스 검증

- 아이콘 을 눌러 툴패스 검증(Collision Checking) 창을 띄운다. 체크(Check) 부분에서 홀더 간섭(Collisions)을 선택한다.
- 검증 범위(Scope)를 모두(All)로 설정한다.
- 툴패스 분리(Split Toolpath)에서 체크를 끈다.
- 왼쪽과 같이 설정하고 적용(Apply)을 누르면 아래와 같이 홀더 간섭이 발견되지 않았다는 창이 나타난다.

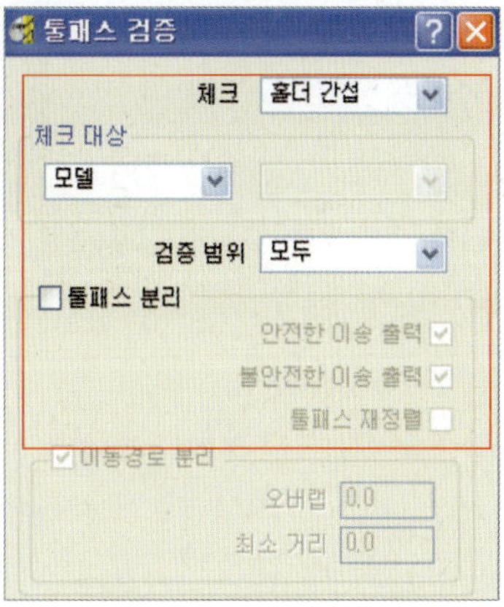

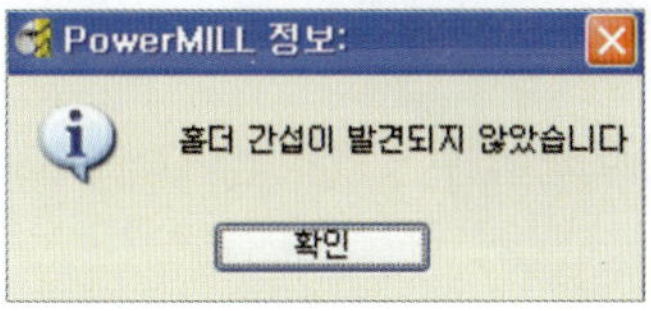

- 모델의 측벽 깊은 곳에 있는 필렛 면을 가공하기 위해 5축 툴패스가 생성되었고 홀더 충돌을 피할 수 있다.

11 >> 아래의 경로에 프로젝트를 저장하여 작업한 내용을 업데이트한다.

…\COURSEWORK\powerMILL-Projects\Punch2

3 ▸▸ 3축 언더컷의 라인 프로젝션을 5축으로 전환

01 >> 프로젝트 불러오기

- 파일(File) → 모두 삭제(Delete All)를 선택한다.
- 도구(Tools) → 모든 폼 초기화(Reset Forms)를 선택한다.
- 아래의 경로에서 프로젝트를 불러온다.
  …\powerMILL_Data\five_axis\punch2\FiveAxisPattern-Start
- 프로젝트 파일은 3축 툴패스와 공구, 가공 부품 모델 등이 이미 포함되어 있다.

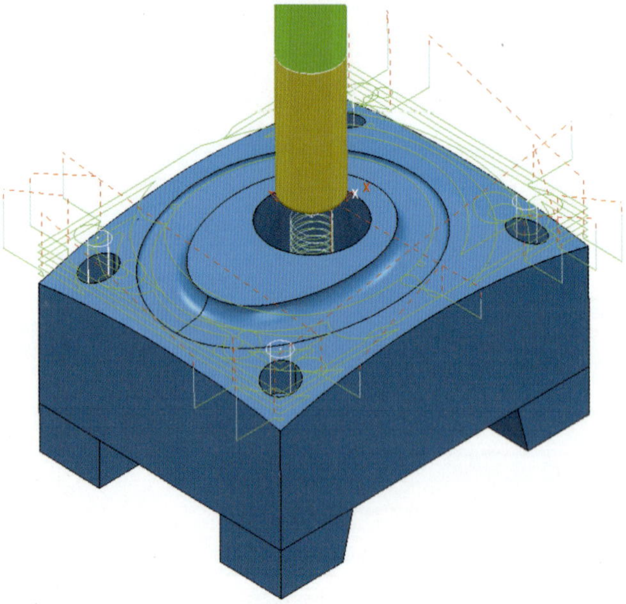

- 투영 가공(Projection Finishing)은 볼 공구(Ball Nose)로 언더컷 포켓 가공이 가능하지 않으며 5축 공구 축 정렬(Five Axis Tool Alignment) 설정이 필요하다.
- 둥근 형상의 공구는 3축 라인 프로젝션(Line Projection) 방법을 생성하는 것에 사용되며 언더컷 포켓을 안에서 밖으로 진행한다.
- 툴패스 결과는 BN16 공구를 사용하고 공구 축 정렬은 포인트로부터(From Point)를 사용하여 패턴(Pattern) 가공될 것이다.

02 >> 다른 이름으로 프로젝트 저장

아래의 경로에 다른 이름으로 프로젝트를 저장한다.

…\powerMILL_Data\five_axis\punch2\FiveAxisPattern

03 >> 시뮬레이션

- 모의 가공 시뮬레이션(ViewMILL Simulation)을 통해 생성되어 있는 4개의 툴패스를 실행시켜 보자.

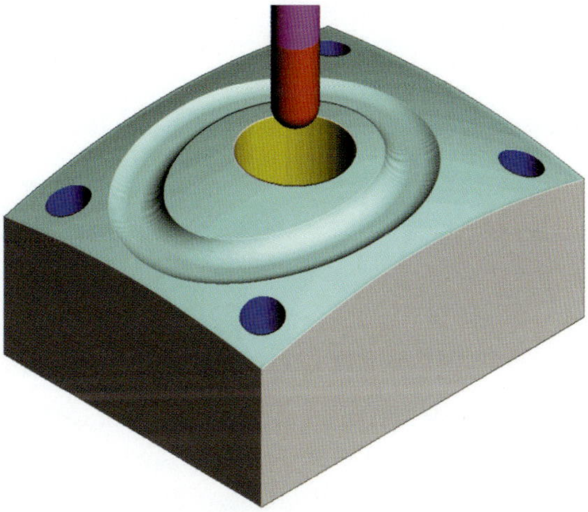

- 파워밀(powerMILL) 작업 창으로 돌아온다.
- SPHR16 공구를 활성화한다.
- 아래쪽에 보이는 공구는 단순한 둥근 형상 공구를 코너 R 공구 옵션에서 정의한다.

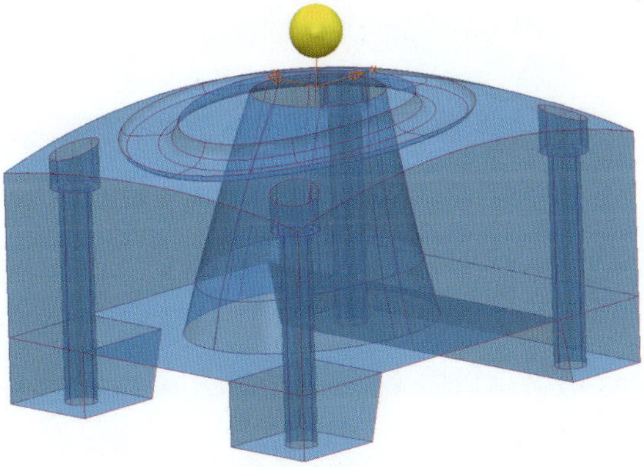

Note

공구에 생크나 홀더 정의를 포함하지 않고 언더컷 가공을 완료할 수 있다.

04 >> 블록 설정

블록(Block)을 모델(Model)로 정의한다.

05 ›› 라인 프로젝션 가공 설정

- 가공 패턴(Toolpath Strategies) 아이콘 을 선택하고 정삭(Finishing) 탭에서 다음에 오는 가공 방법을 선택한다.
- 아래 보이는 창과 동일하게 라인 프로젝션 가공(Line Projection Finishing) 설정을 정확하게 설정한다.

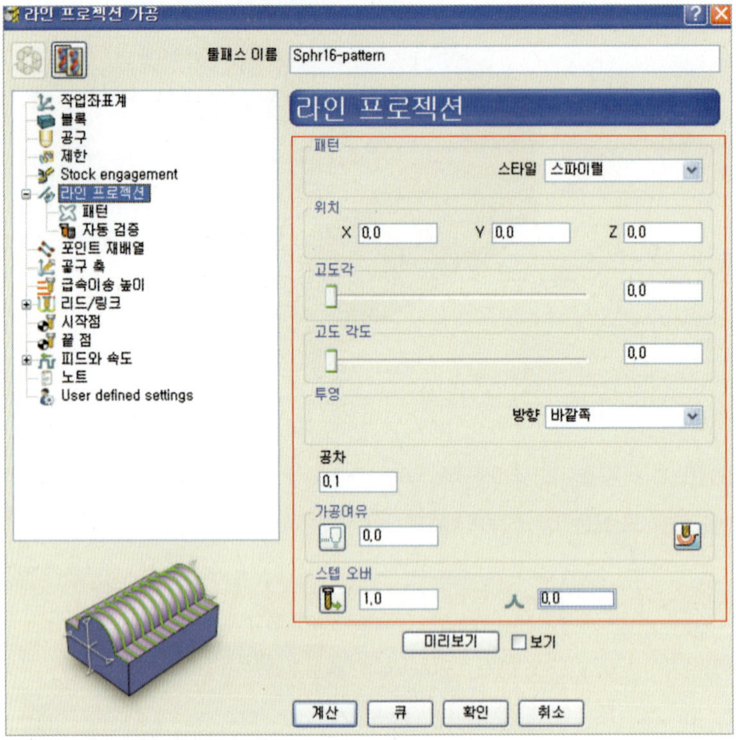

06 ›› 패턴 옵션 설정

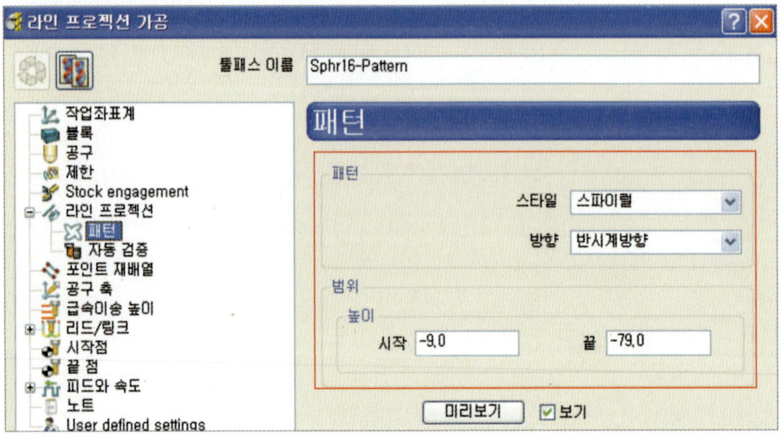

• 계산(Calculate)을 선택하여 툴패스(Toolpath)를 생성한다.

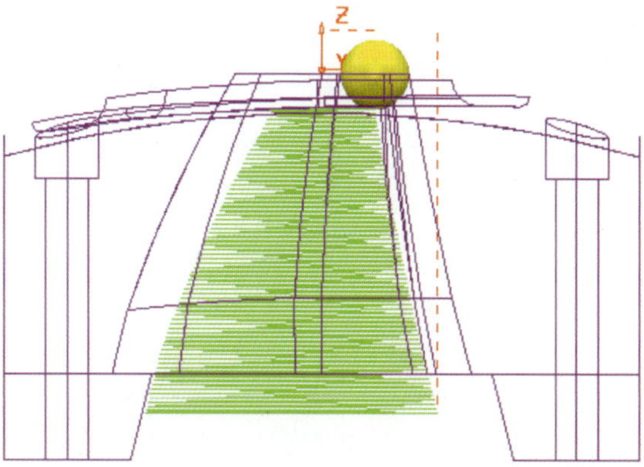

라인 프로젝션(Line Projection) 툴패스는 NC 프로그램(NC Program)에 포함되기 위하여 사용하지 않는다. 이는 패턴(Pattern)이나 패턴 가공(Pattern Finishing) 방법을 사용하여 가장 윗부분 언더컷 포켓의 10mm 위에서 공구 축 정렬을 포인트로부터(From Point) 따라가는 방법이다.

Note

툴패스는 패턴을 이용하여 필요한 데이터로 공구 축 정렬을 다시 적용시켜 툴패스를 수정하는 것을 도와줄 것이다.

07 ›› 리드/링크 설정

• 리드/링크(Leads/Links) 창을 열고 아래와 같이 설정하고 적용(Apply)한다.

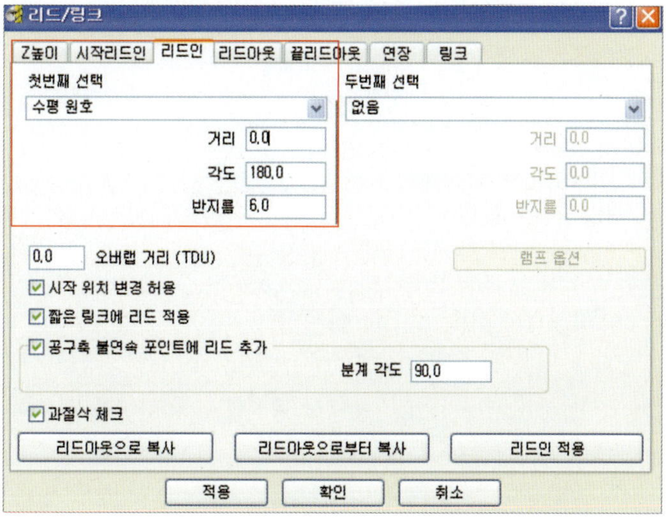

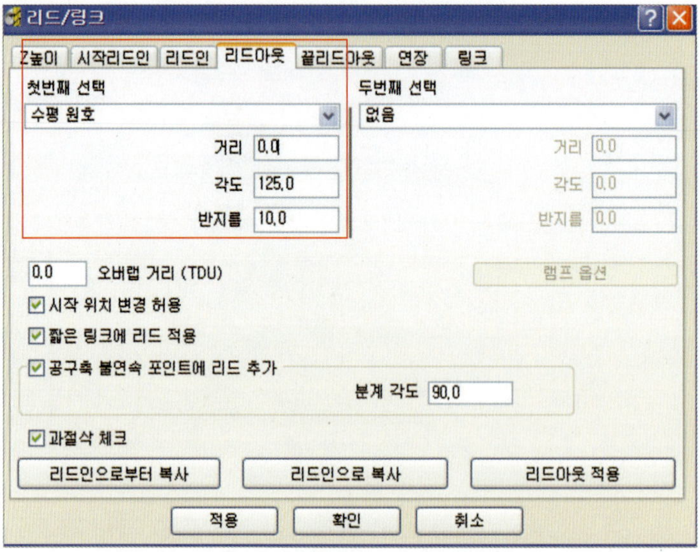

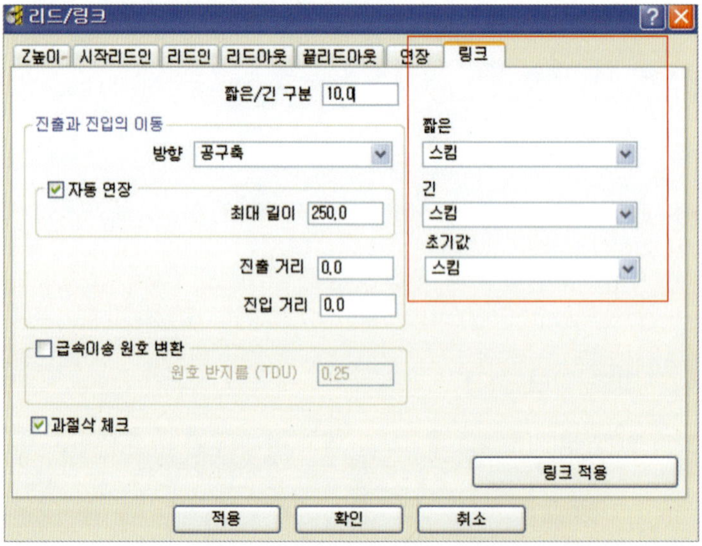

- 연장(Extensions) → 연장 이동(Extended Move) → 거리(Distance) 15로 설정한다.

08 ›› 패턴 가공 설정

- 가공 패턴(Toolpath Strategies) 아이콘 을 선택하고 정삭(Finishing) 가공 탭에서 패턴 가공(Pattern Finishing)을 선택한다.
- 다음의 창과 동일하게 패턴 가공(Pattern Finishing) 설정을 정확하게 입력한다.
- 패턴 가공(Pattern Finishing) 창에서 계산(Calculate)을 선택해 툴패스를 생성한다.

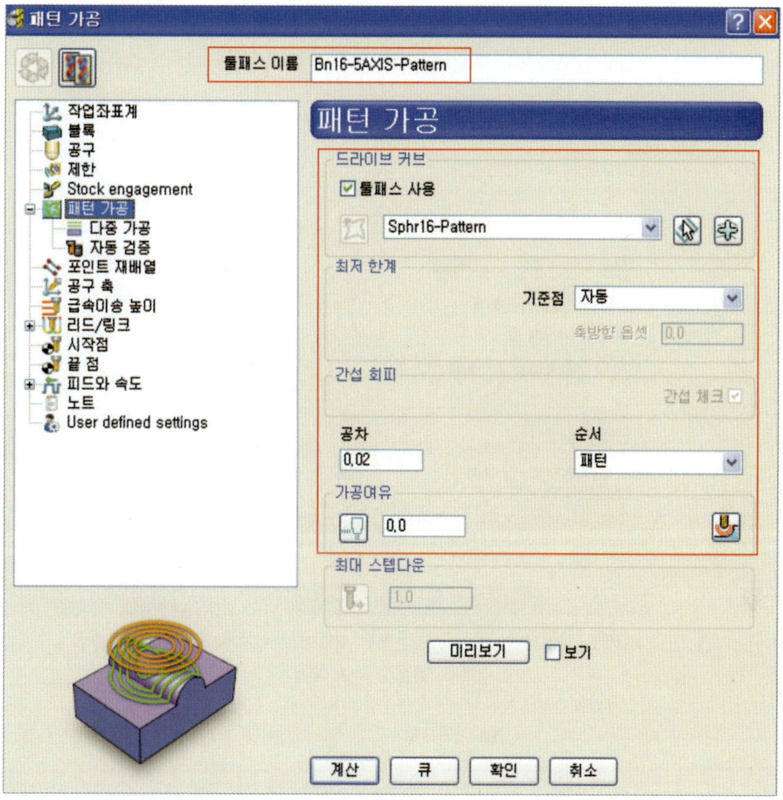

09 ›› 리드/링크 설정

• 리드/링크(Leads/Links) 창을 열고 아래 보이는 설정 값들을 입력하여 적용(Apply) 한다.

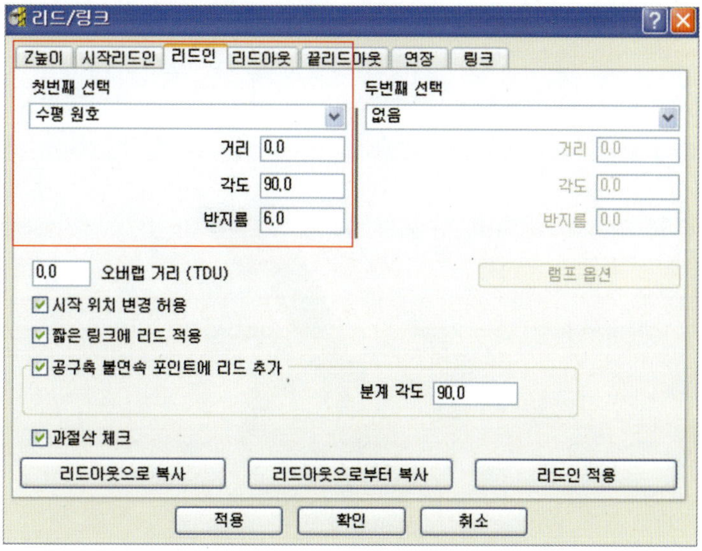

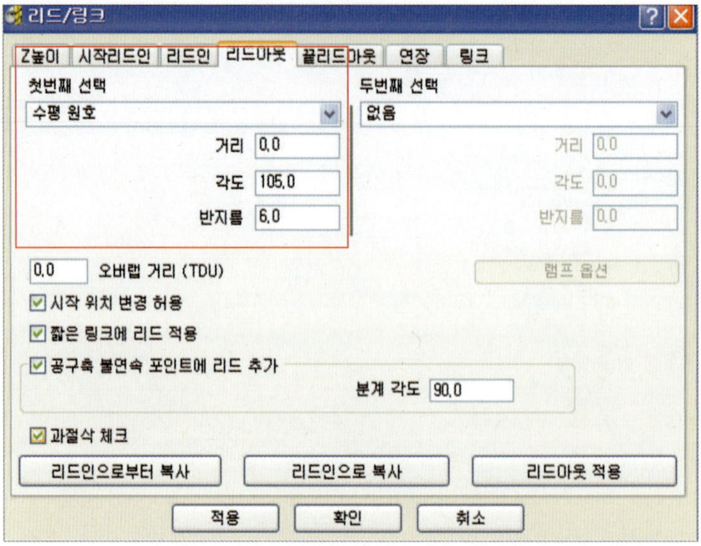

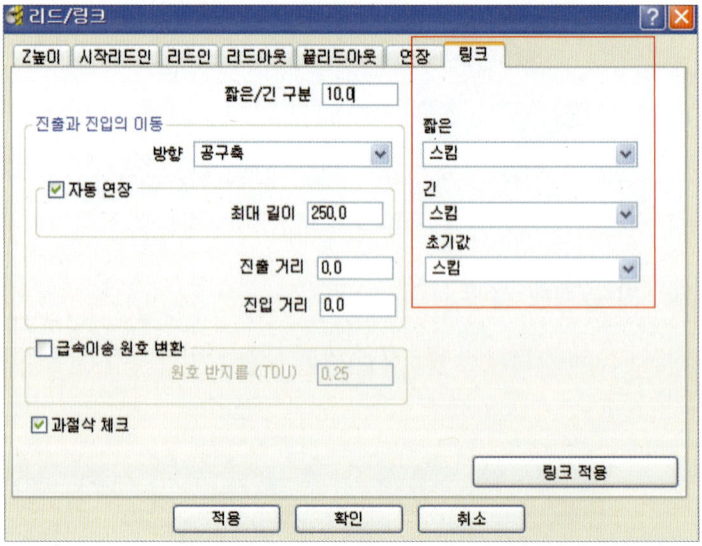

• 연장(Extensions) → 연장 이동(Extended Move) → 없음(None)으로 설정한다.

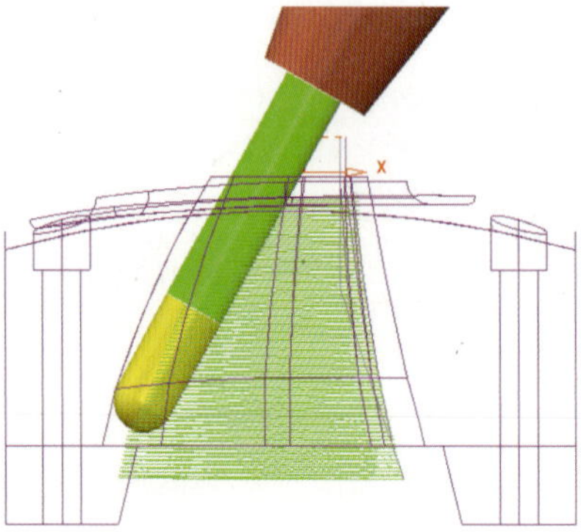

10 >> 모의 가공

모의 가공(ViewMILL)을 통해서 툴패스를 시뮬레이션한다.

11 >> 툴패스 검증

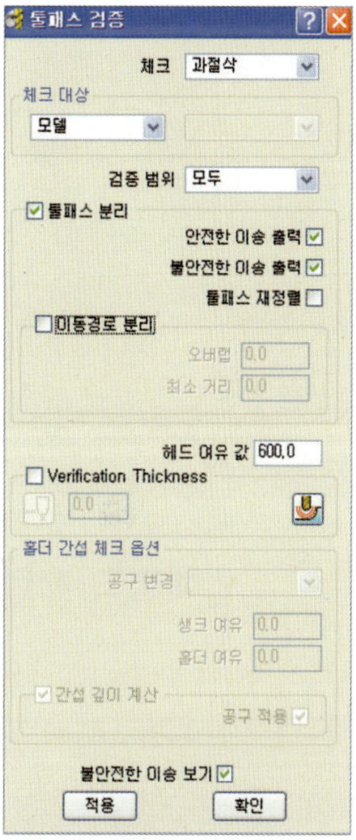

❶ 과절삭 체크

생성된 툴패스는 과절삭이나 홀더 간섭 검증을 할 것이다.

- BN16-5AXIS-Pattern 툴패스에 마우스 오른쪽 버튼을 클릭하여 메뉴에서 검증(Verify) → 툴패스(Toolpath)를 선택하고 툴패스 검증(Gouge/Collision) 창을 연다.
- 툴패스 검증 체크(Check) → 과절삭(Gouges)을 선택하고 툴패스 분리(Split Toolpath) 옵션은 끄고 적용(Apply)을 누른다[확인(Accept) 버튼을 클릭하지 않는다].
- 왼쪽에 보이는 툴패스 검증 창의 값을 설정하고 적용하면 아래 보이는 과절삭이 발견되지 않았다(No Gouges were Found)는 파워밀 정보(powerMILL Information) 창이 나타난다.

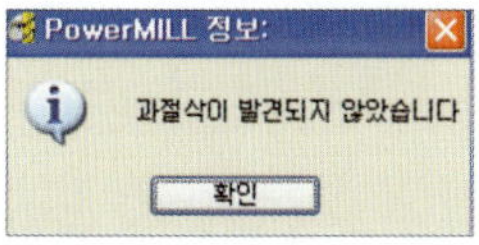

❷ 홀더 간섭 체크

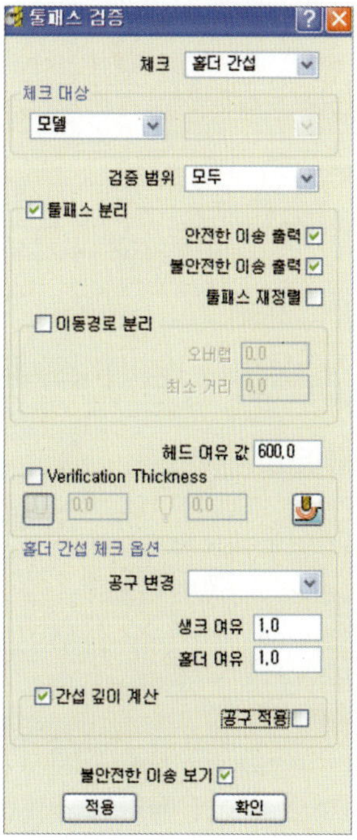

- 툴패스 검증 창의 체크(Check)를 홀더 간섭(Collisions)으로 선택하고 홀더 간섭 체크 옵션(Adjust Tool)의 생크(Shank)와 홀더(Holder) 여유를 1.0으로 입력한 다음 적용(Apply)한다.
- 왼쪽에 보이는 툴패스 검증 창의 값을 설정하고 적용하면 아래 보이는 것과 같이 홀더 간섭이 발견되지 않았다(No Collisions were Found)는 파워밀 정보(powerMILL Information) 창이 나타난다.

- 확인하고 툴패스 검증(Toolpath Verification) 창을 닫는다.

C.h.a.p.t.e.r 07

임베디드 패턴 가공

1절 임베디드 패턴 가공

1 임베디드 패턴 가공의 정의 및 설정

① 개 요

이 가공 방법은 툴패스의 접점으로 정의된 임베디드 패턴(Embedded Pattern)을 이용하여 툴패스를 생성할 수 있다. 임베디드 패턴(Embedded Pattern)은 커브를 가공될 면에 투영해서 만든다.

임베디드 패턴 가공(Embedded Pattern Finishing) 툴패스는 접점의 정확한 위치를 지정하거나, 글씨를 조각할 때, 공구의 축을 가공할 면에 대해서 노멀한 방향으로 정의 하기를 원할 때 사용할 수 있다.

② 임베디드 패턴 가공 – 조각(Engraving)

01 >> 프로젝트 파일 열기

- 아래의 경로에서 프로젝트 파일을 불러온다.
  …\powerMILL_data\five_axis\ 5axis_Embedded_Pattern\TrimPart-Start
- 이 모델은 텍스트(Text)와 커브를 포함하고 있다. 텍스트와 커브는 각각 패턴으로 생성하여 사용될 것이다.
- 임베디드 패턴(Embedded Patterns)은 두 개의 새로운 패턴으로부터 생성된다.

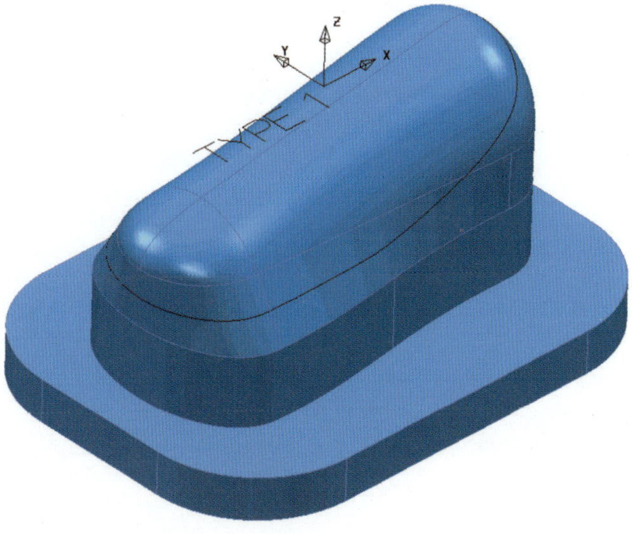

02 >> 다른 이름으로 프로젝트 저장

- 파일(File)을 선택하고 아래의 경로에 다른 이름으로 프로젝트 저장(Save Project As)을 한다.
  …\COURSEWORK\powerMILL-Projects\Trim-Part
- BN16-Form-FIN 툴패스를 활성화하고 적절한 파라미터와 임베디드 패턴 설정을 복원시킨다.

03 >> 공구 활성화

- BN2 공구를 활성화(Activate)한다.
- 그래픽 영역의 모델 상에 위치한 글자 TYPE 1을 선택한다.

04 >> 패턴 만들기

- 파워밀 탐색기 영역의 패턴에서 마우스 오른쪽 버튼을 클릭하고 메뉴에서 패턴 만들기를 선택한다.
- 새로 생성된 패턴(Pattern)에서 마우스 오른쪽 버튼을 클릭하고 메뉴에서 선택되어 있는 TYPE 1 와이어 프레임 글자(Wireframe Text)를 삽입(Insert) → 모델(Model)로 변경한다.
- 생성된 패턴 1에 TYPE 1 글자가 들어 있고 모델 위에 위치해 있다. 서피스와 노멀하게 공구 정렬을 하기 위해 임베디드화하는 것이 필요하다. 생성된 패턴(Pattern) 1을 Text로 이름을 변경(Rename)한다.

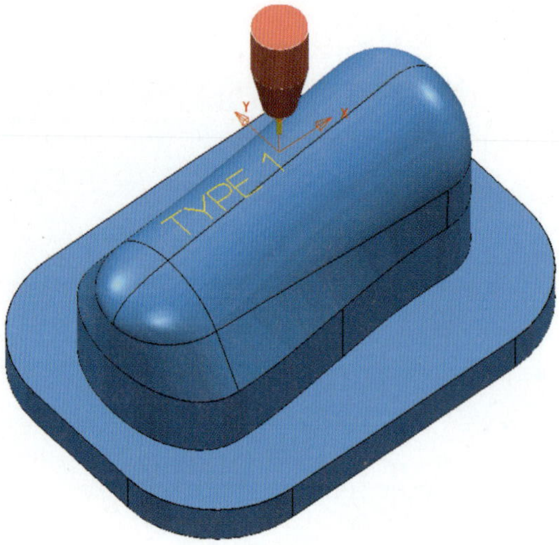

05 >> 임베디드 패턴 만들기

- 패턴(Patterns)에서 마우스 오른쪽을 클릭하고 메뉴에서 편집(Edit) → 임베디드(Embed)를 선택한다.
- 임베드디된 패턴(Embedded Pattern) 창이 열리면, 방법 → 드롭(Drop)으로 선택하고 적용(Apply)한다.
- 임베디드된 패턴(Embedded Pattern)은 Text_1로 아이콘 모양이 Z 방향으로 모델에 투영되어 생성된 것을 탐색기(Explorer) 창에서 확인할 수 있다. 원래 패턴(Pattern)은 유지된다.

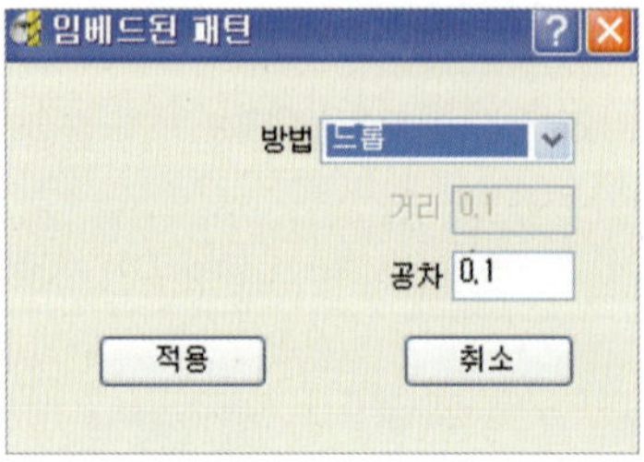

06 >> 임베디드 패턴 가공 설정

- 가공 패턴(Toolpath Strategies) 아이콘 을 선택하고 정삭 가공 탭에서 임베디드 패턴 가공(Embedded Pattern Finishing)을 아래 보이는 창과 동일하게 설정한다.
  - 드라이브 커브(Drive Curve)는 Text_1 패턴을 선택한다.
  - 축 방향 옵셋(Axial Offset)은 −3을 입력한다.
  - 간섭 체크(Gouge Check)를 끈다.

07 ›› 다중 가공 옵션 설정

상단 한계(Upper Limit)에 체크하고 값을 −1로 입력한다.

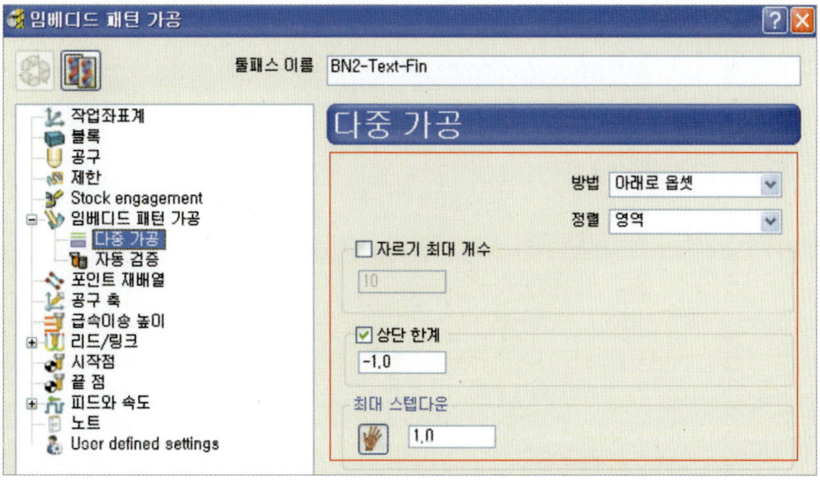

08 ›› 공구 축 설정

공구 축(Tool Axis) 옵션을 리드/린(Lead/Lean) 각도 0으로 설정한다.

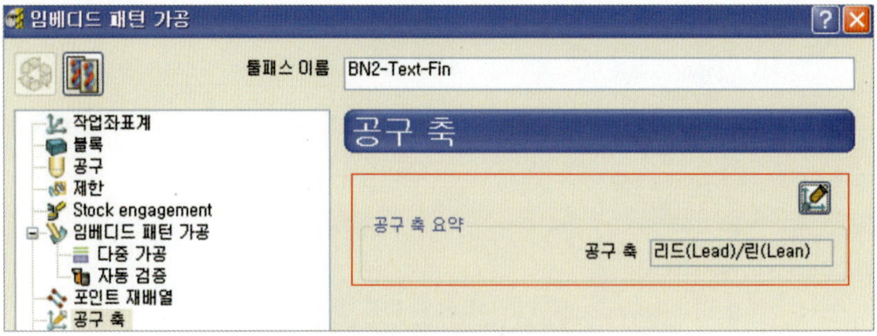

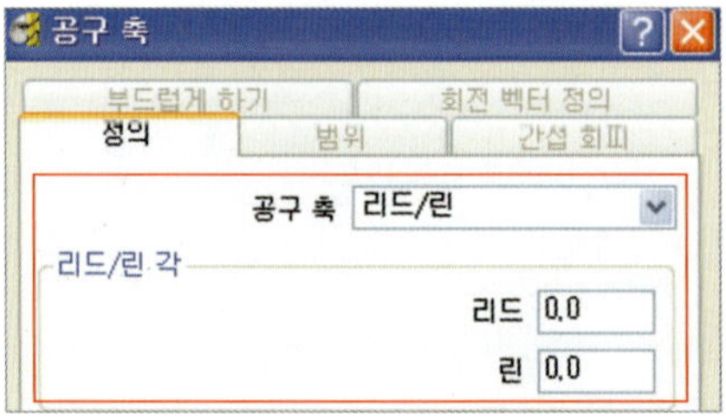

09 ›› 리드/링크 설정

- 임베디드 패턴 가공을 하는 동안 최근 공구 축을 따라 공구 진출을 안전하게 하는 것이 필요하다.
- 리드/링크(Leads/Links) 창에서 링크를 스킴으로 설정하고 진출과 진입의 이동(Retract and Approach Moves)을 그림의 왼쪽과 같이 설정한다.

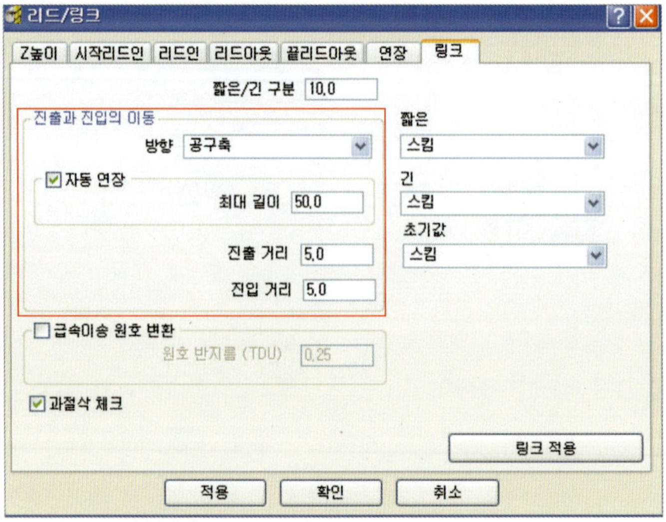

- 리드/링크(Leads/Links) 창에서 적용(Accept)을 선택한다.
- 계산(Calculate)을 선택하고 툴패스(Toolpath)를 생성한다.
- 글자 TYPE 1은 −3 mm 깊이로 서피스와 노멀(Surface Normals)하게 공구가 정렬되어 가공된다.

- 모의 가공(ViewMILL)을 통해 툴패스(Toolpath)를 시뮬레이션한다.
  임베디드 패턴(Embedded Pattern) 툴패스는 서피스 모델(Surface Model)과 노멀하게 공구가 정렬하여 생성되었다.

Note

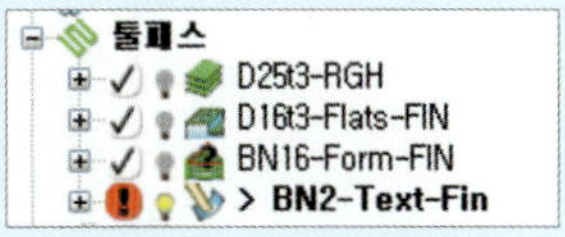

- 생성된 툴패스는 탐색기 창에서 빨간색 과절삭 주의 표시가 된 것을 확인할 수 있다.
- 공구의 코너 R(Tool Tip Radius)보다 큰(−) 가공여유(Thickness) 값을 사용하여 툴패스를 생성하는 것은 불가능하다. (−)축 방향 옵셋을 설정하고 과절삭 체크을 끄고 적용하면 과절삭 주의에 관련된 구속을 받지 않는다.

10 >> 임베디드 패턴 설정

- 새로운 패턴(Pattern)을 생성한 뒤 모델 상에 있는 트림 커브(Trim Curve)를 선택하고 패턴 메뉴에서 삽입(Insert) → 모델(Model)을 선택하고, 이름을 ScribeLine으로 설정한다.
- 생성된 ScribeLine 패턴에 마우스 오른쪽 버튼을 클릭하고 메뉴에서 편집 → 임베디드를 선택하면 다음과 같이 임베디드된 패턴(Embedded Pattern) 창이 나타난다.

- 방법을 가까운 포인트(Closest Point)로 선택하고 적용하면 ScribeLine_1 이름으로 임베디드된 패턴(Embedded Pattern)이 생성된다.
- 임베디드된 패턴(Embedded Pattern) 결과는 원래의 패턴(Pattern)이 모델에 가까운 포인트로부터 투영되었다.

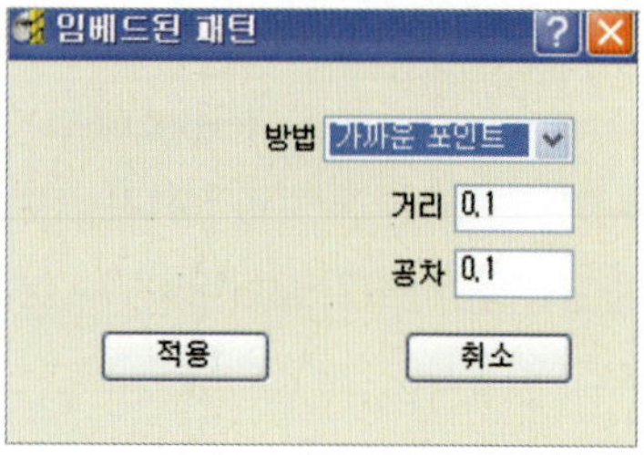

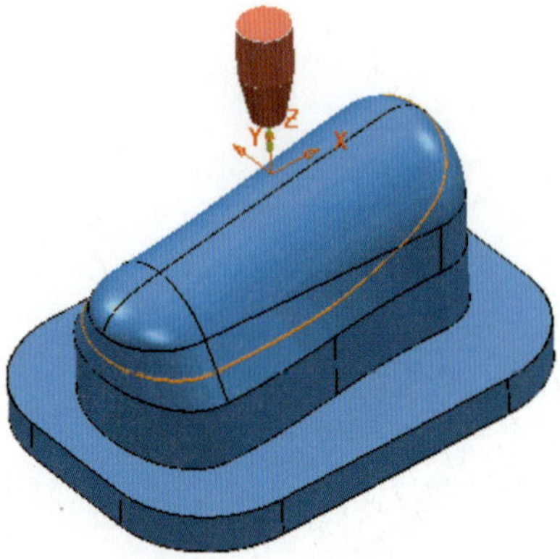

11 >> 임베디드 패턴 가공 설정

- 가공 패턴 창 정삭 탭에서 임베디드 패턴 가공(Embedded Pattern)을 선택하고, 툴패스 이름을 BN2-ScribeLine-FIN으로 입력하고, 드라이브 커브(Drive curve)를 ScribeLine_1로 선택한다.
  - 툴패스 이름 BN2-ScribeLine-FIN, 드라이브 커브(Drive Curve) ScribeLine_1, 축 방향 옵셋(Axial Offset) 0, 간섭 체크 (Gouge Check) 켜기, 가공여유(Thickness) 0.75

이번 가공 설정은 최저 한계(Depth Of Cut)의 축 방향 옵셋(Axial Offset)을 사용하지 않고 (-) 가공여유(Thickness)를 사용하는 방법이다.

12 >> 다중 가공 옵션 설정

- 방법은 Off, 상단 한계는 체크를 끈다.

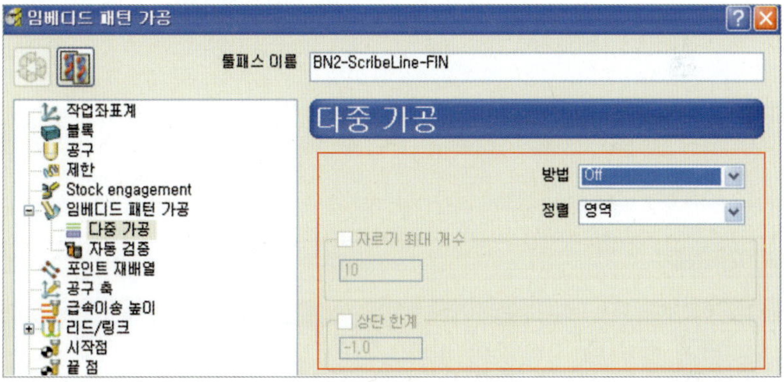

- 계산(Calculate)을 선택하고 임베디드 패턴(Embedded Pattern) 툴패스를 생성한다.

13 >> 모의 가공 시뮬레이션

- 모의 가공(ViewMILL)을 통해 생성된 툴패스를 시뮬레이션해 보자.
- 파일(File) → 프로젝트 저장(Save Project)을 선택해 작업한 내용을 업데이트한다.

C.h.a.p.t.e.r

08 5축 프로파일 가공

1절 5축 프로파일 가공

1 5축 프로파일 가공의 정의 및 설정

① 개 요

프로파일 가공(Profile Finishing) 방법은 5축 툴패스에 적용할 수 있다. 아래 예제에서는 구배가 있는 포켓을 가공할 때, 사용자가 포켓의 바닥 면을 선택하여 측면 형상에 따라 공구 축이 정의된 것을 볼 수 있다. 그러나 프로파일 가공(Profile Strategy) 시 포켓 바닥 면이 꼭 선택되어야 하는 것은 아니다.

❶ 정 의

형상의 외곽 면을 따라 공구 축이 정의되는 가공 데이터 생성 방법

❷ 적용 방법

구배 면 및 구배가 없는 여러 개로 나뉜 또는 하나의 면으로 구성된 면을 선택에 의해서 가공 데이터를 생성할 수 있다.

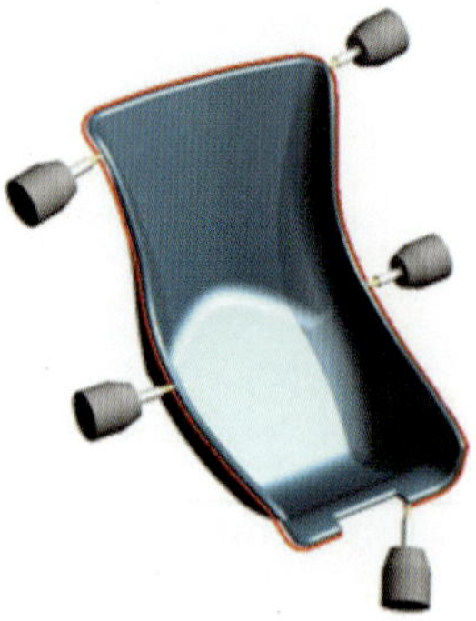

❸ 주된 가공 영역

바닥이 배면인 포켓 형상의 측벽 가공이 용이하고 리

브 가공의 측벽 가공에 주로 적용되고 제품의 절단을 위한 작업에도 사용된다.

④ 이 점

바닥이 없는 형상에도 적용할 수 있고 작은 파이프의 플렛 공구로 바닥 형상이 있는 리브 가공 중 바닥 각 처리도 가능하다.

01 >> 모델 불러오기

- powerMILL_data/five_axis/locnpad_5axismc 폴더에 있는 locnpad.dgk, pocket.dgk 두 개의 모델을 불러온다.
- 포켓을 덮고 있는 윗면을 삭제한다.

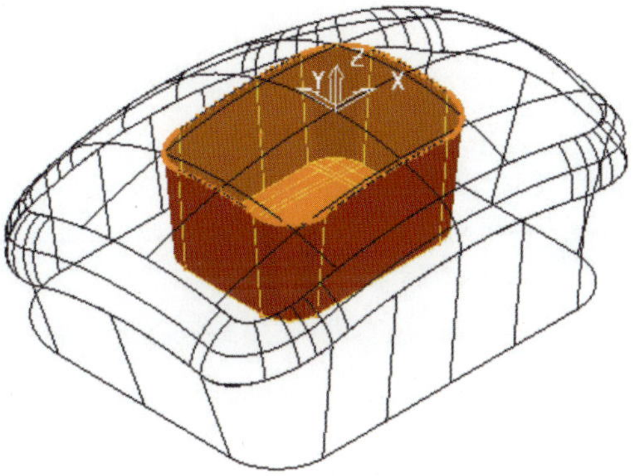

02 >> 블록 및 공구 설정

- 블록의 정의를 박스(Box), 타입을 모델(Model)로 설정한다.
- 지름이 16인 볼 공구(Ball Nosed)를 생성한다.

03 >> 급속 이송 높이 및 시작과 끝 포인트 설정

- 급속 이송 높이의 안전높이(Safe Z)와 시작높이(Start Z)를 초기 설정 값으로 설정한다.
- 시작과 끝 포인트(Start and End Point) 설정을 블록 중심과 안전높이(Block Centre Safe Z)로 한다.

04 >> 프로파일 가공 설정

- 가공 패턴(Toolpath Strategies) 아이콘 을 클릭하고, 정삭(Finishing) 탭을 선택한다.

- 프로파일 가공(Profile Finishing)과 설정 값을 아래와 같이 입력한다.

05 ›› 다중 가공 옵션 설정

06 ›› 공구 축 설정

- 포켓의 아래 면을 선택하고 적용(Apply), 취소(Cancel)를 누른다.

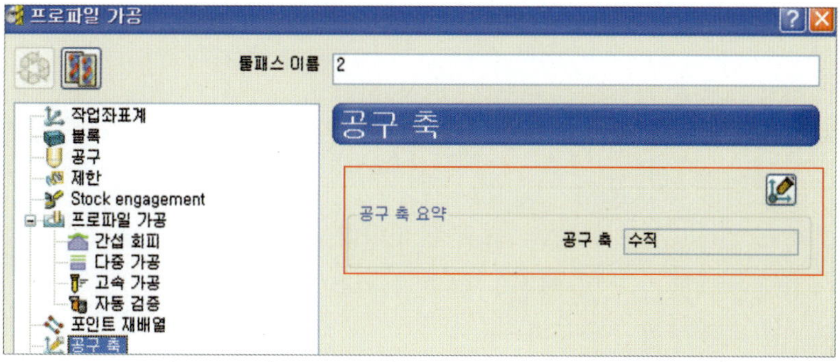

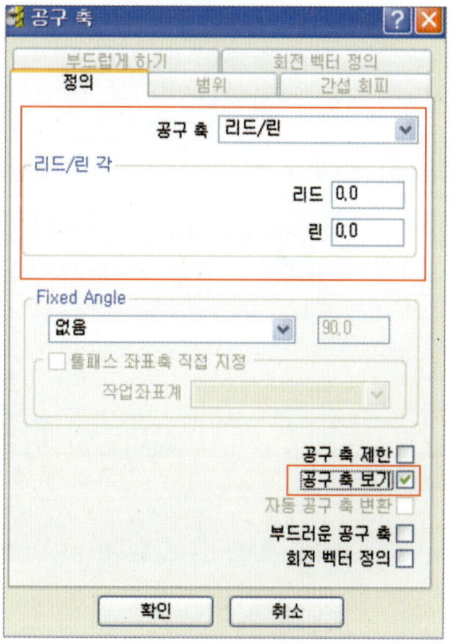

아래 툴패스는 포켓 바닥 면을 기준으로 일정하게 벽면에 정렬되어 생성되었고, 마지막 툴패스는 바닥 면에 정확하게 정렬되었다.

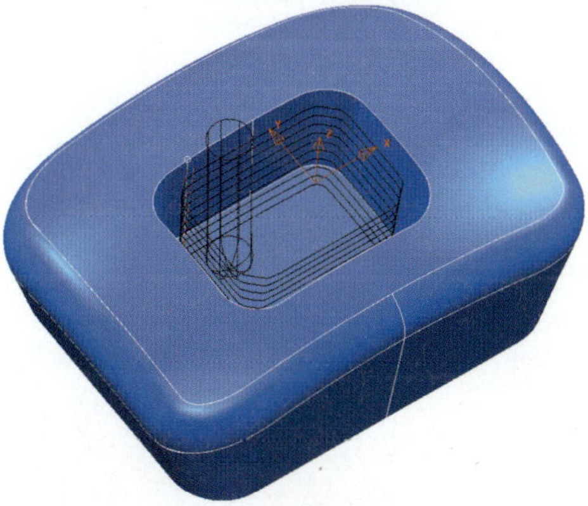

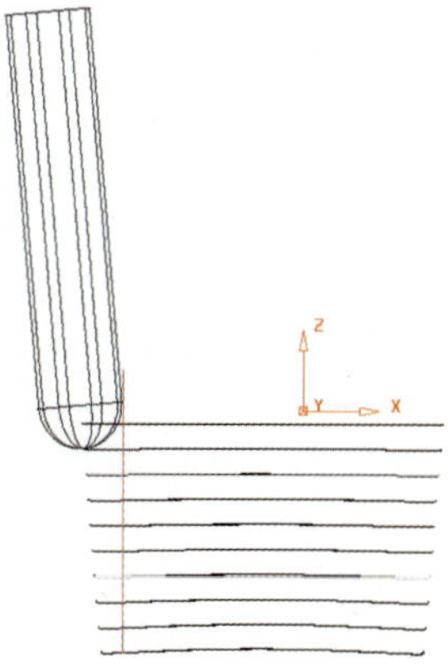

Note

Lead/Lean 값이 0으로 설정된 포켓의 벽면은 선택된 면에 수직하게 공구 축 정렬이 되어 툴패스가 생성된다.

툴패스를 시뮬레이션하면 선택한 면에 수직하고, 벽면을 따라가는 툴패스를 볼 수 있다.

- 앞에서 모델을 불러왔던 디렉토리에서 flat_pktbase 모델을 불러온다.
- 생성했던 툴패스 위에서 마우스 오른쪽 버튼을 눌러 설정(Settings)을 클릭하고 다시 프로파일 가공 창을 연다.
- 툴패스 복사(Copy) 아이콘 을 클릭한다.
- 이전에 선택했던 면이 여전히 참조 서피스(Reference Surface)로 설정되어 있다.
- 적용(Apply)과 취소(Cancel)를 누른다.

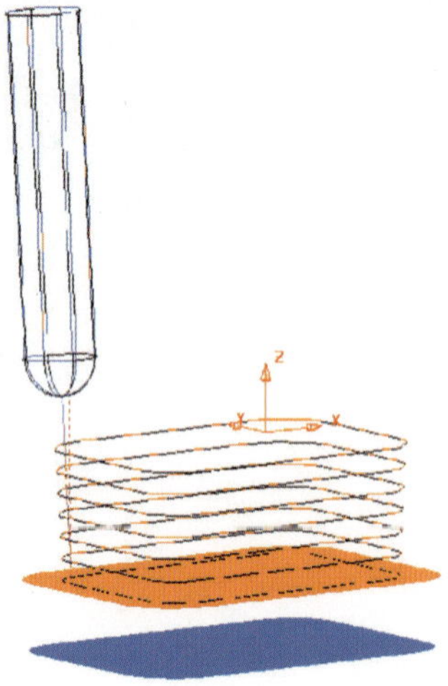

공구 축은 참조 서피스(Reference Surface)로 설정되어 있던 면에 대해 노멀한 방향으로 설정되어 있지만, 툴패스는 위쪽의 면에 의해 제한된 것을 볼 수 있다.

07 >> 프로파일을 이용한 측벽 가공

다음은 프로파일(Profile) 가공이 모델의 측벽을 가공하는 스왑(Swarf) 가공에 어떻게 적용되는 지를 보여준다. 툴패스 생성 후에 바닥 면을 따라가는 하나의 툴패스만을 남기기 위해 툴패스를 편집하는 작업이 필요하다.

- 생성했던 툴패스 위에서 마우스 오른쪽 버튼을 눌러 설정(Settings)을 클릭하고 다시 프로파일 가공 창을 연다.
- 툴패스 복사(Copy) 아이콘 을 클릭한다.
- 오른쪽 그림에서 쉐이딩 된 바깥벽 면을 선택하고, 마우스 우측 키를 클릭하여 그 메뉴 중에서 선택된 것 방향 전환(Reverse Selected)을 선택한다.

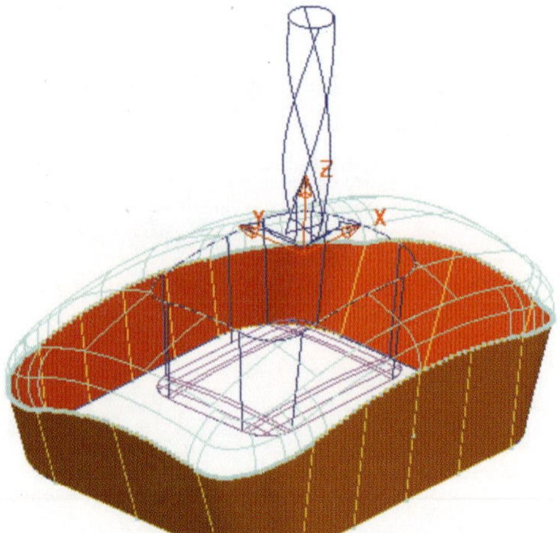

08 >> 프로파일 가공 설정

이전에 설정했던 프로파일 가공(Profile Finishing)과 공구 축(Tool Axis) 값은 고정하고, 아래 주어진 값들에 대해서 입력한 후 적용(Apply)과 취소(Cancel)를 누른다.

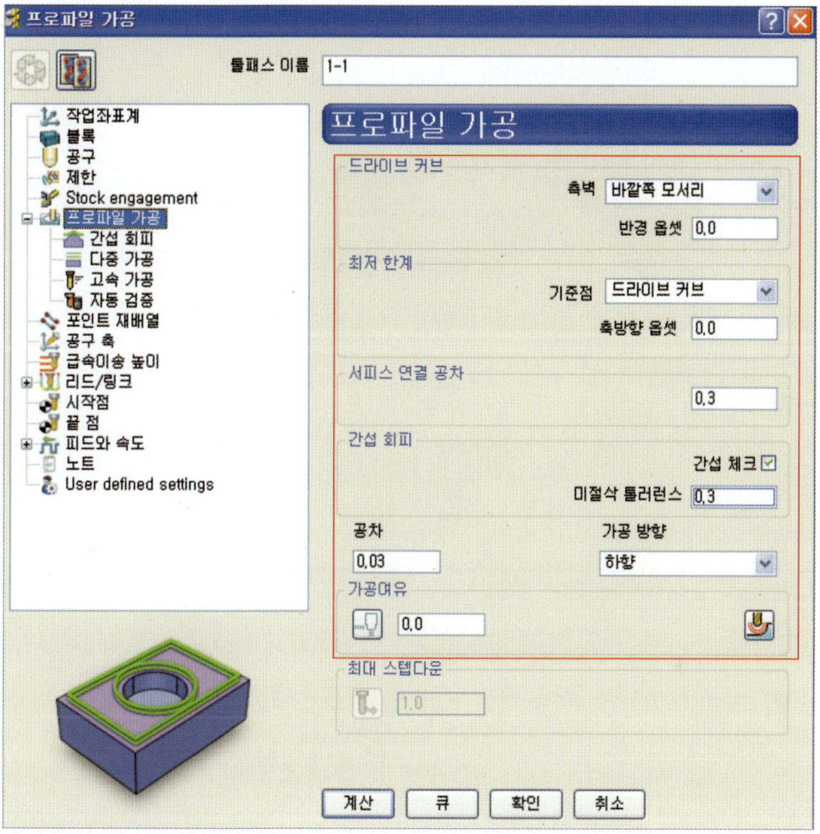

09 >> 다중 가공 옵션 설정

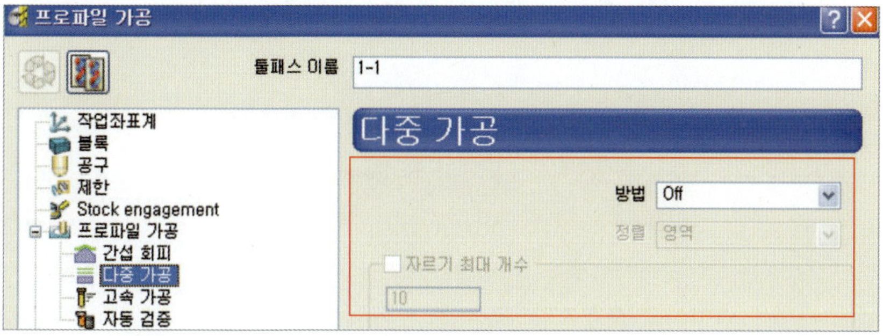

10 ›› 공구 축 설정

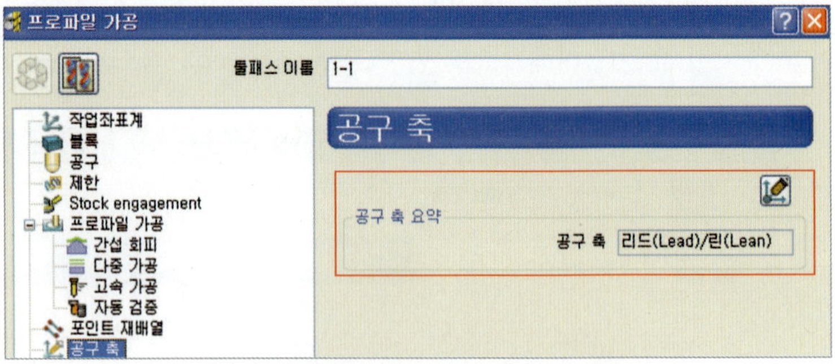

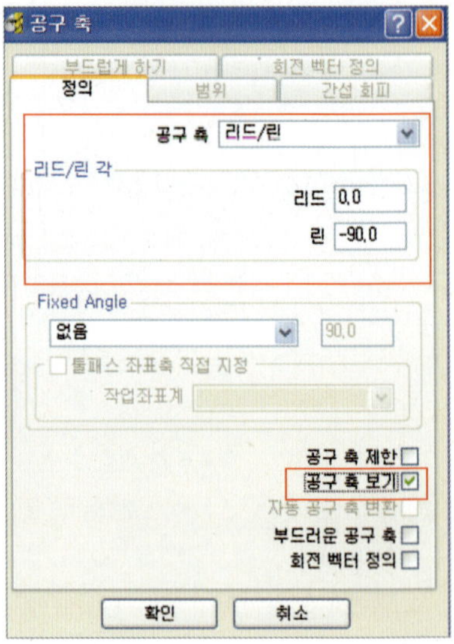

11 ›› 리드/링크 설정

❶ Z 높이 설정

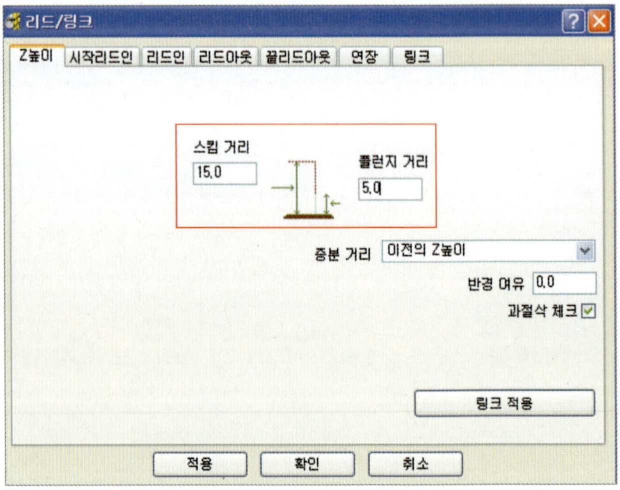

❷ 리드인/아웃 설정

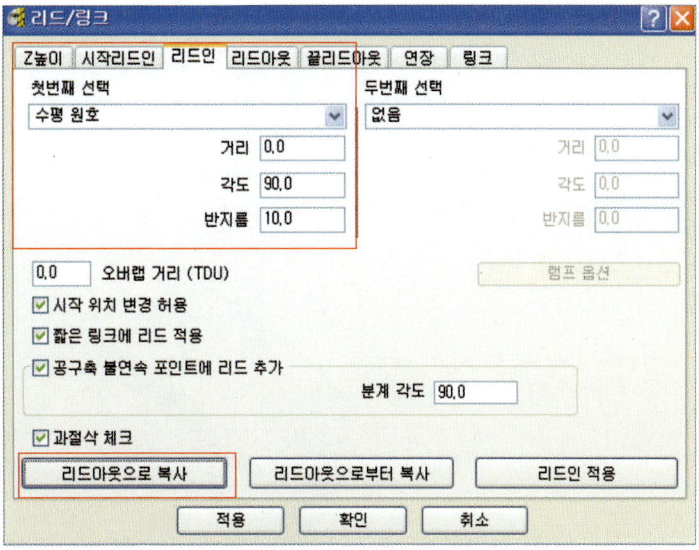

❸ 링크 설정

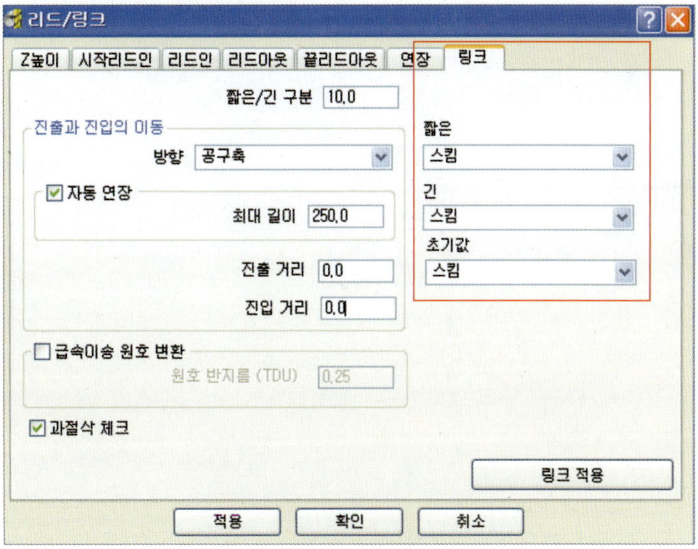

바닥 부분에 있는 한 줄의 툴패스만을 남기기 위해 툴패스는 수정되어야 한다.

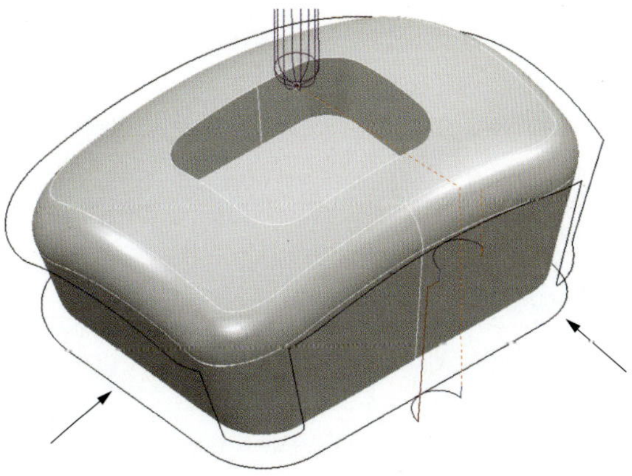

- 위쪽의 화살표가 지시하는 툴패스를 선택하고, 마우스 오른쪽 버튼을 눌러 메뉴를 띄운다.
- 편집(Edit) → 선택된 성분 삭제 (Delete Selected)를 눌러 아래쪽 한 줄의 툴패스만 남도록 수정한다.

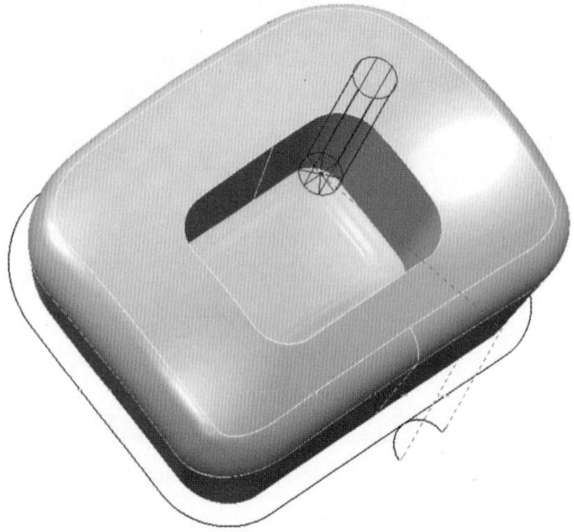

- 툴패스를 시뮬레이션하여 공구가 벽면 각도에 따라 공구 축을 정렬하며 가공하는 것을 볼 수 있다.

powerMILL

Chapter 09

5축 스왑 가공

1절 5축 스왑 가공

1 5축 스왑 가공의 정의 및 설정

1 개 요

스왑 가공(Swarf Finishing)은 공구의 측면 날을 이용하여 선택된 면을 가공하는 방법이다(공구 정렬은 자동으로). 스왑 가공(Swarf Finishing) 툴패스는 전체 가공 깊이에 대해서 공구의 측면 날이 측벽 부분에 접하는 부분에만 생성된다.

스왑 가공은 사용자가 다른 공구 정렬을 적용하는 것이 가능하지만[깊은 측벽에 리드/린(Lead/Lean)과 같은 방법] 선택된 면은 스왑 가공된다.

스왑 가공을 하려고 외부에서 불러들인 서피스는 속성이 적당하지 않을 경우 면의 위에서 아래 에지에 분리된 패턴(Patterns)을 생성하여 와이어프레임 스왑 가공(Wireframe Swarf Finishing)을 사용한다.

가공될 면은 스왑(Swarf) 가공에서 사용할 수 있는 Ruled Surface 형상이어야 한다.

2 서피스 스왑 가공

1 정 의

공구의 측날로 가공하는 가공 방법으로 가공 영역은 선택 면에 의해 영역이 정의되며 여러 개의 면도 선택 가능하다. 면 속성인 VU 벡터에 민감하게 반응하며 가장 상단 라인과 하단 라인이 가공 데이터의 형상을 좌우한다.

❷ 적용 방법

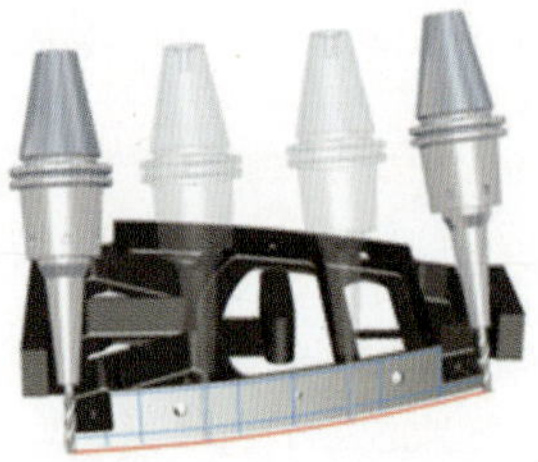

볼 공구 플랫 공구 모두 사용 가능하며 선택 면에 의해 가공 영역을 설정 후 가공 데이터를 생성(면의 안쪽과 바깥쪽을 인식하는 가공 데이터이다)한다.

❸ 주된 가공 영역

언더컷으로 이루어진 측벽 또는 바닥 면이 배면으로 등고선 가공이 불합리한 측벽에 주로 적용되는 가공 데이터이다.

❹ 이 점

선택 면에 노멀하게 공구 축이 자동 정의되므로 따로 리드/린 각의 정의가 필요하지 않아 가장 이상적인 5축 가공 방법이며 한 번에 측벽을 가공하므로 가공 품질이 우수하다.

○ 스왑 가공 예제(Example)-1

01 >> 모델 불러오기

- 파일(File) → 모두 삭제(Delete All)를 선택하고 도구(Tools) → 모든 폼 초기화(Reset Forms)를 선택한다.
- 아래의 경로에서 swarf_model.dgk 모델을 불러온다.
  … \powerMILL_data\five_axis\swarf_mc\swarf_model.dgk

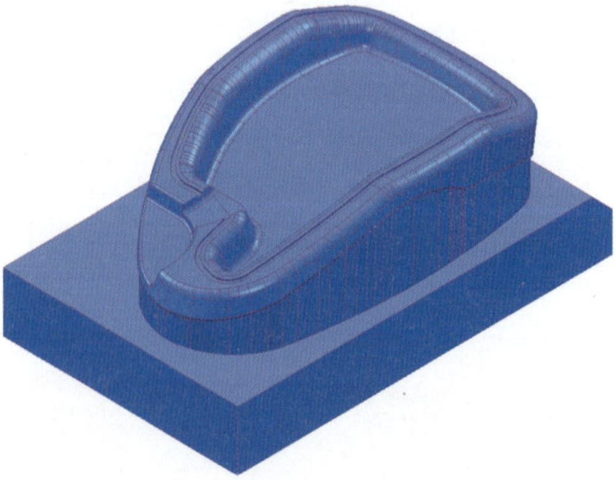

02 >> 블록 및 공구 정의

- 블록(Block) 정의를 박스(Box), 타입을 모델(Model)로 설정한다.
- 지름이 12mm이고, 코너 R이 1mm인 공구를 D12t1 이름으로 생성한다.

03 >> 급속 이송 높이 및 시작과 끝점 설정

- 급속 이송 높이(Rapid Move Heights)를 계산한다.
- 시작과 끝점(Start and End Point)은 블록중심과 안전높이(Block Centre Safe Z)로 설정한다.
- Iso 4 아이콘 을 눌러 보는 방향을 설정하고, 스왑 가공을 할(오른쪽 그림에서 쉐이딩 된) 부분을 선택한다.

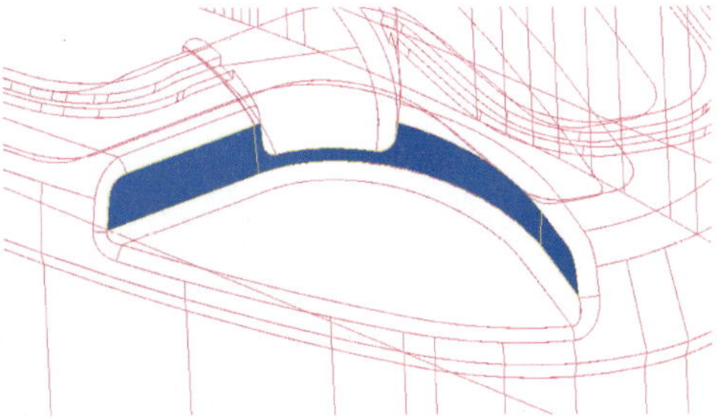

04 >> 스왑 가공 설정

- 가공 패턴(Toolpath Strategies) 아이콘 을 클릭하고, 스왑 가공(Swarf Finishing)을 선택한다.
- 스왑 가공(Swarf Finishing) 창에 아래 그림과 같이 설정하고 적용(Apply)을 누른다.

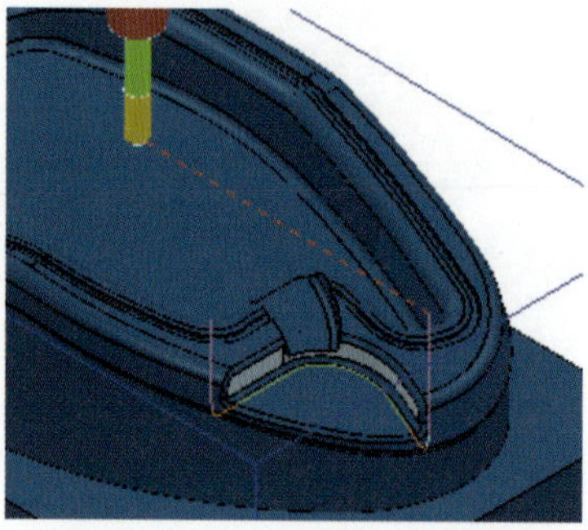

Note

이 가공 방법에서는 공구 축이 자동으로 정렬된다.

05 ›› 리드와 링크 설정

리드인/아웃(Lead In/Out)	수직 원호(Vertical Arc)	거리(Distance) 10	각도(Angle) 90	(Radius) 5.0
링크(Links)	짧은/긴/초기값 (Short/Long/Safe)	스킴(Skim)		

면들에 대해서 선택을 해제한 후, 선택한 면에 대해서 스왑(Swarf) 가공 시 공구 축이 어떻게 변하는지 시뮬레이션을 통하여 관찰한다(툴패스는 이전 페이지에서 볼 수 있다).

06 ›› 스왑 가공의 다중 가공 옵션 설정

탐색기 창에 툴패스 위에서 마우스 오른쪽 버튼을 눌러 아래 그림과 같이 그에 대한 하위 메뉴를 띄운다. 마우스 왼쪽 버튼을 클릭하여 서피스 선택(Select Surfaces)을 선택하면 툴패스를 만들기 위해 선택했던 면이 다시 선택될 것이다.

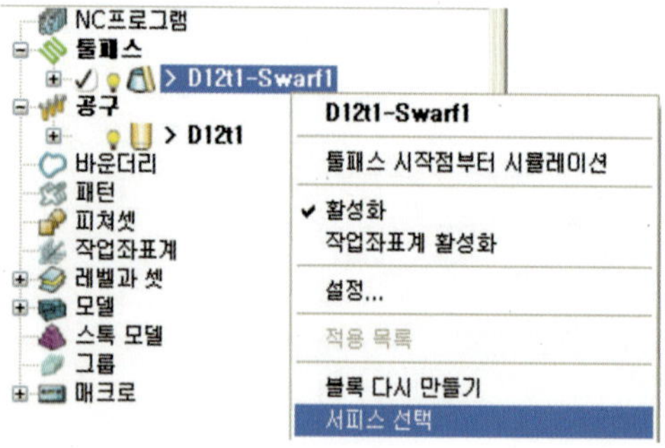

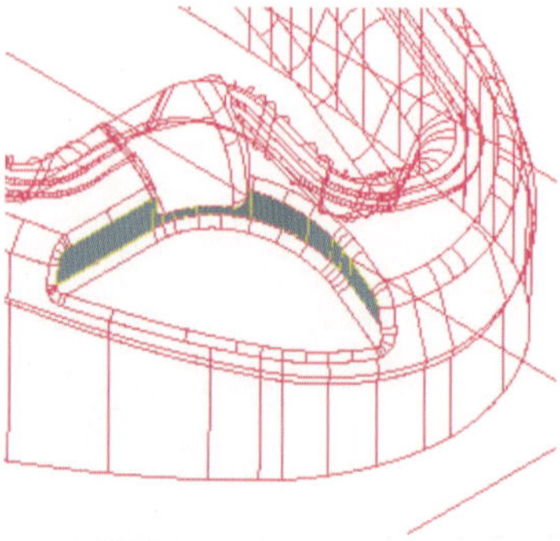

- 스왑 가공(Swarf Finishing) 설정 창에서 툴패스 복사(Copy) 를 선택한다.

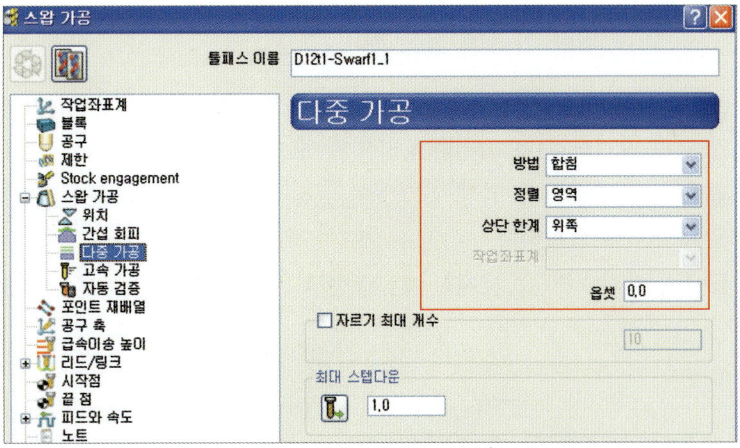

• 다중 가공(Multiple Cuts) 페이지를 선택하고 방법(Mode)을 합침(Merge)으로 설정한다.

07 >> 공구 축 설정

• 공구 축(Tool Axis) 페이지를 선택하고 공구 축(Tool Axis) 옵션을 리드/린(Lead/Lean)으로 선택하고 리드(Lead) 각은 0, 린(Lean) 각은 30으로 입력한다.

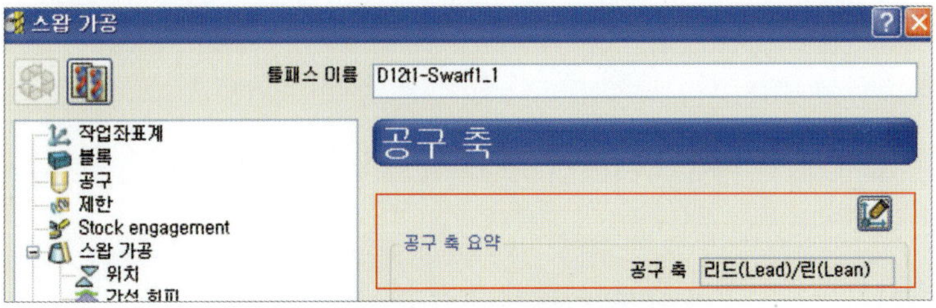

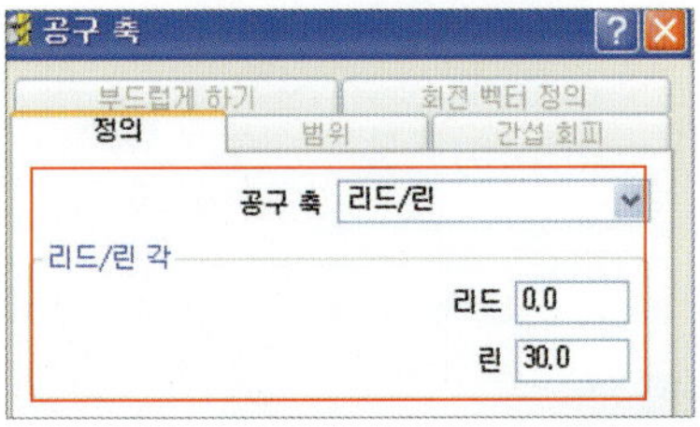

새로운 가공 방법은 선택된 면의 위쪽과 아래쪽 윤곽 사이에 스텝오버가 합쳐져서 아래로 한 단계씩 가공하는 방법이다.

또한 린 각이 30°로 적용된 축이 자동으로 정렬된다(깊은 측면 가공에 적합한 가공 방법이다).

08 >> 외관 측벽 가공을 설정

- 지름이 10mm인 엔드밀 공구(End Mill)를 EM10 이름으로 생성한다.
- 스왑 가공 방법(Swarf Finishing)을 통해 한 줄의 가공 툴패스를 생성하는데 10mm 엔드밀을 사용하여 모델 외각 언더컷이 있는 측벽 부분의 면을 선택하면 측벽을 따라가는 가공 툴패스를 생성한다.
- 면들에 대해서 선택을 해제한 후, 생성한 스왑 가공 공구 축의 변화를 시뮬레이션을 통하여 관찰한다.

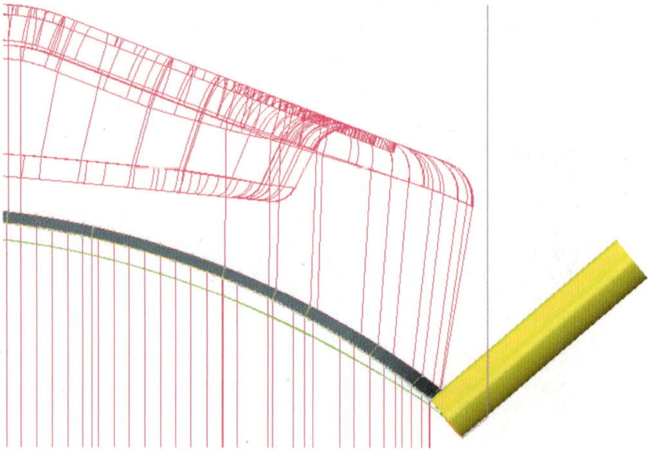

- 파일(File)을 선택하고 아래의 경로에 다른 이름으로 저장(Save Project As)한다.
  …\COURSEWORK\powerMILL-Projects\Swarf-Example
- 모델(Model)을 삭제(Delete)하고 툴패스(Toolpath)를 모두 삭제(Delete All)한다.

스왑 가공 예제(Example) - 2

01 >> 프로젝트 열기

아래의 경로에서 프로젝트 파일을 불러온다.
…\training\COURSEWORK\powerMILL-Projects\3+2example

02 >> 공구 및 좌표 설정

- 지름이 10 코너 R(반경)이 1인 D10T1 공구를 활성화한다.
- ztop175_A 좌표를 활성화한다.

03 >> 블록 설정

블록 창을 열고 정의(Defined by)를 원통(Cylinder)으로 한 다음 아래와 같이 옵션을 설정하고 계산 버튼을 클릭한다(원통 블록은 모델 치수와 같이 적용해서 생성한다).

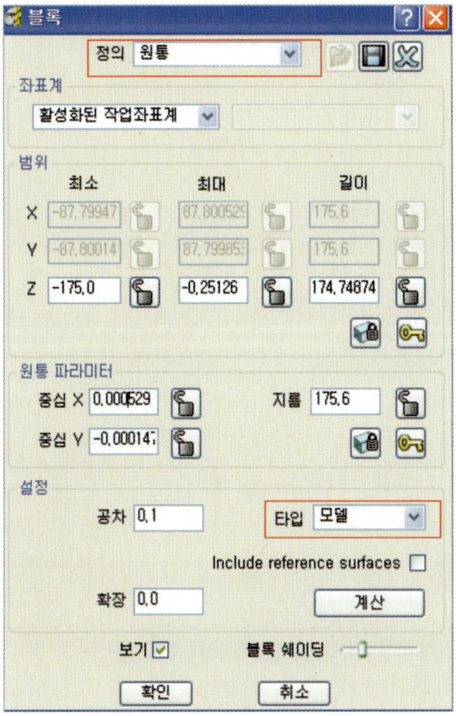

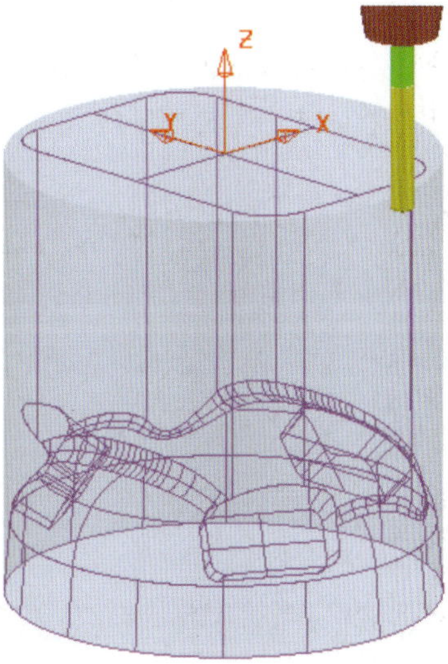

04 >> 급속 이송 높이 설정

- 급속 이송 높이(Rapid Move Heights)는 안전영역(Safe Area) → 원통(Cylinder)으로 지정하고 오른쪽 그림과 같이 설정한 다음 계산(Calculate) 버튼을 클릭한다.
- 작업 좌표계(Workplane)는 ztop-175_A로 설정한다.
- 법선 방향(Direction)을 I 0, J 0, K 1로 설정한다.

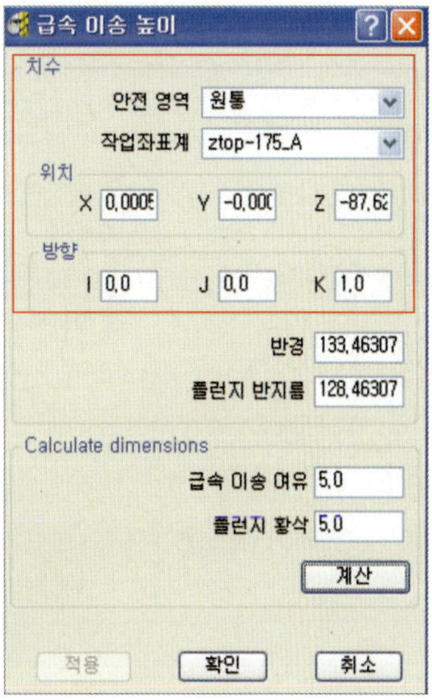

05 >> 스왑 가공을 위한 면 선택

- 이 방법은 1장의 3+2축 가공(3+2 Axis Machining) 예제를 사용한다.
- 스왑 가공할 모델의 옆 벽면의 세 개의 포켓을 선택한다.

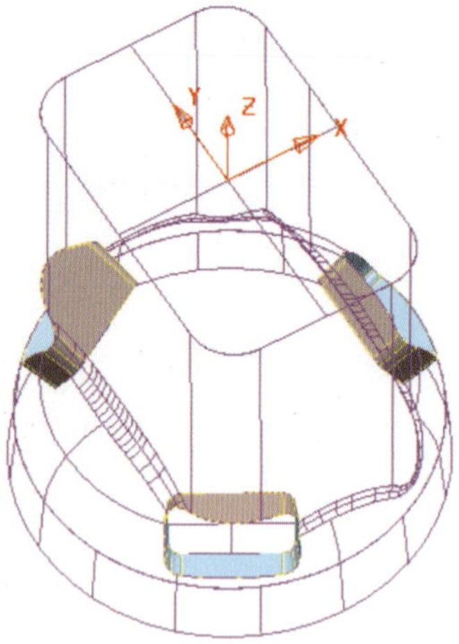

06 >> 스왑 가공 설정

- 가공 패턴(Toolpath Strategies) 아이콘 을 선택하고 정삭(Finishing) 옵션에서 스왑 가공을 선택한다.
- 아래과 같이 스왑 가공(Swarf Finishing) 조건 값을 정확하게 설정한다.

07 >> 다중 가공 옵션 설정

- 다중 가공 방법(Mode) – 합침(Merge)

  선택한 스왑 서피스의 위와 아래 에지 사이에서 툴패스가 연속적으로 변화되는 옵셋으로 툴패스가 생성된다.
- 최대 스텝다운(Maximum Stepdown)을 1.0으로 설정한다.

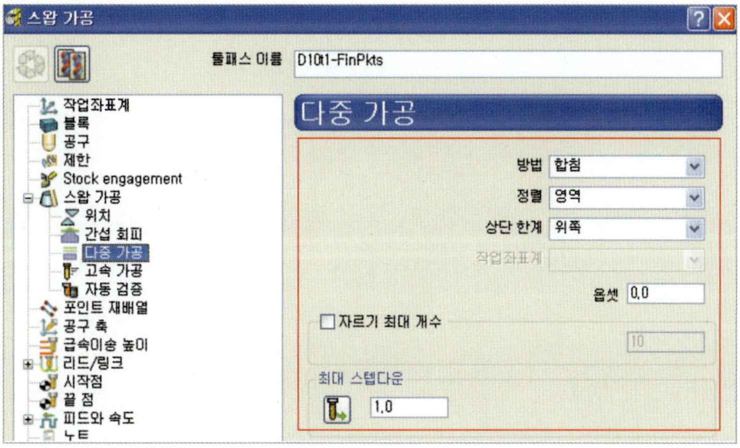

08 >> 공구 축 설정

스왑 가공(Swarf Finishing) 초기 공구 축(Tool Axis) 설정은 자동(Automatic)으로 되어 있다. 이 옵션은 5축에 필요한 공구 정렬을 제공한다.

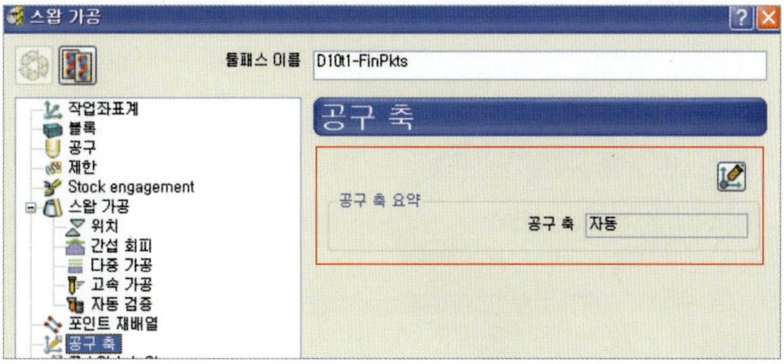

Note

공구 축 정렬은 자동으로 놓는다.

• 계산(Calculate)을 선택하고 툴패스를 생성한다.

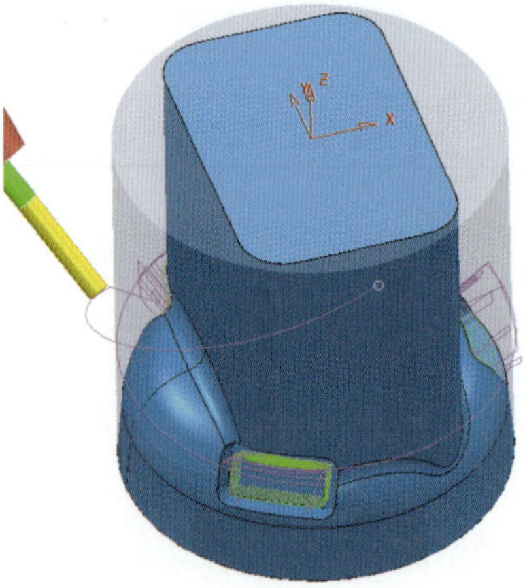

Note

• 안전영역(Safe Area) – 원통(Cylinder)로 급속 이송 높이(Rapid Move Heights) 창에서 정의한다. 이는 공구가 부드럽게 움직이고 서로 떨어져 있는 영역 사이에서 가공을 원활이 해 줄 것이다.
• 급속 이송 높이 – 안전영역(원통 → 계산)

• 면들에 대해서 선택을 해제한 후, 공구 축의 변화를 시뮬레이션을 통하여 관찰한다.
• 파일(File) → 프로젝트 저장(Save Project)을 선택하고 작업한 내용을 업데이트한다.

반경과 축 방향 가공여유 예제(Example) – 3

01 >> 모델 불러오기

• 파일(File) → 모두 삭제(Delete All)를 선택하고 도구(Tools) → 모든 폼 초기화(Reset Forms)를 선택한다.
• 아래의 경로에서 locnpad.dgk와 pocket.dgk 모델을 불러온다.
…\powerMILL_data\five_axis\locnpad_5axismc

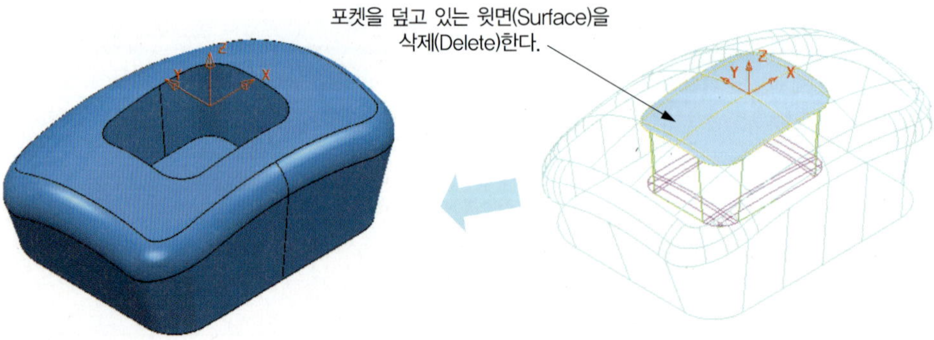
포켓을 덮고 있는 윗면(Surface)을
삭제(Delete)한다.

02 >> 블록 및 공구 설정

• 블록(Block) 정의를 박스(Box), 타입을 모델(Model)로 설정한다.
• 공구는 지름 10mm, 길이 50인 엔드밀을 EM10 이름으로 생성한다.

03 >> 급속 이송 높이 및 시작과 끝점 설정

- 급속 이송 높이는 안전높이(Safe Z), 시작 높이(Start Z)를 계산(Calculate)한다.
- 시작과 끝점(Start and End Point) 설정은 블록 중심과 안전높이(Block Centre Safe Z)로 한다.
- 아래 그림과 같이 모델에서 포켓의 측벽부분의 서피스를 선택한다(쉐이딩된 서피스).

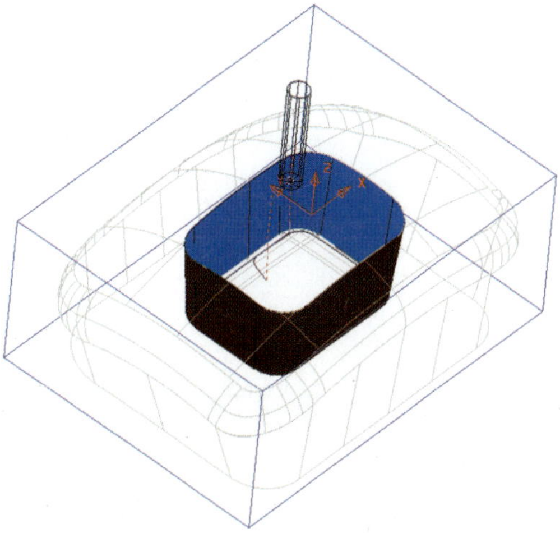

04 >> 스왑 가공 설정

- 가공 패턴(Toolpath Strategies) 아이콘 을 클릭하고, 스왑 가공(Swarf Finishing)을 선택한다.
  - 툴패스 이름을 EM10-Swarf-Axial3으로 입력한다.
  - 가공여유의 반경은 0, 축 방향은 3.0으로 설정한다.

- 계산을 선택하고 스왑 가공(Swarf Finishing) 툴패스를 생성한다.
- 아래 그림과 같이 포켓의 벽면을 선택하고, 스왑 가공(Swarf Finishing) 창을 열어 설정 값을 위의 그림과 같이 하여 적용(Apply)을 클릭한다.

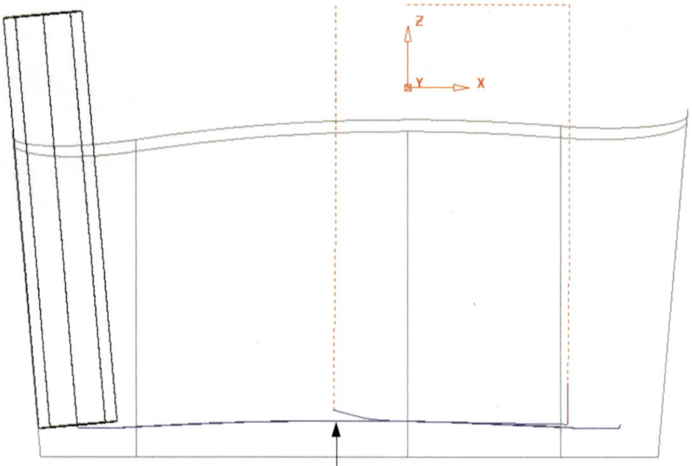

축 방향으로 3mm가 가공이 되지 않은 것을 볼 수 있다.

05 ›› 가공여유 설정 변경

- 위와 유사한 방법으로 반경 방향 가공여유(Radial)를 3, 축 방향 가공여유(Axial)를 0으로 바꿔 기입하여 툴패스를 생성한다.

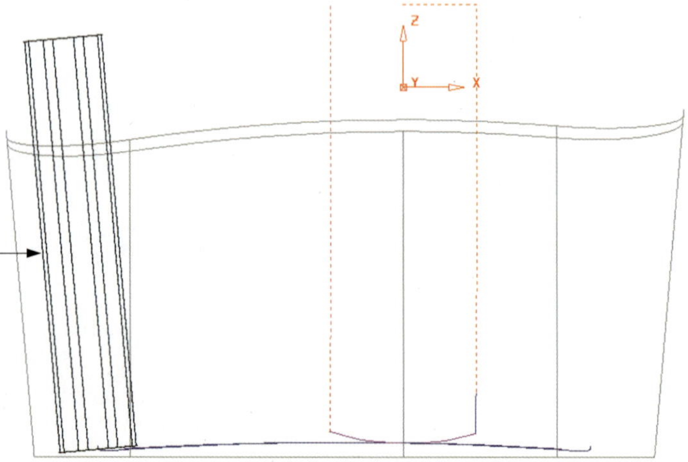

반경 방향으로 3mm가 가공이 되지 않은 것을 볼 수 있다.

- Y축 방향에서 바라 보면, 위의 그림과 같이 두 결과를 비교할 수 있다.

3 ▸▸ 와이어프레임 스왑 가공

불러들인 모델이 작은 갭, 제대로 연결되지 않은 면, 평면이라고 생각되는 면에 작은 웨이브 모양의 올록볼록한 면과 같은 문제점이 발생하는 것이 일반적이지는 않으나 이러한 부분들이 가공하는 동안 고품질의 조도에 대한 기대감에 문제가 될 수 있다. 때로는 면이 좋지 않은 모델이 몇몇의 가공 방법에 불안정한 결과를 가져올 수 있기 때문에 다른 방법을 사용자가 찾아야만 한다.

❶ 정 의

스왑 가공을 하기에 면의 속성이 좋지 않을 경우 가공 데이터의 형상을 좌우하는 상단과 하단의 모서리 부분을 패턴화하여 와이어프레임으로 지정 후 가공하는 방법이다.

❷ 이 점

면 스왑 가공의 제한적인 부분을 보완하는 가공 데이터이며 면이 없어도 가공이 가능하다.

다음 예제의 모델은 상단과 하단의 모서리 부분 사이에 약간의 볼록한 측면이 있는 포켓을 갖고 있다.

와이어프레임 스왑 가공 예제(Example) – 4

01 >> 모델 불러오기

- 파일(File) → 모두 삭제(Delete All)를 선택한다.
- 아래의 경로에서 모델을 불러온다.
  …\powerMILL_Data\five_axis\Swarf_mc\Wfrm-Swarf.dgk

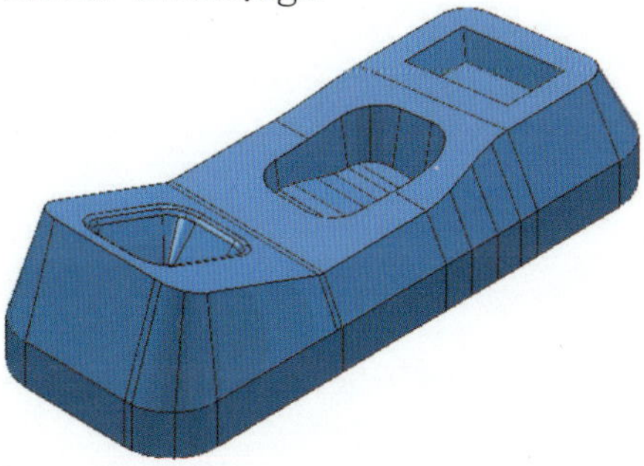

02 >> 다른 이름으로 프로젝트 저장

아래의 경로에 다른 이름으로 프로젝트 저장(Save Project As)한다.
…\COURSEWORK\powerMILL-Projects\Wframe-Swarf

03 >> 블록 및 좌표 설정

- 블록(Block)의 정의는 박스(Box), 타입은 모델(Model)을 생성한다.
- 활성화(Activate)된 직업 좌표계(Workplane) - Datum으로 선택한다.

04 >> 공구 설정

공구 지름 5mm인 엔드밀(End Mill)을 EM5 이름으로 정의하고 다음의 조건으로 공구, 생크와 홀더를 생성한다.

공구(Tool)	지름(Dia) 5		길이(Length) 35	
생크(Shank)	하단 지름 (Lower Dia) 5	상단 지름 (Upper Dia) 5	길이(Length) 15	
홀더(Holder)-1	하단 지름 (Lower Dia) 15	상단 지름 (Upper Dia) 25	길이(Length) 15	
홀더(Holder)-2	하단 지름 (Lower Dia) 25	상단 지름 (Upper Dia) 25	길이(Length) 15	가공최적길이 (Overhang) 50

05 >> 급속 이송 높이 및 시작과 끝점 설정

급속 이송 높이(Rapid Move Heights)를 초기 설정 값으로 계산(Calculate)한다.

시작점과 끝점(Start and End Point) 정의 창에서 블록 중심과 안전높이(Block Centre Safe)로 정의한다.

06 >> 가공 면 선택

아래 보이는 것처럼 모델 안의 3개의 포켓의 측면을 선택한다.

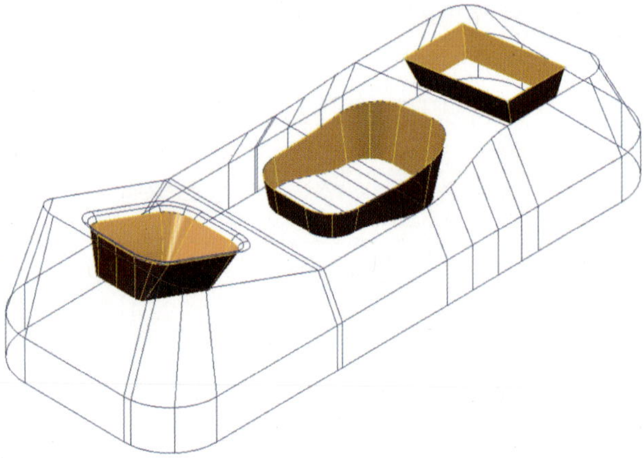

07 >> 스왑 가공 설정

- 가공 패턴(Toolpath Strategies) 아이콘 을 선택하고 정삭(Finishing) 탭에서 스왑 가공(Swarf Finishing)을 선택한다.
- 아래의 그림과 같이 값을 입력하고 적용을 선택한다.
- 툴패스 이름을 EM5-SwarfPkts로 입력한다.

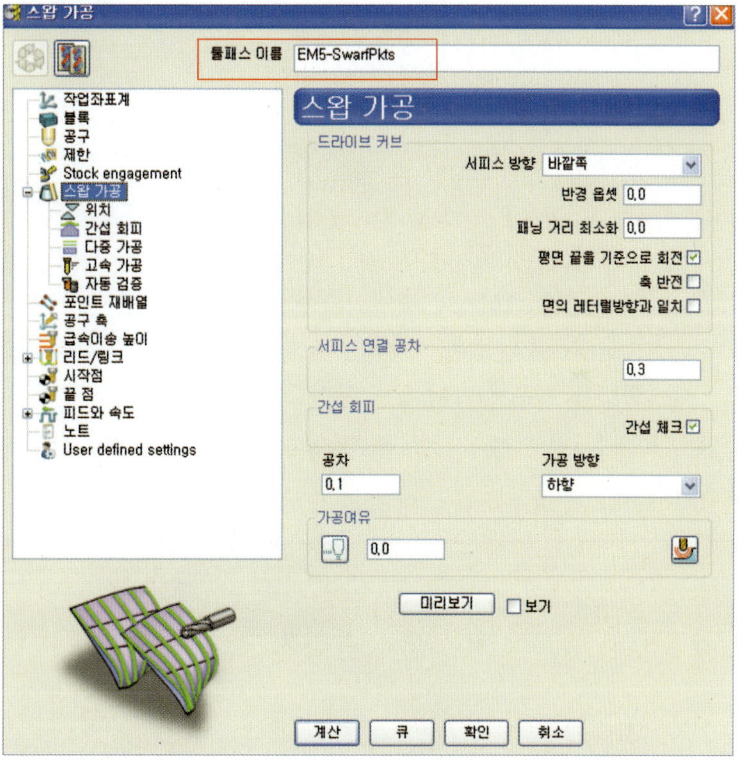

> **Note**
>
> 공구 축 정렬은 자동이 기본이다.

08 >> 다중 가공 옵션 설정

방법(Mode)은 합침(Merge)으로 설정한다.

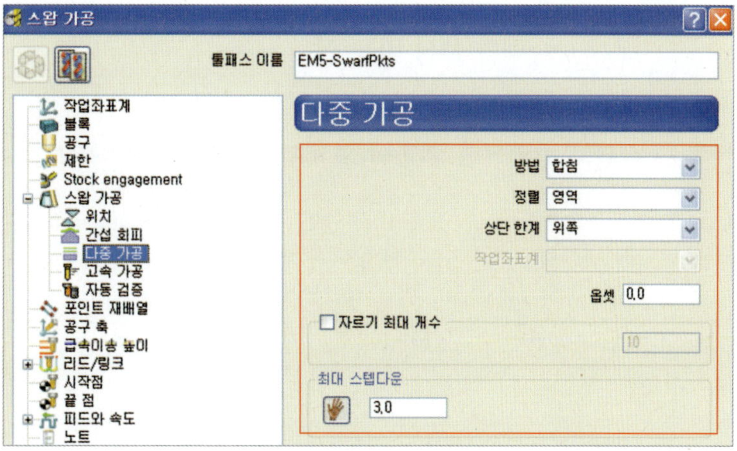

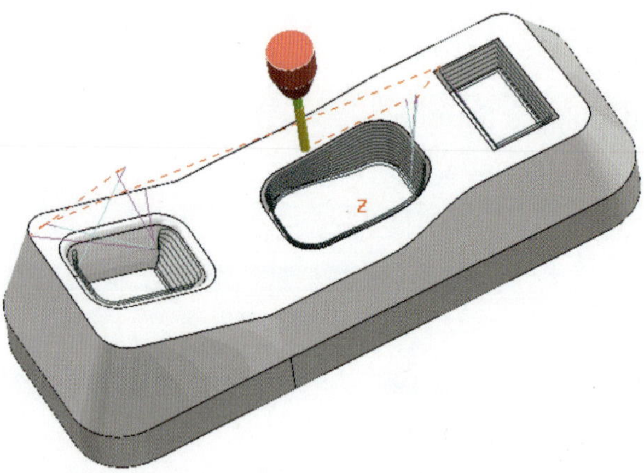

스왑 가공(Swarf Finishing)에 맞는 직선 면이 아닌 부분 때문에 선택된 모든 면에 완벽한 가공 데이터가 생성되지 않았다. 적당한 모델링 프로그램, 이상적으로는 파워쉐이프(PowerSHAPE)를 이용하여 문제가 된 면을 수정하여 이 문제를 해결할 수 있다. 또 다른 방법은 가공될 면의 상단과 하단의 모서리가 정의된 부분의 와이어프레임을 이용하는 와이어프레임 스왑 가공(Wireframe Swarf Finishing) 방법을 이용하는 것이다.

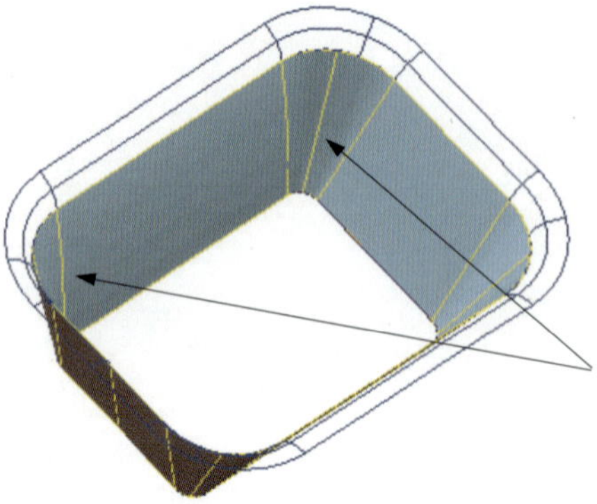
가까이 살펴보면 측면을 가로지르는
와이어프레임의 연결이 볼록하다는 것
을 볼 수 있고, 이 부분 때문에
앞과 같은 결과가 발생한 것이다.

09 >> 패턴 생성 및 편집

❶ 모델 패턴 생성

- 위의 그림처럼 왼쪽의 포켓부분의 측면을 선택한다.
- Top이란 이름의 패턴(Pattern)을 생성하고 마우스 오른쪽 버튼을 이용하여 삽입(Insert) → 모델(Model)을 선택한다.

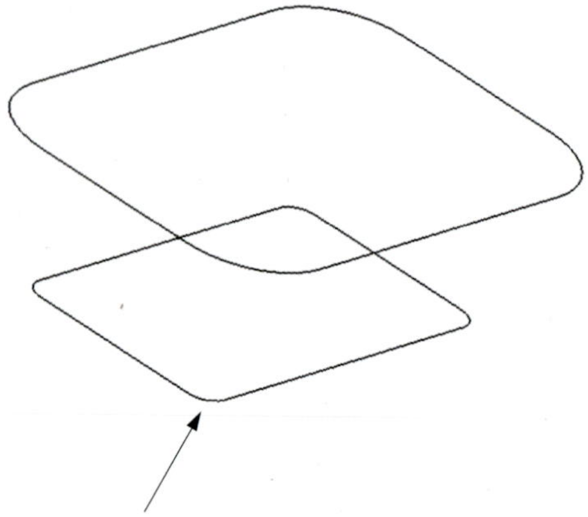

❷ 패턴 편집

- 아래쪽의 패턴을 선택한다.
- 패턴(Pattern) Top에서 마우스 오른쪽을 클릭하고 메뉴에서 편집(Edit) → 패턴 복사(Copy Pattern)를 선택한다(선택된 것만).
- 복사된 패턴(Pattern)의 이름을 Botttom으로 변경한다.
- 패턴(Pattern) Top의 하단 패턴을 선택하여 삭제(Delete)한다.

와이어프레임 스왑 가공(Wireframe Swarf Finishing)은 같은 방향성을 가진 두 개의 패턴을 이용하여 작업을 한다. 툴패스의 시작 위치를 조절하기 위해 상단과 하단 패턴의 시작위치를 일치시킬 필요는 없다.

❸ 패턴 방향 설정

두 패턴이 알맞게 정의되어 있는지를 확인하기 위해 마우스 오른쪽 버튼을 클릭하여 메뉴를 띄우고 방향 보기(Instrument)를 선택하여 시작 위치와 방향을 확인하여 본다.

두 패턴은 적합한 시작 위치를 가지고 있으나 방향이 서로 반대인 것을 확인할 수 있다. 따라서 둘 중에 하나의 방향을 반대로 전환해야 한다.

이런 경우 하향 가공(Climb Milling)을 하기 위해서는 하단의 패턴 방향을 전환해야 한다.

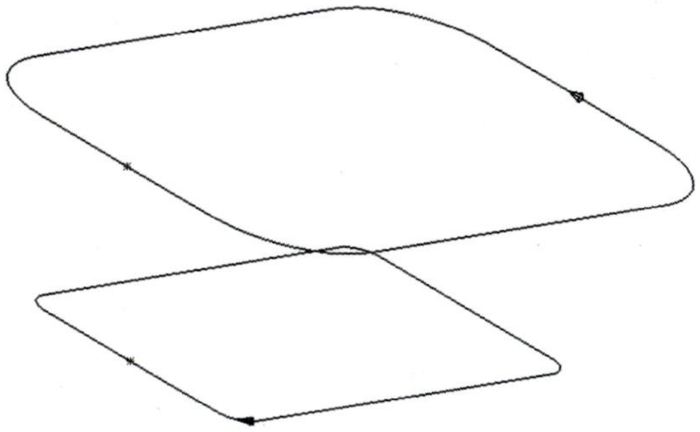

- 하단 패턴을 선택하고 마우스 오른쪽 버튼을 이용하여 편집(Edit) → 선택된 것 방향전환(Reverse Selected)을 선택한다.

10 » 와이어프레임 스왑 가공 설정

- 가공 패턴(Toolpath Strategies) 아이콘 을 선택하고 정삭(Finishing) 탭에서 와이어프레임 스왑 가공(Wireframc Swarf Finishing)을 선택한다.
- 다음의 그림과 같이 값을 정확하게 입력한다.
  - 툴패스 이름을 EM5-WfrmSwarfPkts으로 입력한다.

– 간섭 체크(Gouge Check) 풀기

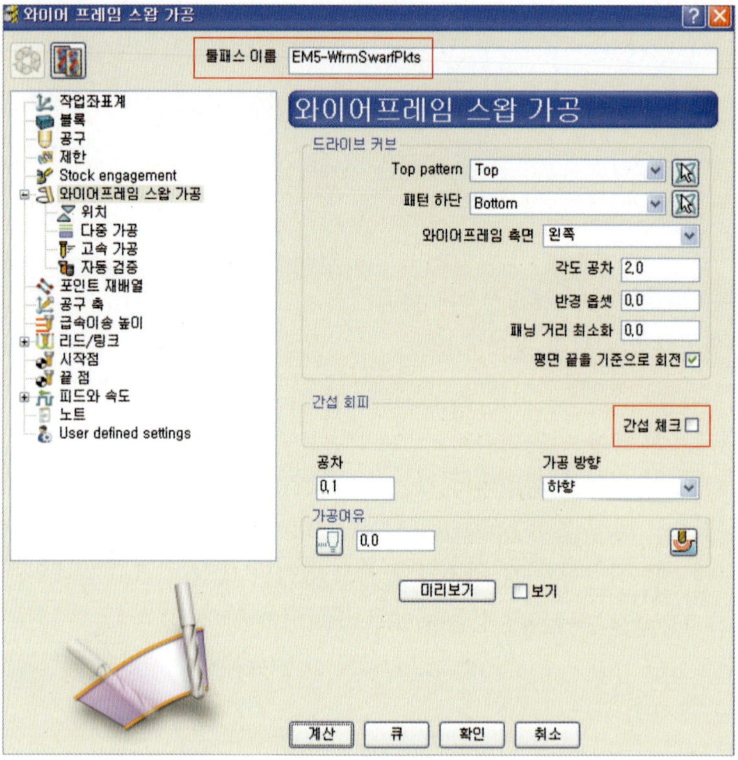

11 >> 다중 가공 옵션

- 방법(Mode)은 합침(Merge)으로 선택한다.
- 최대 스텝다운(Max Stepdown)은 3.0으로 입력한다.

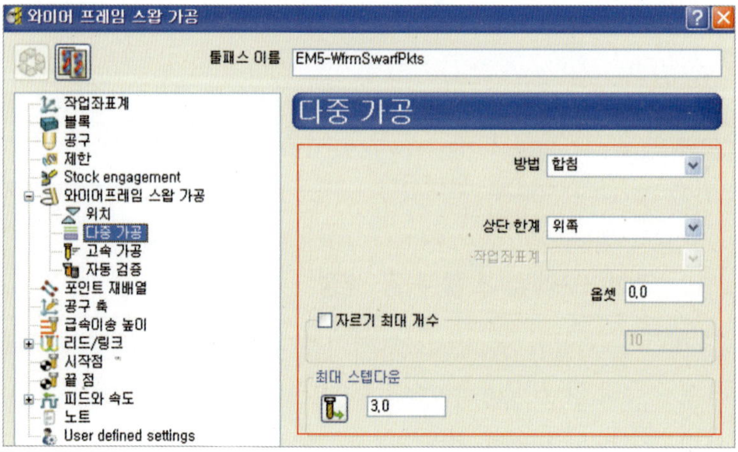

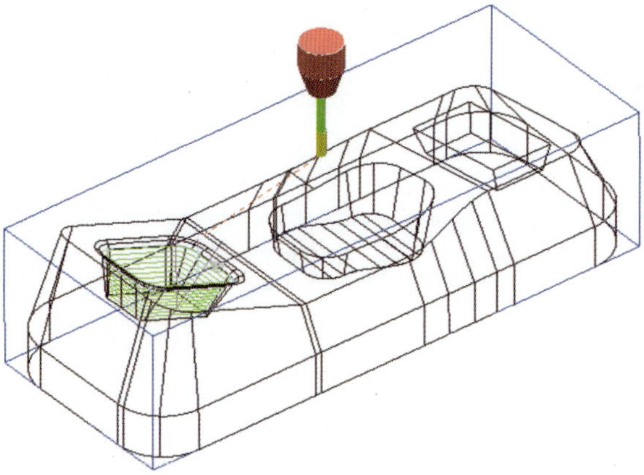

와이어프레임 스왑(Wireframe Swarf Finishing) 가공이 두 개의 패턴 사이에 성공적으로 적용이 되었고 원래의 면은 무시(Ignore)로 설정이 된 상태이다. 이것은 간섭으로부터 자유로워지도록 등록이 되는 것이다.

- 파일(File) → 프로젝트 저장(Save Project)을 선택해 작업한 내용을 업데이트한다.

Chapter 10

부드러운 공구 축

1절 부드러운 공구 축(Tool Axis Smoothing)

1 부드러운 공구 축 정의 및 설정

① 개 요

- 부드러운 공구 축(Tool Axis Smoothing) 옵션은 5축 툴패스를 생성하는 동안 공구 정렬(Tool Alignment)이나 공구가 급격히 변경되는 속도를 부드럽게(Smooth) 시도할 수 있다.
- 공구 축(Tool Axis) 창에서 부드러운 공구 축(Tool Axis Smoothing)에 체크하면 부드럽게 하기(Smooth) 옵션 창이 활성화된다.

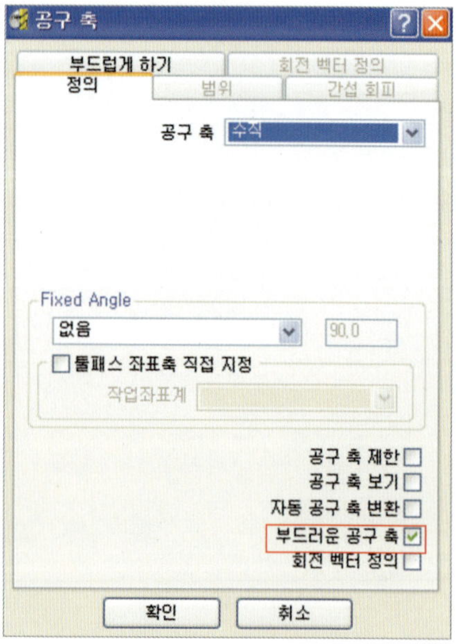

- 최대 각도 정정(Maximum Angular Correction) – 부드러운 고도각(Azimuth)과 고도 각도(Elevation)를 공구 축이 요구한 각도로 지정한다.
- 작업 좌표계(Coordinate System)는 부드러운 공구 축을 사용한다(초기값은 활성화된 직업 좌표계나 변환, 툴패스에 할당된 것이다).
- 툴패스 좌표축 직접 지정(Override Toolpath Workplane)에 체크하면 툴패스를 생성할 때 사용한 좌표가 아닌 다른 직업 좌표계를 선택할 수 있다.

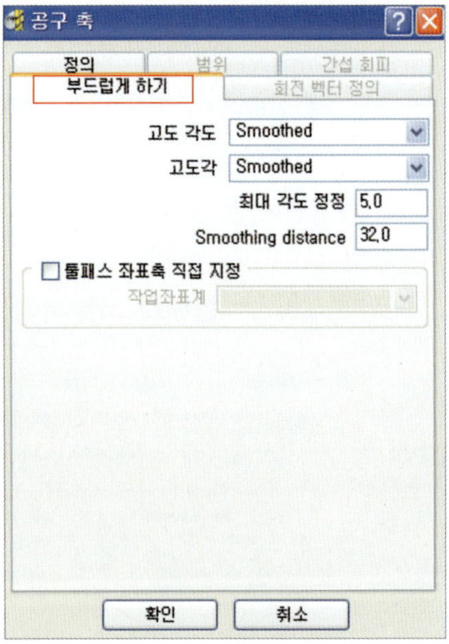

01 >> 프로젝트 열기

- 모두 삭제(Delete All)하고 모든 폼 초기화(Reset Forms)를 한다.
- 파일(File) → 프로젝트 열기(Open Project)를 선택하고 아래의 경로에서 프로젝트 파일을 불러온다.

…\powerMILL_Data\five_axis\ToolAxisSmoothing\SwarfTest-Start

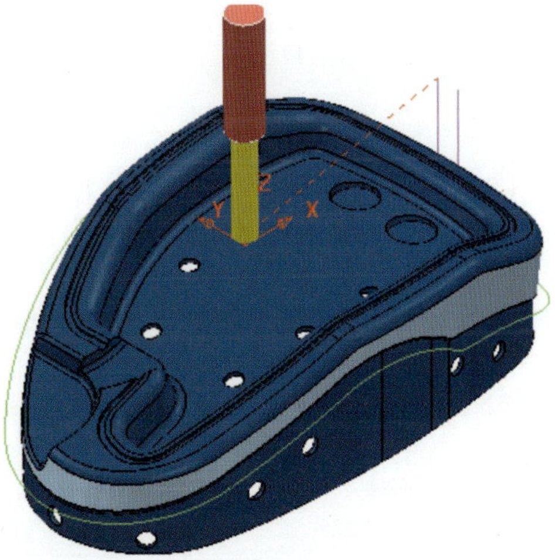

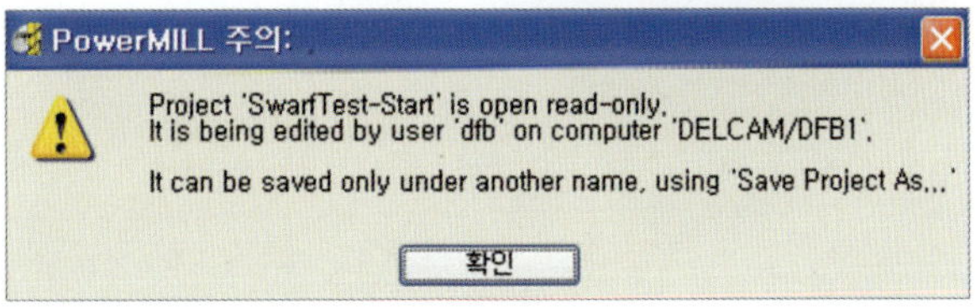

02 ›› 다른 이름으로 프로젝트 저장

- 확인(OK)을 선택하고 파워밀 주의(powerMILL Warning) 창을 닫는다.
- 아래의 경로에 다른 이름으로 프로젝트 저장(Save Project As)한다.
  …\COURSEWORK\powerMILL-Projects\SwarfTest-EX1

03 ›› 툴패스 시뮬레이션

- Toolpath Swarf_Smoothing_Off 툴패스에 마우스 오른쪽 버튼을 클릭하여 메뉴에서 툴패스 시작점부터 시뮬레이션(Simulate from Start)을 선택한다.

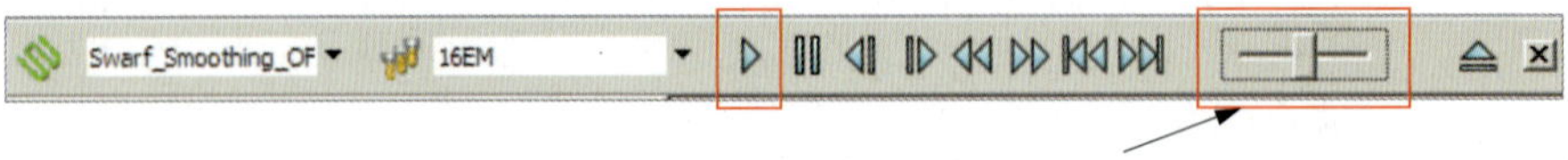

- 시뮬레이션(Simulation) 툴바에서 속도 조절(Control Speed Slider)을 50%로 설정한다.
- 시작을 선택하면 불필요한 진동 없이 공구가 툴패스를 따라 움직인다.

04 ›› 스왑 가공 설정

- Toolpath Swarf_Smoothing_Off 툴패스에서 마우스 오른쪽 버튼을 클릭하면 메뉴에

서 설정(Settings)을 선택하고 스왑 가공(Swarf Finishing) 창을 연다.

- 툴패스 복사를 선택하고 툴패스 이름을 Swarf_Smoothing_ON으로 변경한다.

05 >> 공구 축 설정

- 툴패스 탐색기에서 공구 축(Tool Axis) 페이지를 선택하고 아이콘 을 클릭해 공구 축(Tool Axis) 설정 창을 연다.

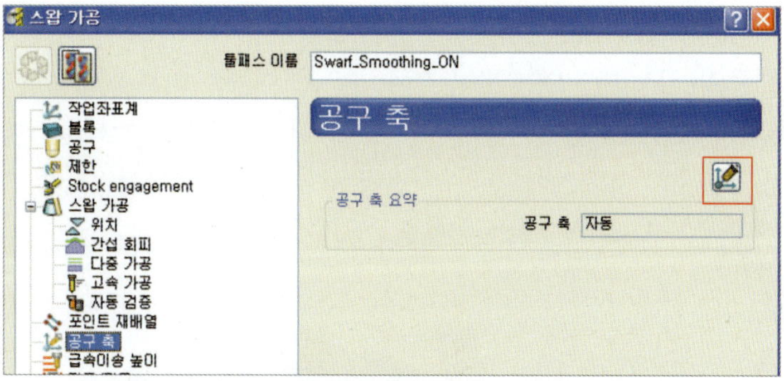

- 부드러운 공구 축을 체크하면 부드럽게 하기(Smoothing) 탭을 열 수 있다.

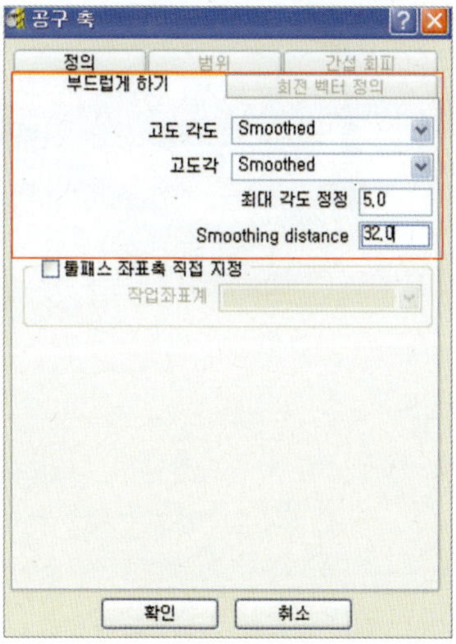

06 >> 참조 서피스 선택

- 창에서 확인(Accept)을 선택한다.
- 아래의 그림과 같이 원래의 툴패스를 사용하여 참조 서피스를 선택한다.

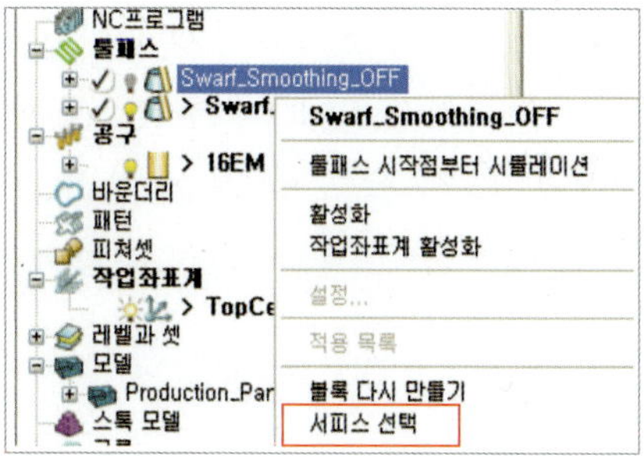

07 >> 부드러운 공구 축을 적용한 스왑 가공 설정

부드러운 공구 축(Tool Axis Smoothing)이 적용된 새로운 스왑 가공(Swarf Finishing) 방법을 적용(Apply)한다.

08 >> 툴패스 시뮬레이션

툴패스 시뮬레이션(Toolpath Simulation)을 통해 두 툴패스를 비교해 보면서 부드러운 공구 축(Tool Axis Smoothing) 결과를 살펴보자.

Swarf_Smoothing_OFF 툴패스에 마우스 오른쪽 버튼을 클릭하고 메뉴에서 보기 옵션(Drawing Options) → 공구 축 보이기(Draw Tool Axes)를 선택한다. Swarf_Smoothing_ON 툴패스에 공구 축 정렬보다 균일하게 생성된 것을 확인할 수 있다.

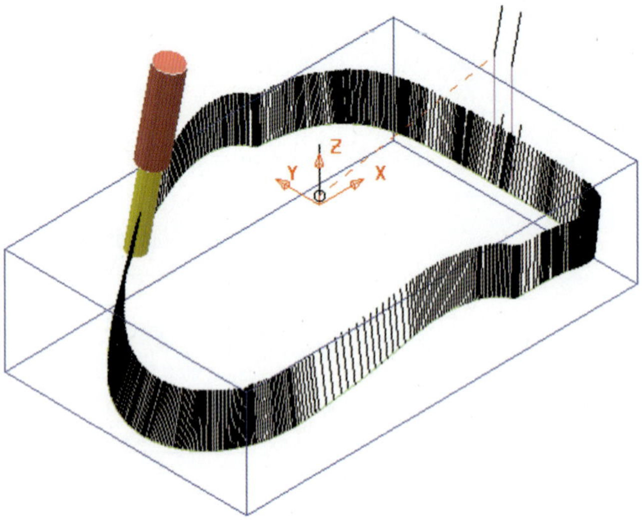

기존의 툴패스와 비교해 보면 새로 생성된 스왑 가공의 공구 축 이동이 부드럽게 진행되는 것을 확인할 수 있다. 두 툴패스는 약간 다른 경로로 나타나며 새로운 툴패스는 공구 팁 위치가 적절하게 수정되었다.

- 파일(File) – 프로젝트 저장(Save Project)을 선택하여 작업한 과정을 업데이트한다.

powerMILL
powerMILL

Chapter 11

공구 축 범위

1절 공구 축 범위(Tool Axis Limits)

1 공구 축 범위 정의 및 설정

1 개 요

파워밀(powerMILL)에서 기계 사양에 맞는 공구 축 제한을 설정할 수 있다. 다축 툴패스를 만들 때 설정된 각도 이상 공구 축이 꺾이지 않도록 설정할 수 있다. 기계마다 서로 다른 제한 각을 가지고 있기 때문에 기계에 맞추어서 방위각과 고도 각도가 설정된다.

2 방위각과 고도 각도

방위각은 X, Y 평면에 이루어지는 반시계 방향의 각도이다. 고도 각도(Elevation)은 X, Y평면을 기준으로 위쪽(+90°) 또는 아래쪽(−90°) 방향의 각도이다.

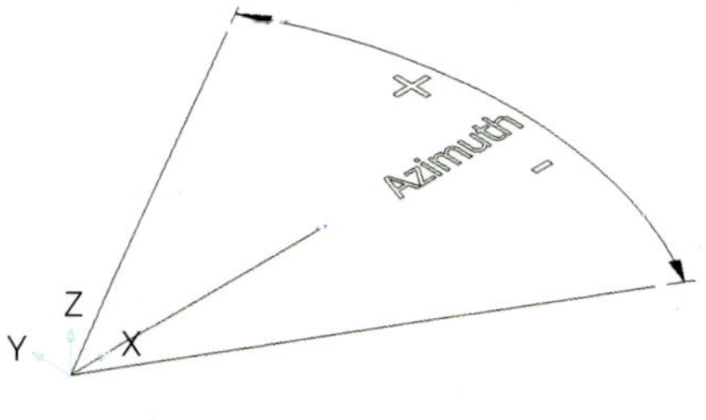

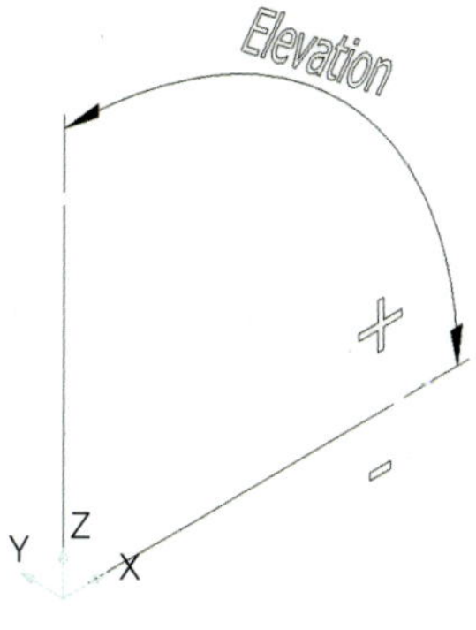

범위(Limits) 폼은 공구 축(Tool Axis) 창에 있다. 범위(Limits) 기능은 수직(Vertical) 또는 고정된 방향(Fixed Direction) 옵션을 제외한 공구 축 범위(Toolaxis Limits) 모든 옵션에서 사용 가능하며 공구 축 제한(Toolaxis Limits) 부분을 체크하여 사용할 수 있다.

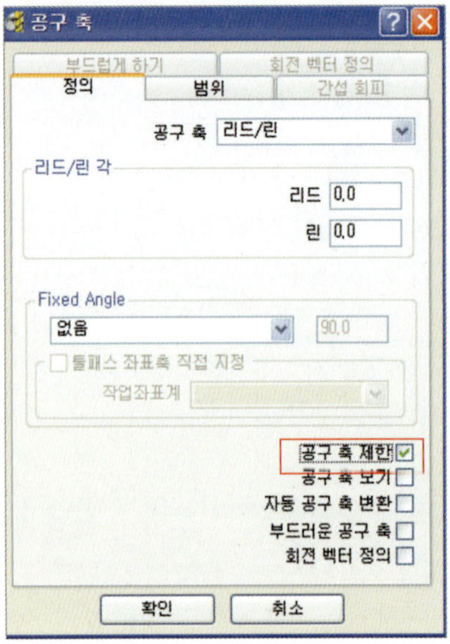

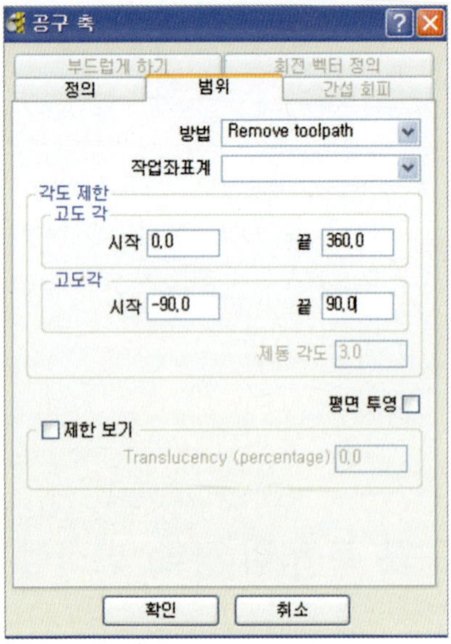

공구 축 범위 예제(Example) – 1

01 >> 프로젝트 불러오기

- 모두 삭제(Delete All) → 모든 폼 초기화(Reset Forms)를 한다.
- 아래의 경로에서 프로젝트 파일을 불러온다.
  …\powerMILL_Data\five_axis\Tool_Limit\JoyStick_Start

02 >> 다른 이름으로 프로젝트 저장

- 파일(File)을 선택하고 다른 이름으로 프로젝트 저장(Save Project As)을 클릭한다.
  …\COURSEWORK\powerMILL-Projects\JoyStick-Example
- 그래픽 영역에서 구 형상 아랫부분의 툴패스 가까이에서 마우스 오른쪽 버튼을 클릭하고 메뉴에서 현재 지정한 곳부터 시뮬레이션(Simulate from Nearest Point)을 선택한다.

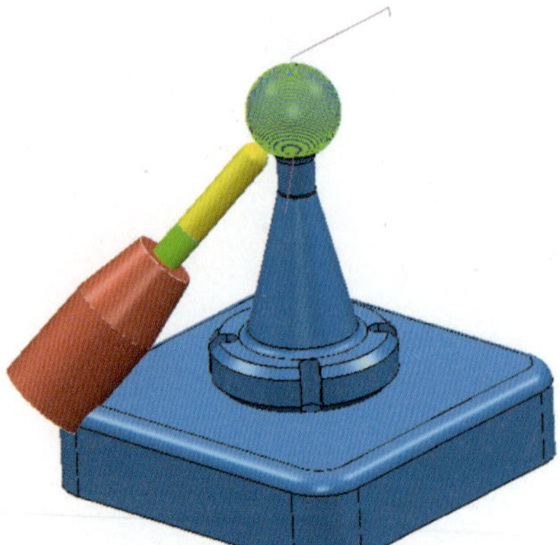

이 예제는 가공 시 공구가 기계의 공구 축 제한 각도를 넘어서게 공구 축이 정렬될 것이다. 이 부분을 설명하기 위해 DMU50 Evolution 기계를 사용하여 툴패스의 시뮬레이션을 확인해 본다.

03 >> 툴패스 시뮬레이션

- 새롭게 만든 툴패스에 마우스 오른쪽을 클릭하고 시작점에 공구 위치하기 버튼을 누른다.
- BN16-NoToolAxisLimits 툴패스에 마우스 오른쪽 버튼을 클릭하고 메뉴에서 툴패스 시작점부터 시뮬레이션(Simulate from Start)을 선택한다.
- 아래 보이는 것과 같은 시뮬레이션(Simulation) 툴바가 나타난다.

04 >> 기계 파일 불러오기

- 주 메뉴 뷰(View) → 툴바(Toolbars) → 시뮬레이션 기계(Machine Tool)를 선택하면 기계 정의 툴바(Machine Tool Definition Toolbar)가 나타난다.

- 공작 기계 불러오기(Import Machine Tool Model) 아이콘 을 선택하고 아래의 경로에서 dmu50v.mtd 파일을 선택한다.
  D:\users\training\powerMILL Data\Machine Data\dmu50v.mtd

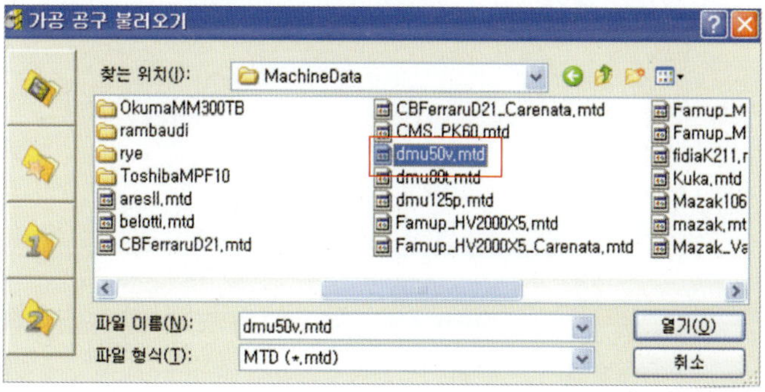

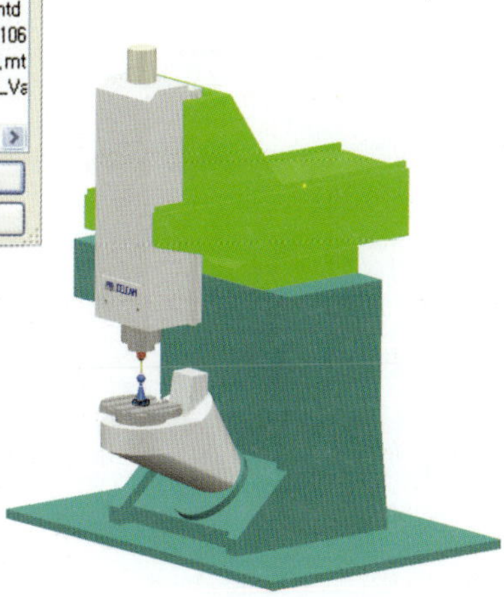

• 시뮬레이션 기계 보이기/숨기기(Draw/Undraw Machine Tool) 아이콘 은 선택된 기계를 나타나게 하거나 숨길 수 있다.

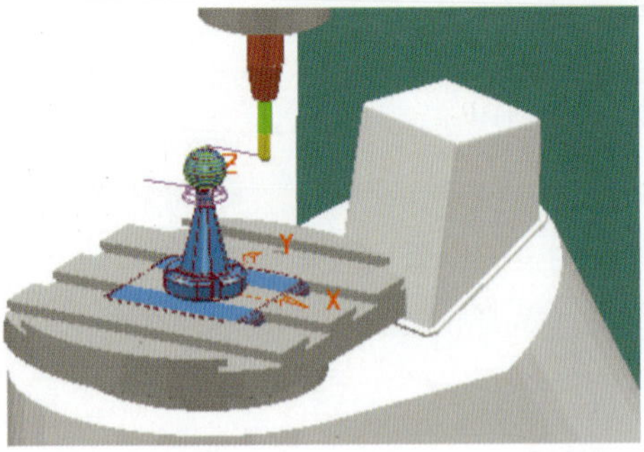

• 현재 모델 기준은 기계의 테이블 중심에 맞춰져 있으며 모델의 바닥은 기계 베드에 묻혀 있다.

적당한 모델의 위치에 새로운 작업 좌표계(Workplane)를 생성해 보자.

05 >> 작업 좌표계 설정

❶ 작업 좌표계 만들기

• 기계 정의 툴바에서 새로운 작업 좌표계가 등록되어 있다.
• MTD-datum 이름으로 Z -50 이동된 작업 좌표계(Workplane)를 생성한다.

❷ 작업 좌표계 이름 바꾸기

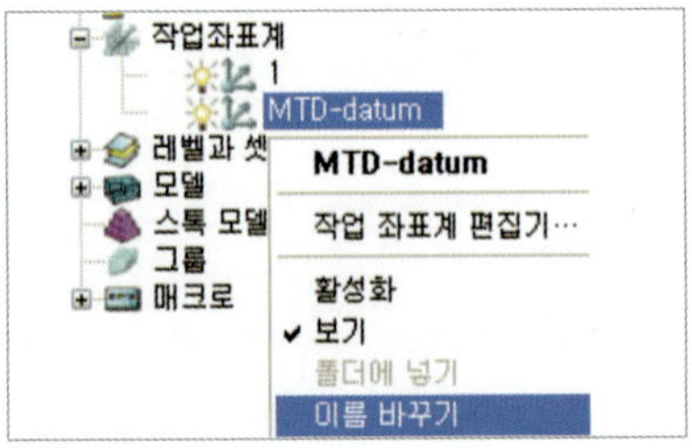

❸ 작업 좌표계 편집

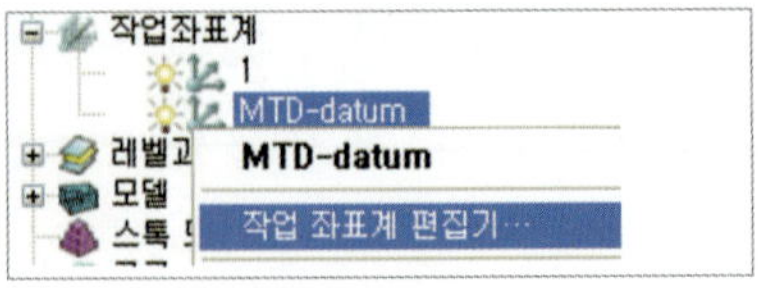

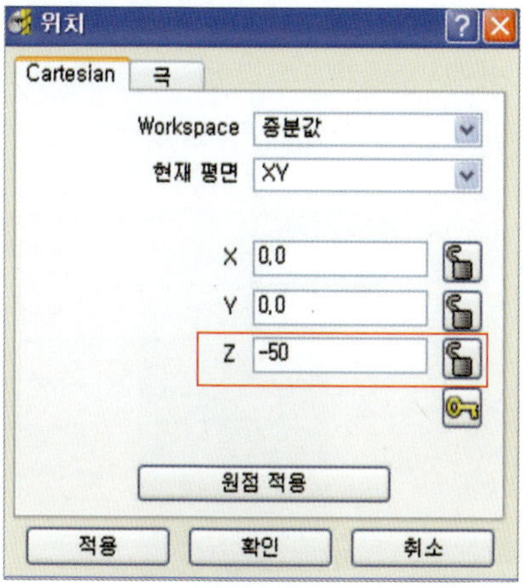

❹ 작업 좌표계 변경

• 기계 정의 툴바에 새로 생성한 MTD-datum 작업 좌표계가 등록되었다.

Note

이 작업 좌표계(Workplane)는 활성화(Activate)할 필요가 없다.

• 새로 생성한 작업 좌표계(Workplane) MTD-datum을 선택하면 아래 그림과 같이 기계 위에서 모델의 위치가 재설정된다.

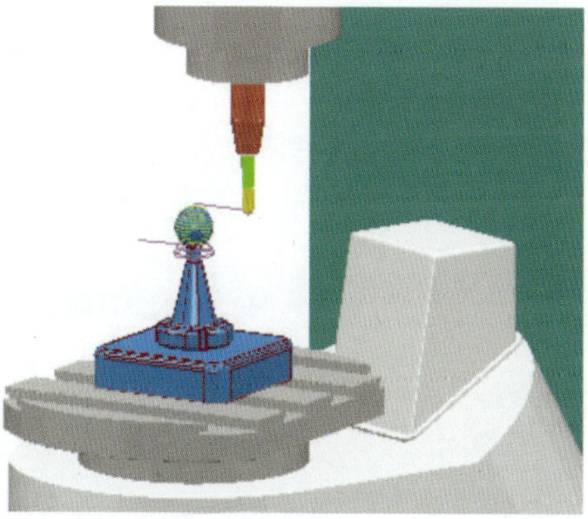

06 >> 기계 시뮬레이션

• 정면에서 보기를(-Y) 선택하고 공작 기계를 주위를 확대한다.

- 기계 정의 툴바로부터 공구에서 보기 아이콘을 클릭한다.
- 공작 기계를 확인하고 시뮬레이션 툴바에서 시작 버튼 을 누른다.
- DMU50 공작 기계의 한계 값은 X ±90, Y ±360이다. 방위각이 0에서 360각도 그리고 고도 각도는 90에서 0도까지 변경한다. 툴패스를 시뮬레이션했을 때 공구 축 제한 값을 넘어서면 아래와 같은 에러 메시지가 나타난다.

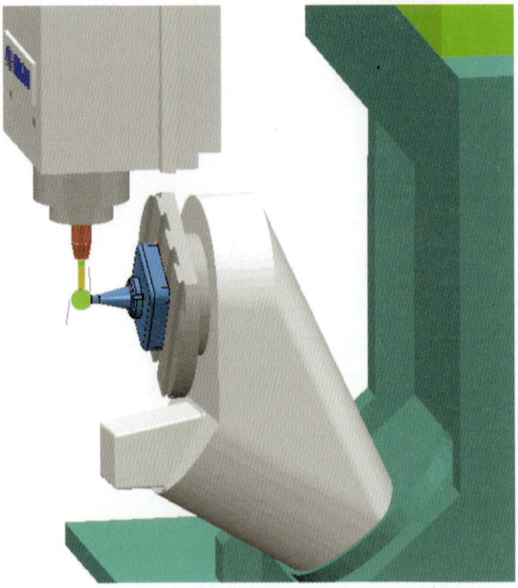

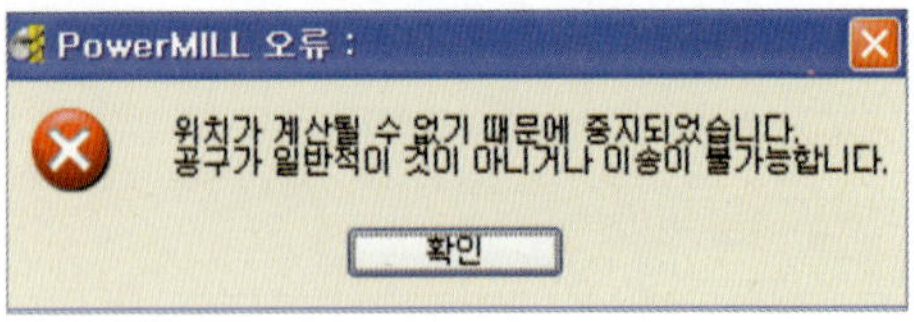

- 위의 메시지가 나타나면 적절한 축 제한 값을 설정해야 한다.

07 >> 공구 축 범위 설정-1

- 툴패스 오른쪽 마우스를 눌러 설정 창을 선택하고 툴패스 복사(Copy) 아이콘 을 눌러 툴패스를 복사한 후 BN16-LimitsSet으로 툴패스 이름을 변경한다.

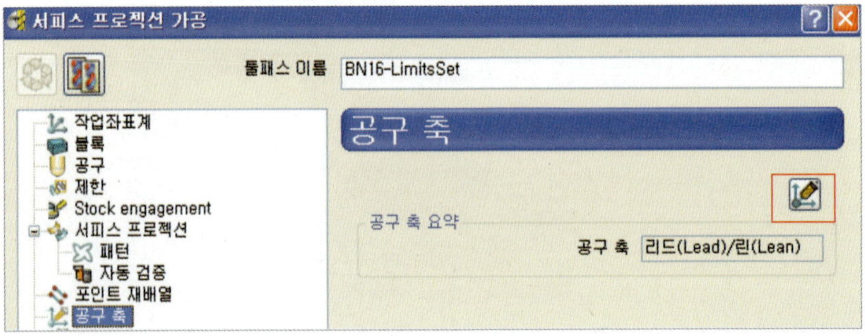

- 공구 축(Tool Axis) 정의 창에서 공구 축 제한(Tool Axis Limits) 옵션을 선택하여 범위 탭을 활성화한다.

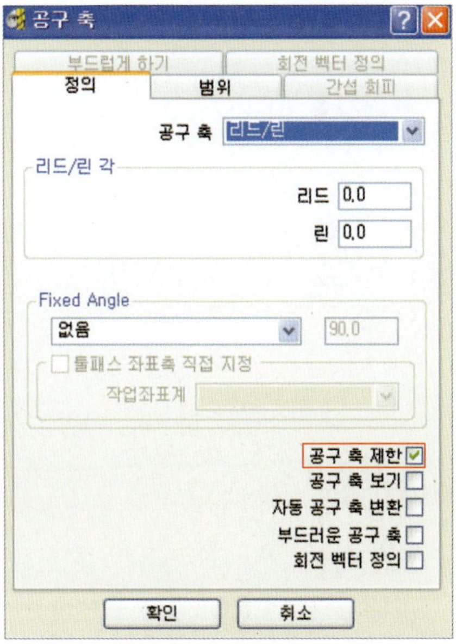

• 공구 축 범위(Tool Axis Limits) 탭에 아래에 나타난 값과 동일하게 입력한다.

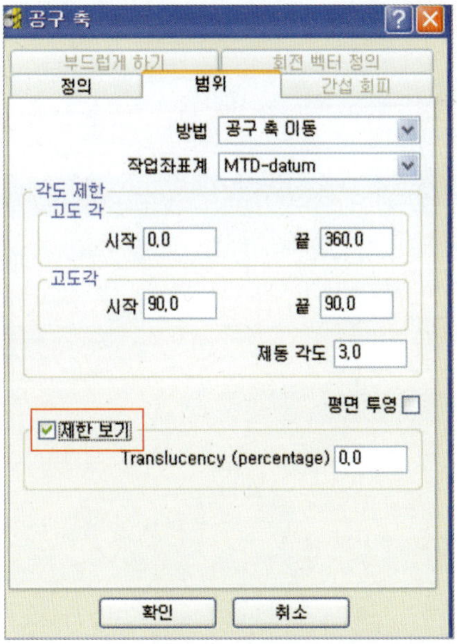

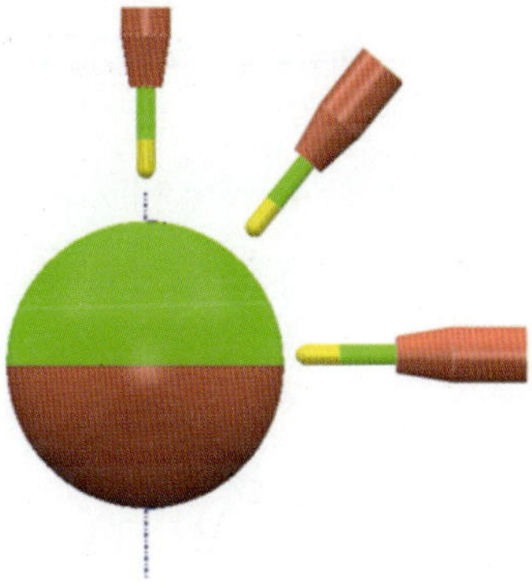

• 공구 축(Tool Axis) 창에서 확인을 누른다.
• 기존에 선택된 서피스를 동일하게 적용하고 툴패스 창에서 확인을 선택한다.

08 >> 툴패스 시뮬레이션

• 탐색기에서 BN16-LimitsSet 툴패스에 오른쪽 마우스를 선택하고 메뉴에서 툴패스 시작점부터 시뮬레이션(Simulate from Start)을 선택한다.

- 툴패스에서 시뮬레이션을 시작한다.
- 범위(Limits)에서 툴패스 제거 모드가 설정되어 있으면 기계의 제한 범위 내의 툴패스만 남겨진다.

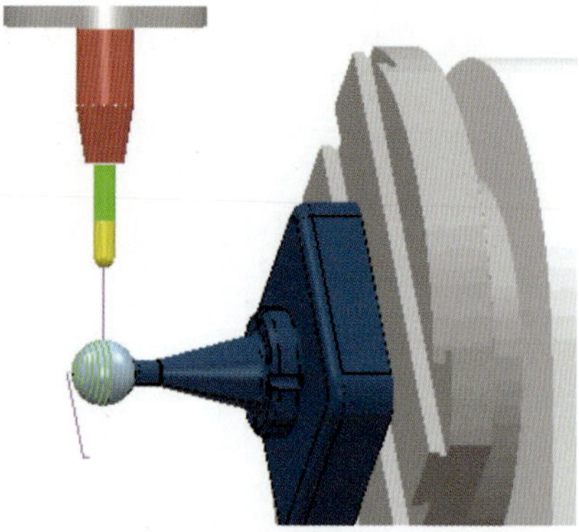

09 ›› 공구 축 범위 설정-2

- BN16-LimitsSet 툴패스에 마우스 오른쪽 버튼을 클릭하여 설정(Settings)을 선택하고 서피스 프로젝션 가공(Surface Projection Finishing) 설정 창을 연다.
- 툴패스 수정 아이콘 을 클릭한 뒤 공구 축(Tool Axis) 페이지를 선택하고 공구 축(Tool Axis) 정의하는 아이콘 을 선택하여 정의 탭에서 아래 보이는 것과 동일한 값을 넣는다.

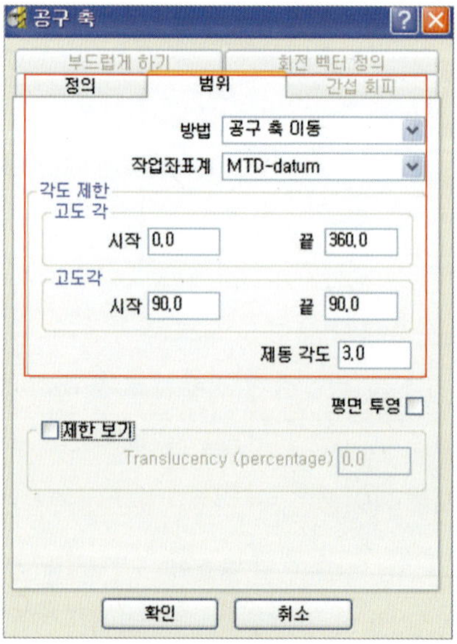

• 공구 축(Tool Axis) 폼으로부터 확인 버튼을 누른다.
기존에 서피스를 선택하고 툴패스에서 계산 → 확인을 누른다.

10 >> 툴패스 시뮬레이션

• BN16-LimitsSet 이름의 툴패스를 마우스 오른쪽 버튼으로 클릭하고 툴패스 시작점부터 시뮬레이션(Simulate from Start)을 선택한다.
• 툴패스에서 시뮬레이션을 시작한다. ▷
• 범위 폼으로부터 공구 축 이동 모드를 설정하고 서피스 전체 부분에 툴패스를 생성한다.

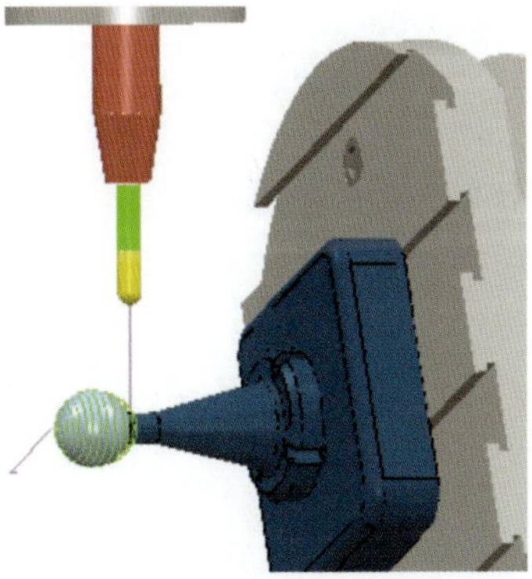

• 파일(File)을 선택하고 작업한 내용을 저장하여 프로젝트에 업데이트한다.

3 ▸▸ 다축 가공 시 공구 축 제한

공구 축 정의 옵션을 이용하여 다축 툴패스 생성 시 공구 축이 꺾이는 각도를 제한할 수 있다. 기계의 로타리 축 제한에 따라 축 제한 기능은 다르게 설정될 것이다. 축 제한을 설정함으로써 실제 기계에서 제한 된 방위각(Azimuth)과 고도 각도(Elevation)와 같은 툴패스가 생성될 것이다.

회전 축은 다양한 형태이지만 비교적 차이가 미묘하다. 크게 3가지 다른 기계 형태가 있다.

❶ 테이블(Table) – 테이블(Table) : 모든 회전이 공작 기계의 테이블에서 발생
❷ 헤드(Head) – 헤드(Head) : 모든 회전이 공작 기계의 헤드에서 발생
❸ 헤드(Head) – 테이블(Table) : 공작 기계의 헤드와 테이블이 동시에 회전

4 방위각과 고도 각도의 범위 변경

01 >> 모두 삭제(Delete All) → 모든 폼 초기화(Reset Forms)를 한다.

02 >> 파워밀(powerMILL) 메인 툴바로부터 공구 축 정의 아이콘 을 선택한다.

03 >> 리드/린(Lead/Lean) 각도를 정의하는 부분에서 0으로 설정한다.

04 >> 공구 축 제한(Tool Axis Limits) 옵션을 선택하면 범위(Limits) 탭이 활성화된다.

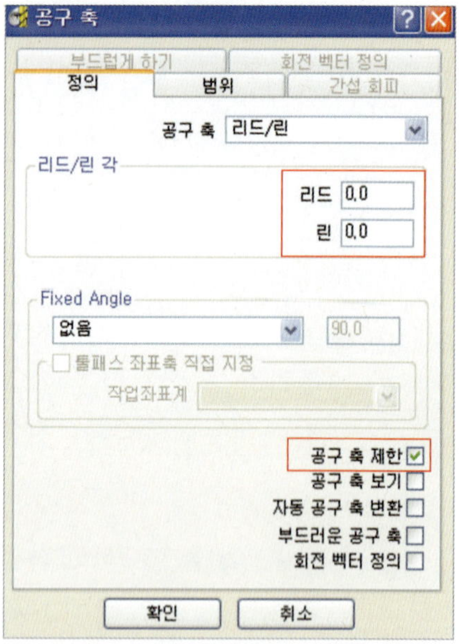

05 >> 범위(Limits) 탭을 열고 옵션을 선택한다.

06 >> Iso 1 보기를 선택한다.

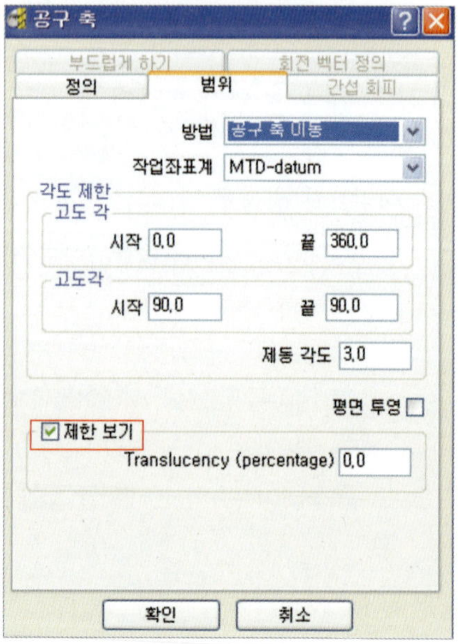

제한보기 옵션을 선택하면 이용 가능한 기계범위 각에 대해 화면에 나타난다. 녹색으로 나타난 부분은 가공이 가능한 부분이고 빨강색 부분은 가공이 불가능한 부분이다. 기본 설정은 전체를 가공이 가능한 녹색 구로 설정되어 있다.

❶ 테이블(Table) – 테이블(Table)

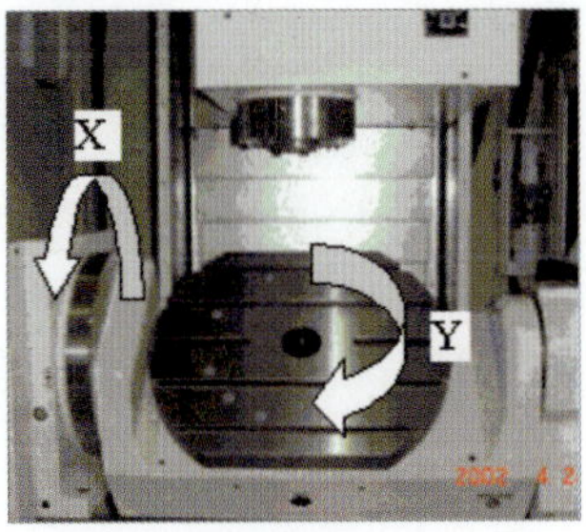

- 모든 회전이 공작 기계의 테이블에서 발생하는 기계이다.
- Table–Table 공작 기계의 지정된 범위 각 :
  X ±30, Y ±360
- 공작 기계의 Y 범위 값은 X, Y 평면에 수직한 범위각과 방위각의 각도가 동일하다.
- Y 범위는 360에서 0까지의 방위각 Y 범위를 ± 360으로 변환된다.
- 공작 기계의 X 범위는 X, Y 평면에서 고도 각도와 동일하지만 같은 각은 아니다. 아래의 표에서 잘 표현해주고 있다. 공작 기계의 Z축에 상대적으로 지정된 공구 각의 크기이고 X, Y 평면에 상대적인 값이다. 그러므로 파워밀(PowerMIL)이 요구하는 각은 범위에서 공작 기계로부터 여각의 각도를 준다.

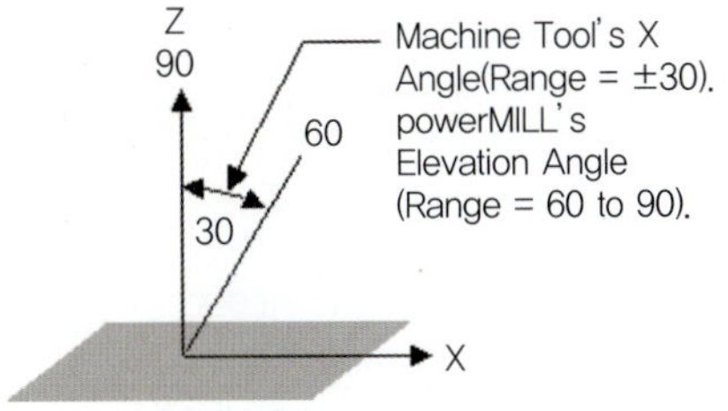

90에서 60의 고도 각도 범위는 X축 ±30 범위로 변환한다는 것을 의미한다. 방위각은 기본값을 유지하고 그리고 오른쪽 창과 같이 새로운 값으로 고도각 부분을 수정한다.

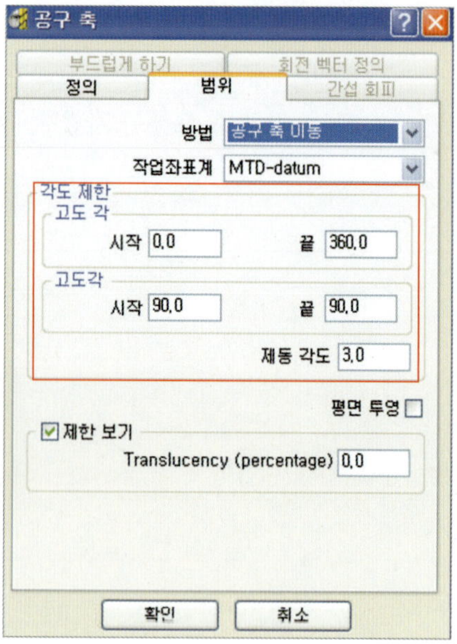

- 공구 축 제한(Tool Axis Limits) 구는 수정된 값이 업데이트된다.

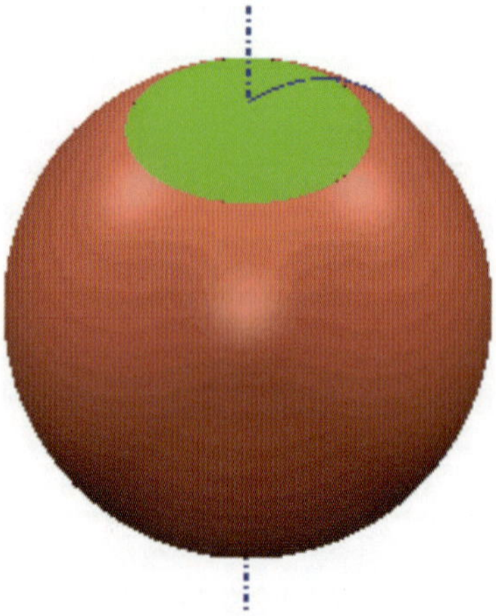

- 테이블(Table) – 테이블(Table) 공작 기계는 다음과 같은 한계 값을 가진다 :
  X ±100, Y ±360
- 방위각의 범위는 360에서 0이고, 고도 각도의 범위는 90에서 −10으로 변환한다.

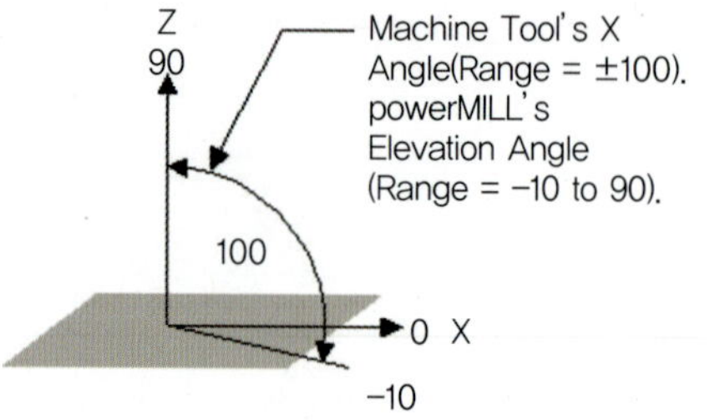

- 공작 기계의 한계는 각도 범위에 있는 값(90에서 −10)으로 수정한다(아래 그림에서 볼 수 있다).
- 공구 축 제한(Tool Axis Limits) 구는 수정된 값이 업데이트된다.

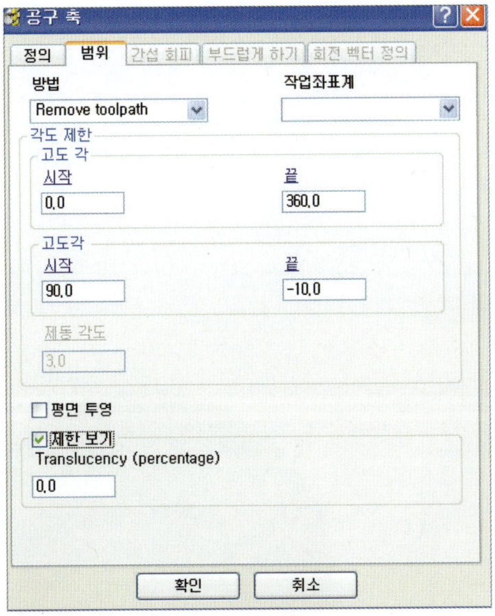

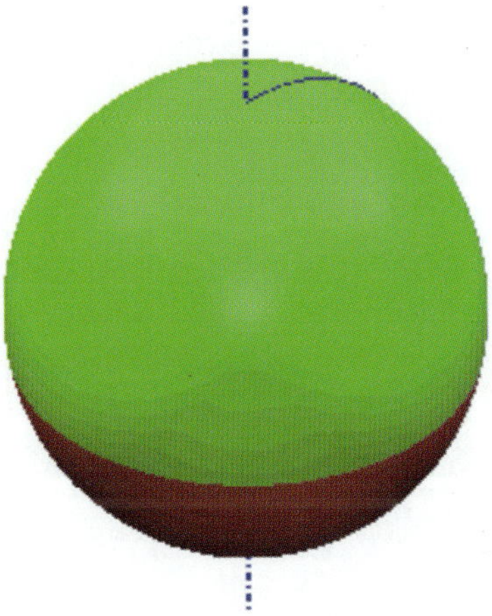

❷ 헤드(Head) – 헤드(Head)

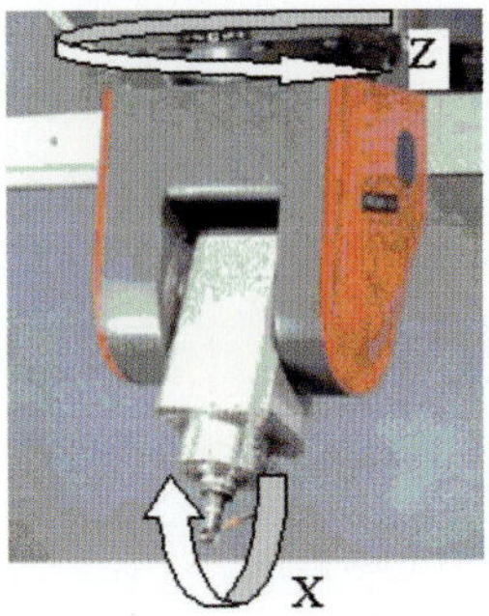

- 모든 회전이 공작 기계의 헤드에서 발생한다.
- 헤드(Head)−헤드(Head) 공작 기계의 지정된 범위각 :

  X ±60, Z ±360
- 공작 기계의 Z 범위 값은 X, Y 평면에 수직한 범위각과 방위각의 각도가 동일하다.
- 파워밀(powerMILL)의 Z 범위는 360에서 0까지의 방위각 Z 범위를 ±360으로 변환된다.
- 공작 기계의 X 범위는 X, Y 평면에 고도 각도와 동일하다.

공작 기계의 범위각은 Z축과 상대적이다. 하지만 파워밀(powerMILL)은 X, Y 평면에 상대적인 크기를 가진다. 그러므로 파워밀(powerMILL)이 요구하는 범위각에서 공작 기계로부터 여각의 각도를 준다. 90에서 30의 고도 각도의 범위는 X축 ±30 범위로 변환한다.

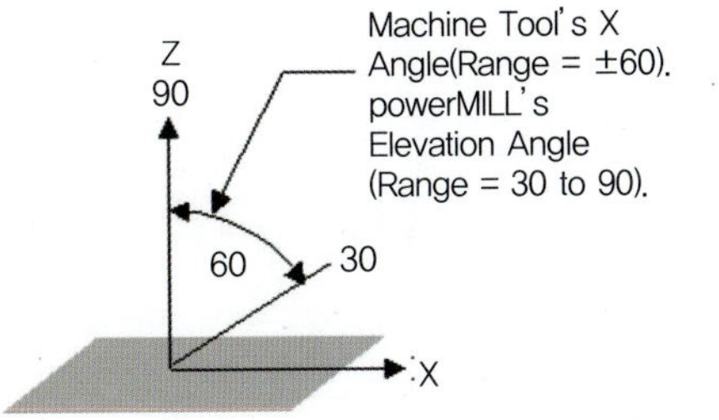

- 헤드(Head) – 헤드(Head) 공작 기계는 다음과 같은 한계 값을 가진다:

  X −50 to +60, Z ±360

360에서 0의 방위각 범위와 고도 각도(90에서 30의) 한계로 변환한다. 이 경우 X, Y 평면을 가로지르는 공작 기계의 한계는 다르다. 파워밀(powerMILL)은 회전 값(+60)을 사용할 것이다. Z축에 대해서 헤드가 180도 회전하고 접근 최대 거리를 +60(다른 방법으로 −50)을 준다.

- 고도 각도 값(90에서 30)이 아래 쪽에 수정되어 있다.
- 공구 축 제한(Tool Axis Limits) 구는 수정된 값이 업데이트된다.

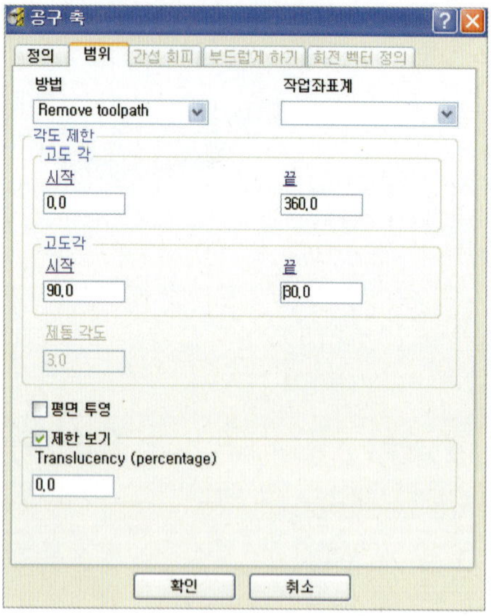

③ 헤드(Head) – 테이블(Table)

- 공작 기계의 헤드와 테이블이 동시에 회전
- 헤드(Head) – 테이블(Table) 공작 기계의 지정된 범위각 :

  X ±40, Z ±360

- 공작 기계의 Z 한계 값은 X, Y 평면에 수직한 한계각과 방위각의 각이 동일하다.
- 360에서 0까지의 방위각이 Z 범위를 ±360으로 변환한다.
- 공작 기계의 X 범위는 X, Y 평면에 고도 각도와 동일하다. 고도 각도에서 여각이다. 90에서 50의 고도각의 범위는 X의 한계를 ±30 범위로 변환한다.
- 고도 각도 값(90에서 50)이 다음의 그림에서 수정된 것이 나타난다.
- 공구 축 제한(Tool Axis Limits) 구는 수정된 값이 업데이트된다.

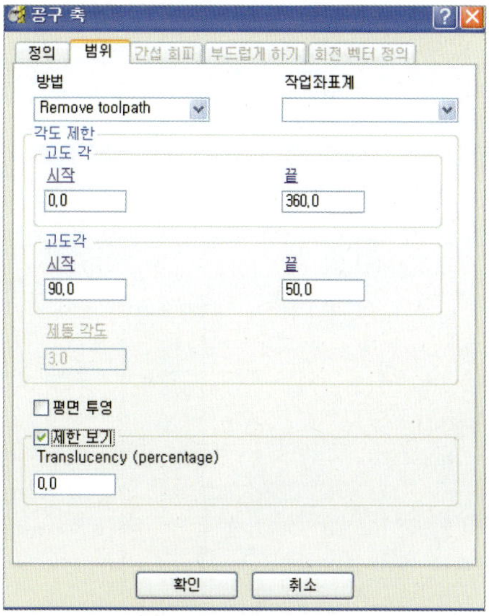

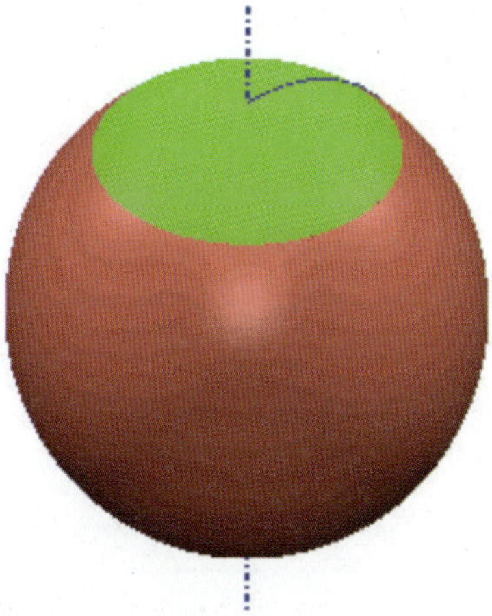

측벽 스텝 필렛 면에 공구 축 범위 적용 예제(Example) – 2

01 >> 프로젝트 열기

- 모두 삭제(Delete All) → 모든 폼 초기화(Reset Forms)를 한다.
- 아래의 경로에서 프로젝트 파일을 불러온다(Chapter 4에서 저장한 프로젝트).
  …COURSEWORK\powerMILL-Projects\Punch2

02 >> 다른 이름으로 프로젝트 저장

- 파일(File)을 선택하고 아래의 경로에 다른 이름으로 저장(Save Project As)한다.
  …\COURSEWORK\powerMILL-Projects\Punch2-ToolAxisLimits

03 >> 공구 설정

❶ 공 구

지름 20 mm인 볼 공구(Ballnose Tool)를 길이(Length) 50에 이름을 BN20으로 생성한다.

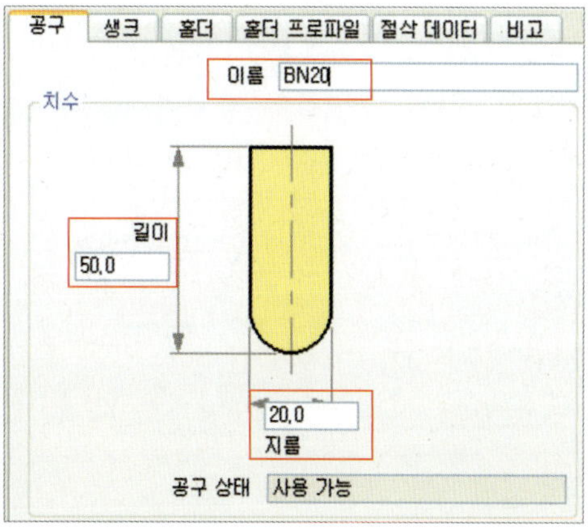

❷ 생크 추가

상단 지름(Upper Dia) 20, 하단 지름(Lower Dia) 20, 길이(Length) 40으로 설정한다.

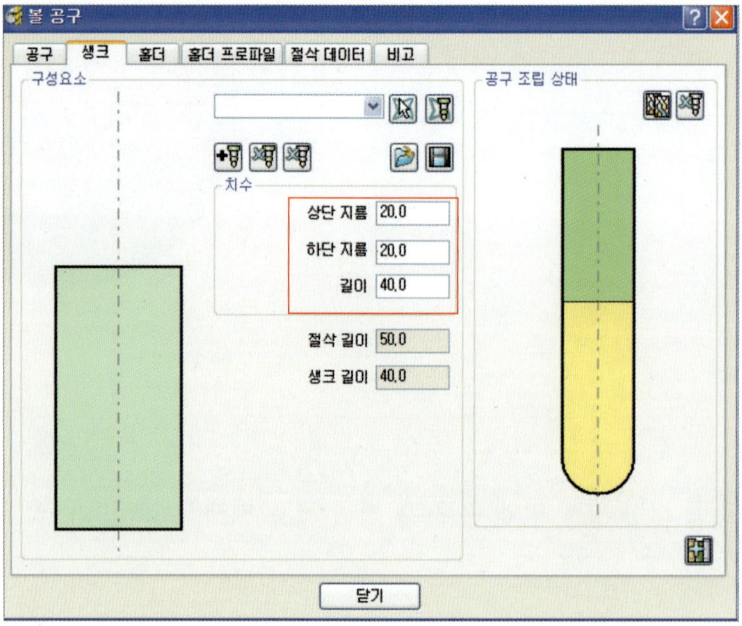

❸ 홀더 추가

- 상단 지름(Upper Dia) 75, 하단 지름(Lower Dia) 40, 길이(Length) 40으로 설정한다.

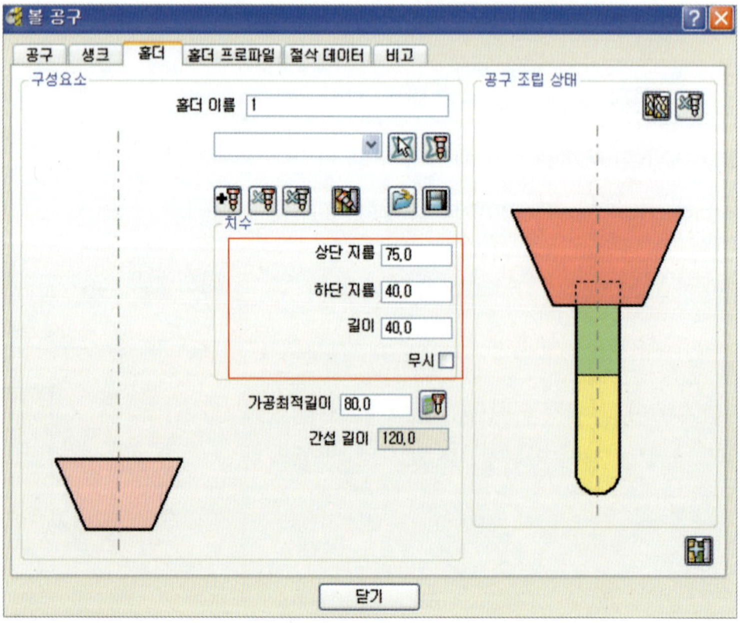

• 상단 지름(Upper Dia) 75, 하단 지름(Lower Dia) 75, 길이(Length) 60, 가공 최적 길이(Overhang) 80으로 설정한다.

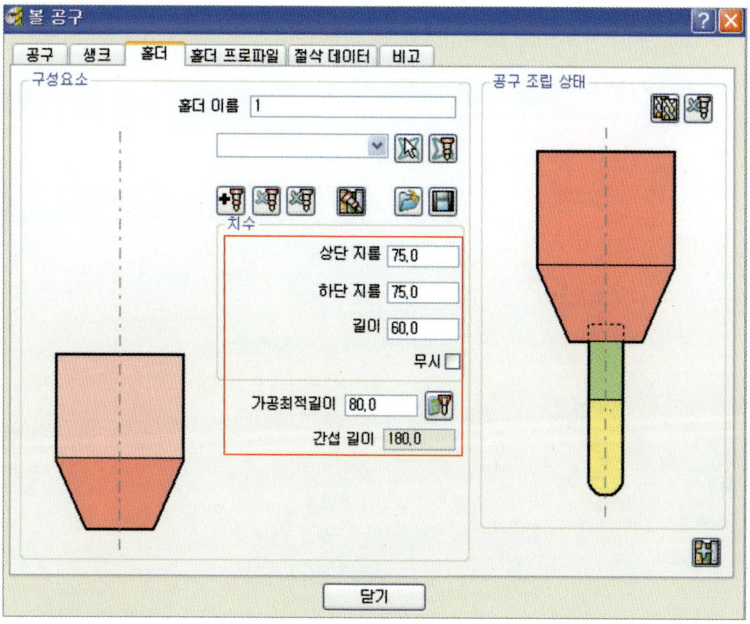

• 모델링으로부터 필렛된 부위를 선택한다.

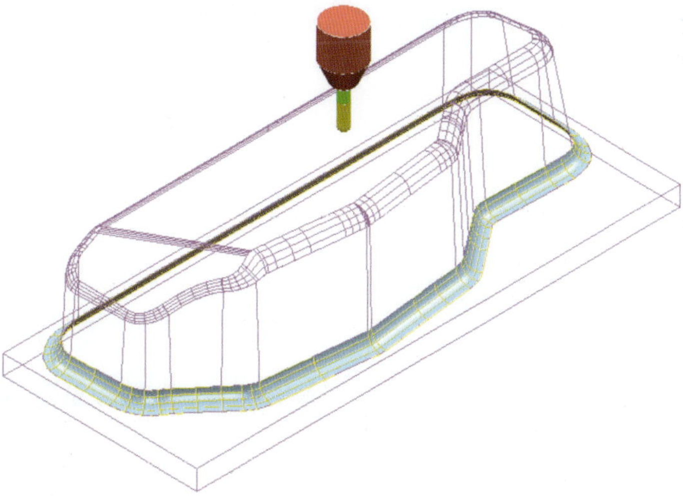

04 >> 서피스 가공 설정

- 가공 패턴(Toolpath Strategies) 아이콘 으로부터 정삭 옵션을 선택한다.
- 서피스 가공(Surface Finishing)을 선택하고 아래에 나타난 것과 동일한 값을 넣는다.

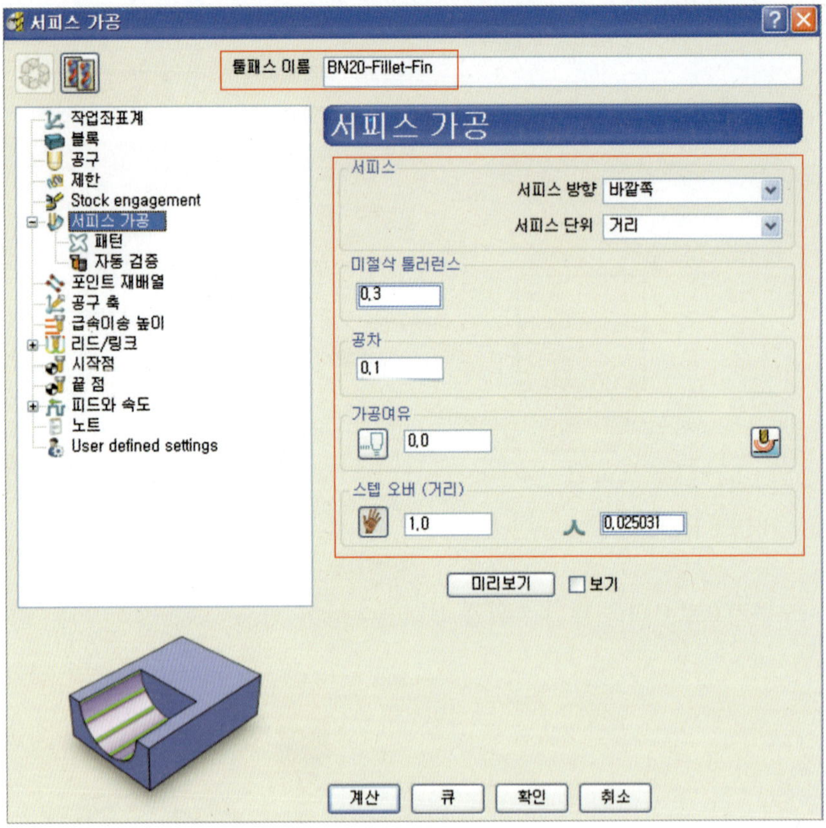

05 >> 패턴 옵션 설정

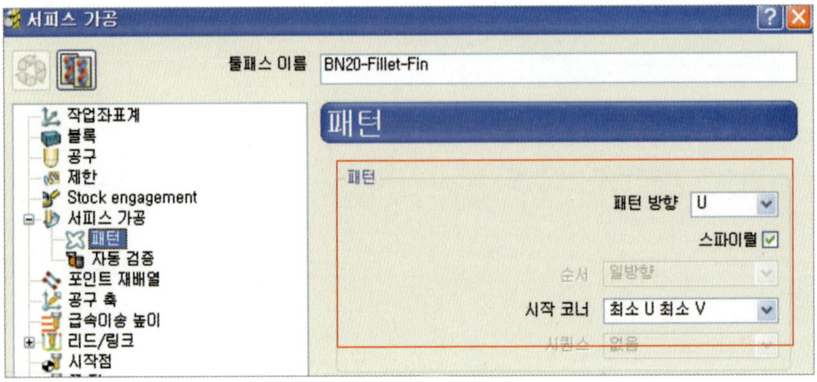

06 >> 공구 축 설정

- 계산(Calculate)을 선택하여 서피스 가공(Surface Finishing) 툴패스를 생성한다.

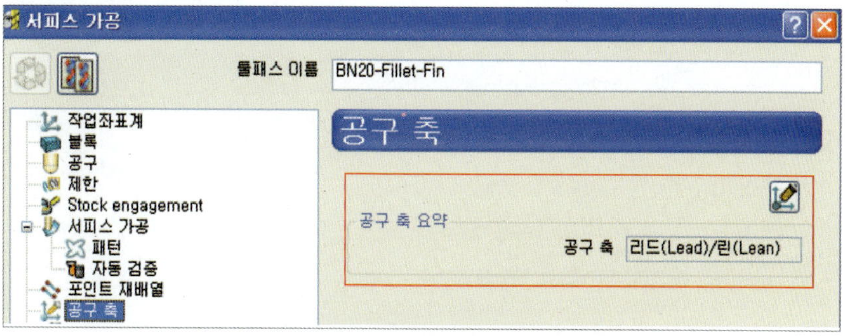

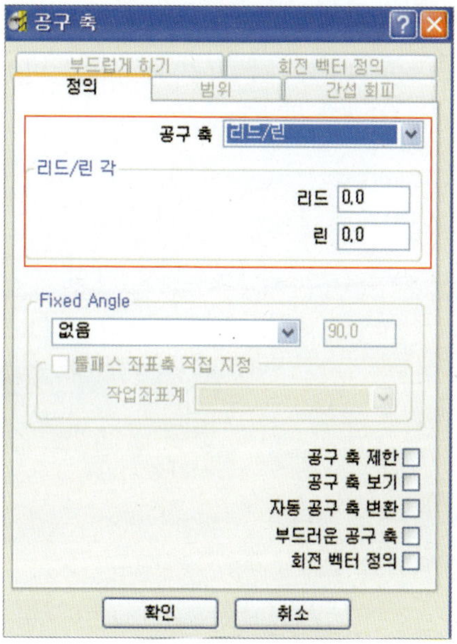

- 공구 홀더(Tool Holder)가 모델 바닥과 충돌이 발생된다.

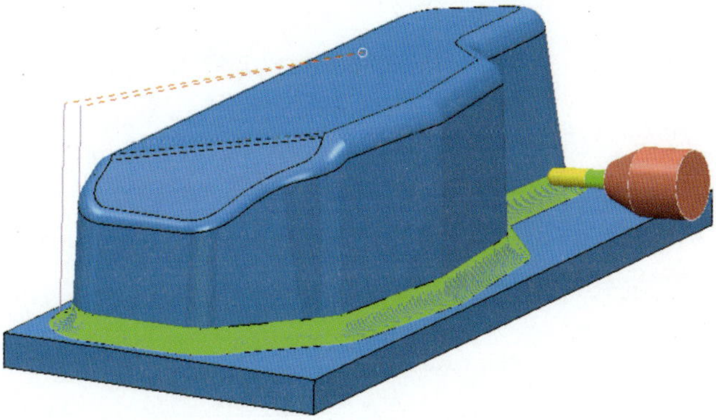

- 공구 홀더(Tool Holder)가 모델의 측벽과 충돌이 발생한다.

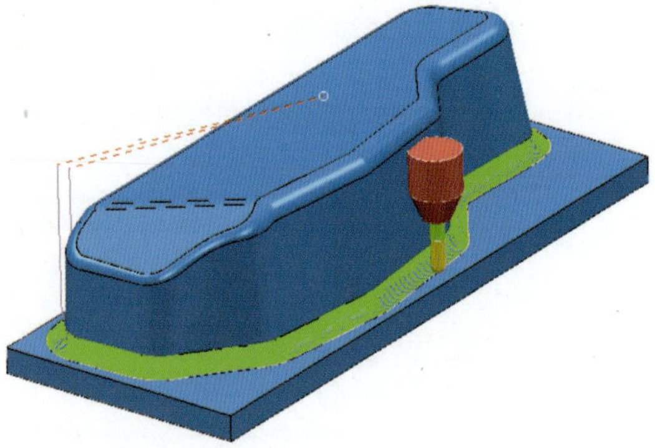

서피스 프로젝션 가공 시 공구는 필렛 면에 대해 노멀한 방향으로 선다(기본 리드/린 0이 적용되었을 때). 이 경우에 측벽 부분에 대해서 공구 충돌이 발생한다. 이러한 공구 충돌을 피하기 위해서 제한 각 이내의 범위에서 공구 축 방향을 틀어주는 것이 필요하다.

07 >> 공구 축 범위 설정

- 파워밀 탐색기의 BN20-Fillet-FIN 툴패스에서 마우스 오른쪽 버튼을 클릭하고 설정(Settings)을 선택하여 서피스 가공(Surface Finishing) 창을 다시 연다.
- 서피스 가공(Surface Finishing) 창에서 툴패스 복사(Copy) 아이콘 을 선택하고 BN20-Fillet-LIM30으로 툴패스 이름을 입력한다.

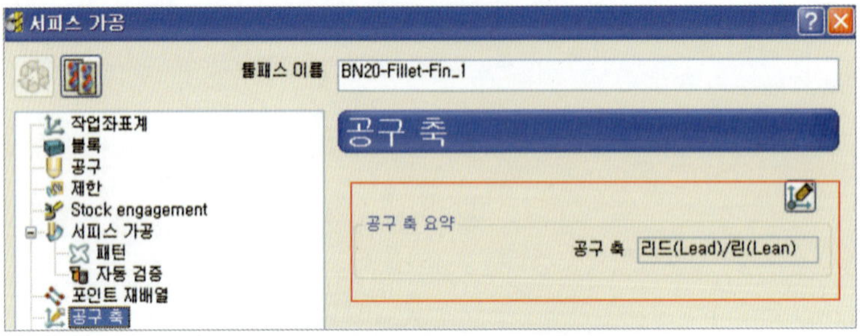

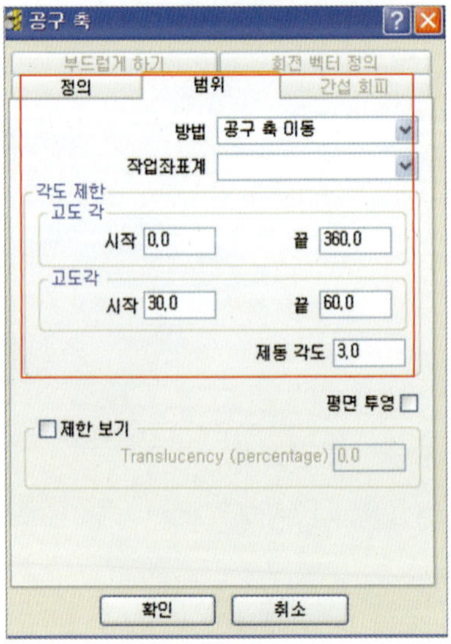

- 공구 축(Tool Axis) 페이지를 선택하고 공구 축(Tool Axis) 창을 열고 범위(Limit) 탭을 선택한다.
- 방법(Mode)을 공구 축 이동(Move Tool Axis)으로 선택하고 고도각(Elevation Angle) 시작은 30, 끝을 60으로 입력하고 확인(Accept)을 선택한다.
- 툴패스 생성 창에서 계산(Calculate)을 선택하고 툴패스를 생성한다.
- 공구 축 범위(Tool Axis Limits)를 이용하여 X, Y 평면에 대해 고도각을 75와 60으로 제한 했다.

제한 보기(Draw Limits) 부분이 체크되어 있을 때 공구 축 제한을 나타내는 녹색과 분홍색으로 쉐이딩된 구 형상을 볼 수 있다. 2개의 그림에서 보이는 것과 같이 공구를 툴패스 상단 부분과 하단 부분에 붙여 봤을 때 제한 범위 이내에서 공구 축이 정렬된 것을 볼 수 있다. 이전 툴패스와 비교해 보면 차이를 쉽게 확인할 수 있을 것이다.

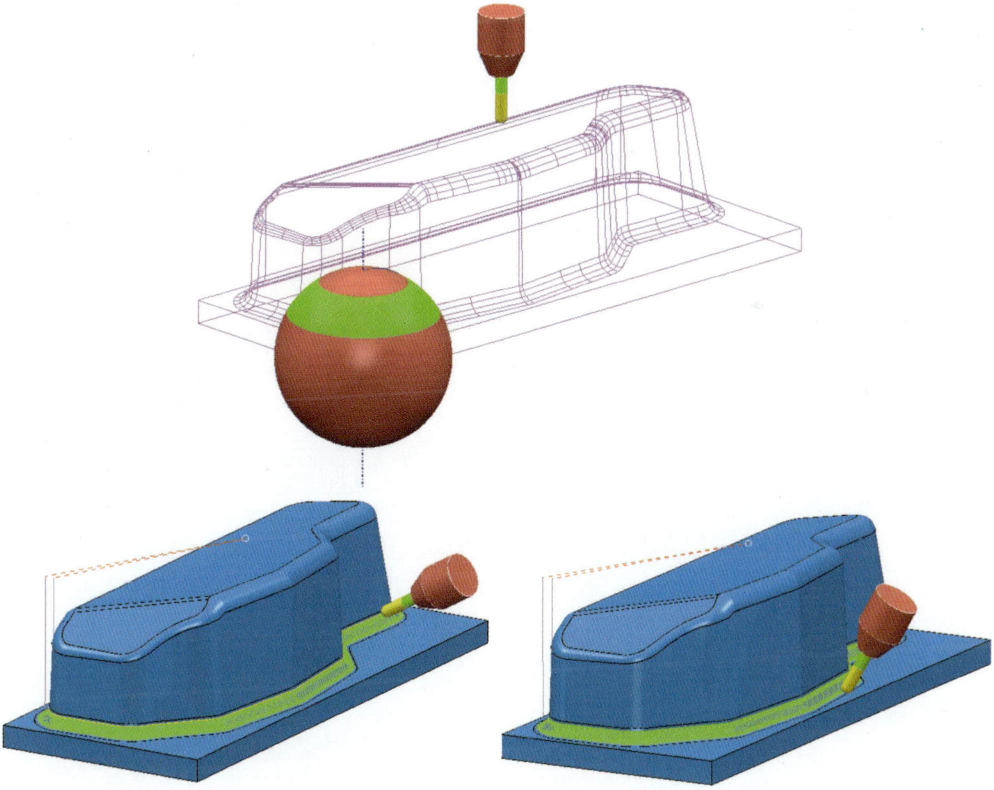

- 공구 홀더(Tool Holder)가 모델의 바닥이나 측벽과 충돌 없이 공구 축 정의가 된 것을 확인할 수 있다.
- 프로젝트를 저장한다.

C.h.a.p.t.e.r 12

자동 공구 축 변환

1절 자동 공구 축 변환

1 자동 공구 축 변환 정의 및 설정

1 개 요

자동 공구 축 변환(Automatic Collision Avoidance)은 수직으로 정렬되는 공구의 생크나 홀더가 가공할 모델의 측벽 또는 다른 부분의 형상과 간섭되는 부분에서 자동으로 간섭을 회피하는 기능이다.

Note

현재는 정삭 가공 방법에서만 자동 공구 축 변환(Automatic Collision Avoidance) 기능을 사용할 수 있다. 여기에는 등고선(Constant Z)과 4가지의 패턴(Pattern) 가공 방법이 포함되어 있다.

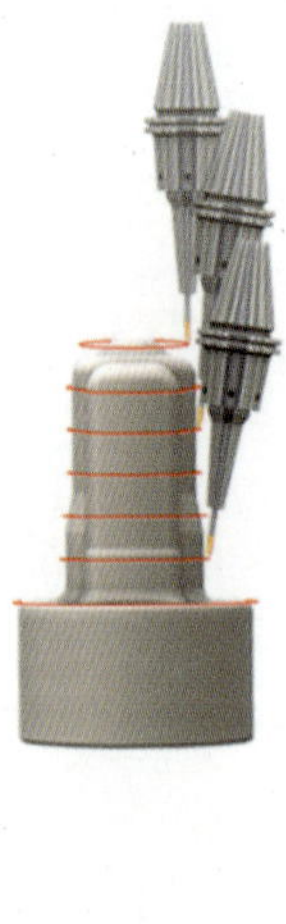

❶ 정 의

5축 가공 데이터 생성 시 적용되는 기능으로 가공 대상물에 대한 공구 충돌 조건이 발생되었을 때 정의된 설정 값에 의한 공구의 생크와 홀더 여유 값만으로 필요한 만큼의 공구 틸팅을 적용하여 충돌을 피할 수 있다.

❷ 이 점

3축 가공과 공구가 틸팅되는 5축 가공이 공존하는 가공 데이터가 생성될 수 있기 때문에 짧은 공구로 가공 대상물 가공 시 가공 시간을 최소화 할 수 있다.

01 >> 프로젝트 열기

아래의 경로에서 프로젝트를 불러온다.

…\powerMILL_Data\five_axis\CollisionAvoidance\Start-CollisionAvoid

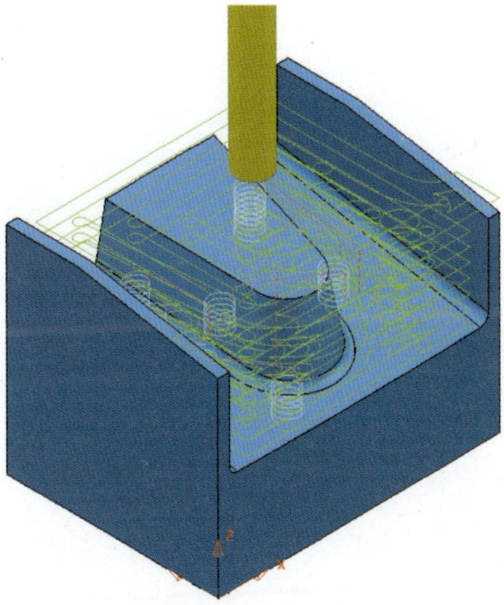

02 >> 다른 이름으로 프로젝트 저장

파일(File)을 선택하고 아래의 경로에 다른 이름으로 저장(Save Project As)한다.

…\COURSEWORK\powerMILL-Projects\Collision-Avoid

03 >> 공구 설정

탐색기(Explorer) 창에서 BN5short 공구를 활성화한다.

04 >> 등고선 가공 설정

- 가공 패턴(Toolpath Strategies) 아이콘 을 선택해서 새로운 가공 패턴 창을 연다.
- 정삭 탭을 선택하고 등고선 가공(Constant Z Finishing) 창에 아래와 같이 조건 값을 입력한다.
- 등고선 가공(Constant Z Finishing) 창에서 공구 축(Tool Axis) 정의는 다음 그림과 같은 값을 정확히 입력한다.
  - 툴패스 이름을 BN5-CZ로 입력한다.
  - 최소 스텝다운을 1.0으로 설정한다.

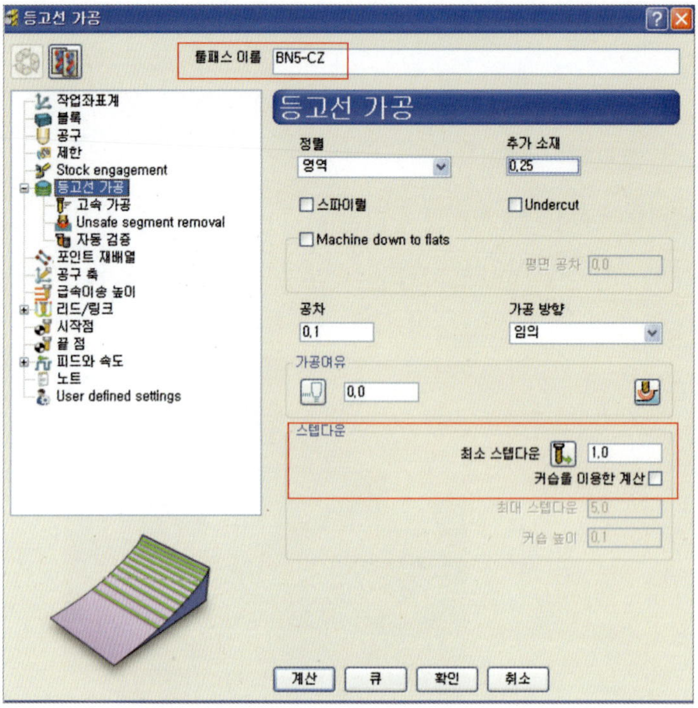

05 ›› 제한 옵션 설정

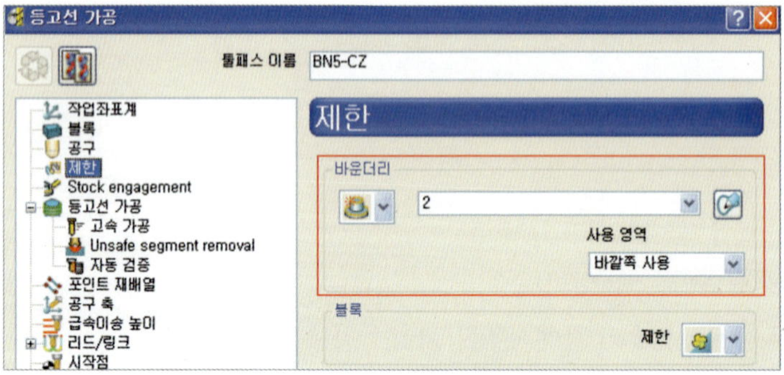

06 ›› 공구 축 설정

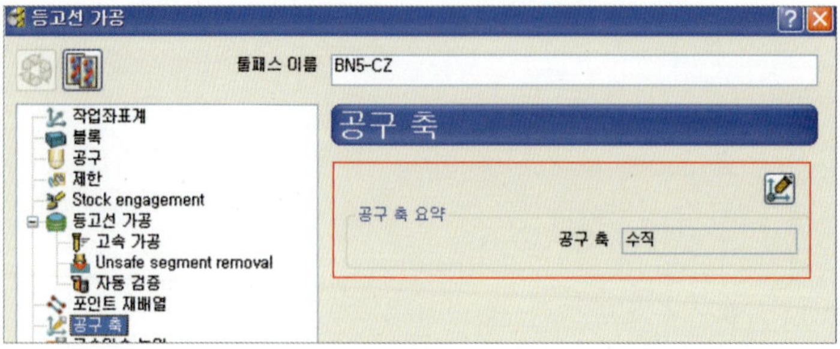

- 공구 축(Tool Axis) 설정 창에서 자동 공구 축 변환(Automatic Collision Avoidance)에 체크하고, 간섭 회피(Collision Avoidance) 탭을 선택하고, 회전 방법(Tilt Tool Axis)은 린(Lean), 생크(Shank)와 홀더(Holder) 여유(Clearance)는 1로 설정한다.

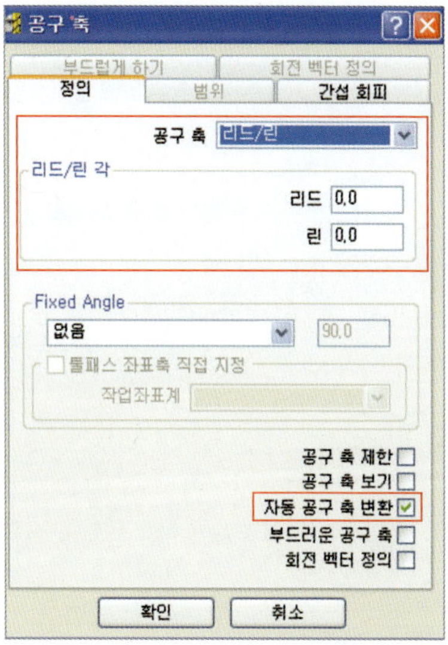

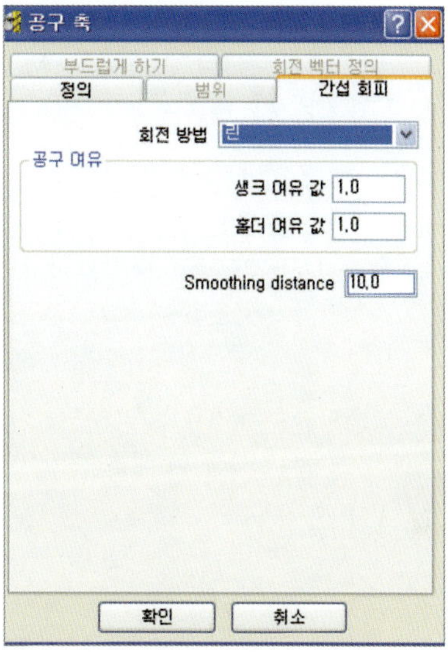

- 공구 축(Tool Axis) 창 설정을 확인(Accept)하고 등고선 가공(Constant Z Finishing) 툴패스를 계산한다.
- (-Y) 정면 뷰로 설정하고 툴패스 시뮬레이션을 실행시켜 아래 그림과 같이 자동 공구 축 변환(Automatic Collision Avoidance)을 확인할 수 있다.

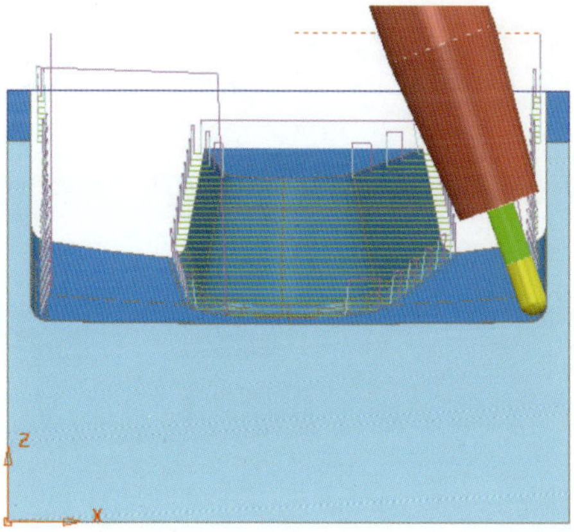

07 >> 패턴 가공 설정

- 가공 패턴(Toolpath Strategies) 아이콘 을 선택해서 새로운 가공 패턴 창을 연다.
- 정삭(Finishing) 탭에서 패턴 가공(Pattern Finishing)을 선택한다.

• 패턴 가공(Pattern Finishing) 창에서 아래 그림과 같은 값을 설정하고 공구 축(Tool Axis)을 설정하는 아이콘을 선택한다.

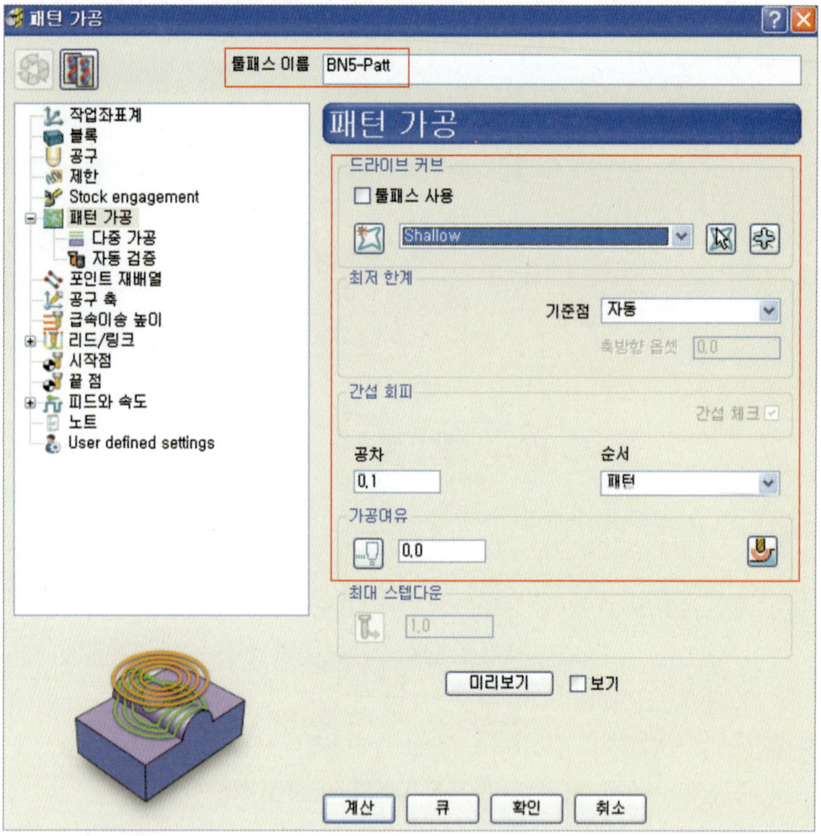

08 ›› 공구 축 설정

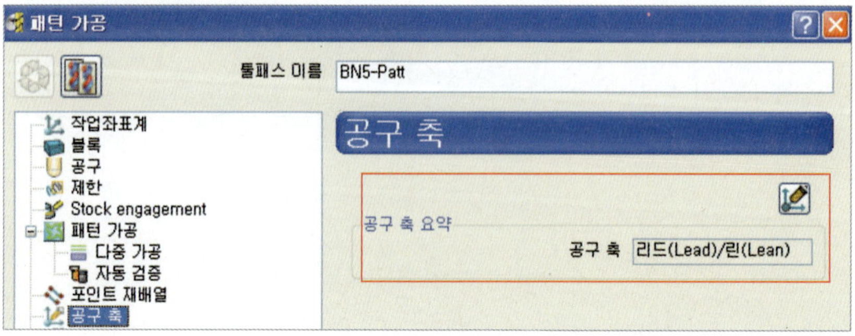

• 공구 축(Tool Axis) 창에서 자동 공구 축 변환(Automatic Collision Avoidance)에 체크하고, 간섭 회피(Collision Avoidance)의 회전 방법(Tilt Tool Axis)에서 린(Lean)을 선택, 생크(Shank)와 홀더(Holder)의 여유 값(Clearance)을 1로 입력한다.

- 프로젝트(Project) 파일을 불러올 때 미리 만들어진 모델의 쉘로우 바운더리를 패턴으로 생성한다.
- 생성된 패턴에서 바닥 부분만을 남기고 나머지 부분은 삭제한다. 패턴의 이름은 패턴(Pattern) → 쉘로우(Shallow)로 지정하고 패턴 메이커(Pattern Maker)를 옵셋(Offset) 기능을 이용해서 가공에 적용할 패턴을 생성한다.
- -Y 정면 보기를 선택하여 툴패스를 시뮬레이션을 통해서 자동 공구 축 변환(Automatic Collision Avoidance) 충돌되는 부분에서 자동으로 회피되는 것을 볼 수 있다.

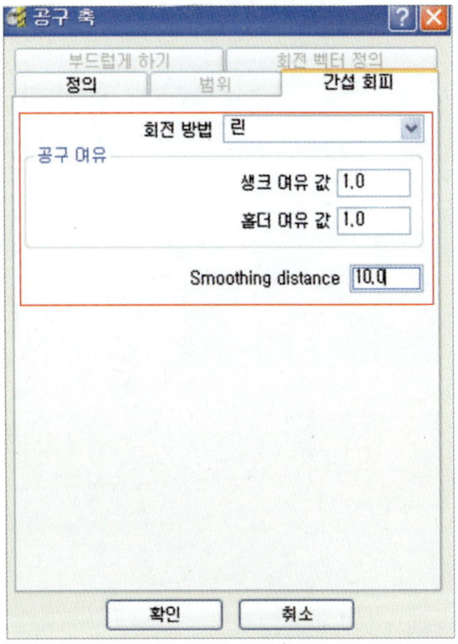

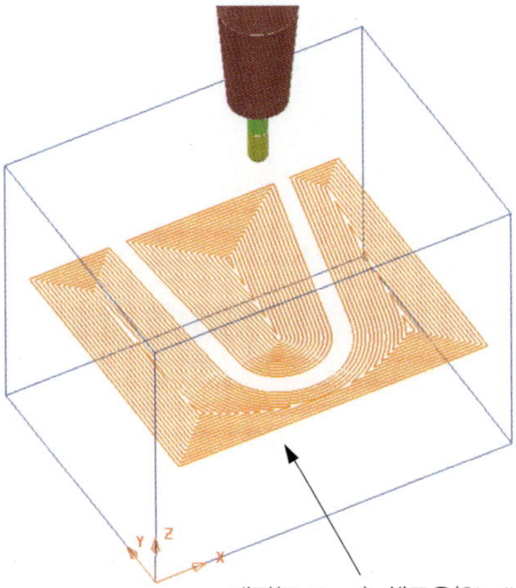

패턴(Pattern)-쉘로우(Shallow)

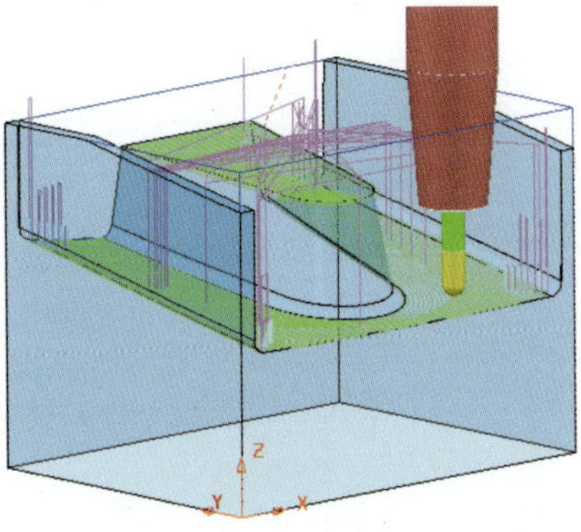

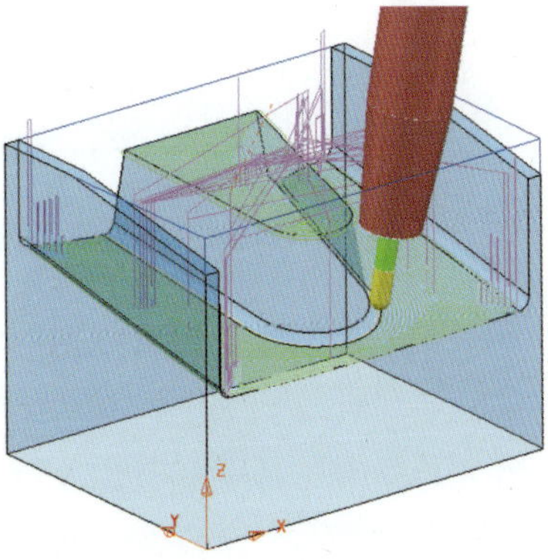

- 파일(File)을 선택하고 프로젝트 저장(Save Project)을 클릭한다.

C.h.a.p.t.e.r 13

툴패스 시뮬레이션

1절 툴패스 시뮬레이션

1 툴패스 시뮬레이션의 정의 및 설정

1 ▸▸ 개 요

툴패스 시뮬레이션은 5축(5-Axis) 적용에 필요한 기계 시뮬레이션(Machine Tool) 및 가공 중의 부품 충돌(Collisions) 체크가 가능하다.

파워밀은 기계 시뮬레이션(Machine Tool) 툴바와 툴패스 시뮬레이션(Simulation) 옵션 기능을 포함하고 있다.

Note

기계 시뮬레이션(Machine Tool Simulation)은 단순히 보여주는 기능이며 사용자가 충돌을 확인하고 책임을 져야 한다.

충돌이 확인되면 기계 시뮬레이션(Machine Tool Simulation)이 멈추게 되는데 이 의미는 파워밀 주의 창이 나타나게 되고 그 창에서 확인을 클릭하면 충돌 상태의 모든 이동이 리스트에 등록되는 것을 뜻한다.

공작 기계(Machine Tool)에서 각각의 부품은(예 기계 본체, 헤드, 로터리 테이블, 베드 등) 각각 트라이앵글 모델(Triangle Models)로 설정되어 있다.

등록되어 있는 기계 부품 mtd 파일은 시뮬레이션(Simulation)하는 동안 각각의 트라이앵글 모델(Triangle Model)은 방향과 위치를 제어할 수 있다.

세 개의 기본 다축 기계 시뮬레이션(.mdt) 파일은 파워밀 설치 데이터에 포함되어 있다.

파워밀이 C 드라이브에 설치되어 있다면 아래의 경로에서 기계 파일을 불러올 수 있다.

C:\Program Files\Delcam\powerMILL9002\file\examples\MachineData

Note

모든 모델의 움직임과 제한을 제어할 때 기계 시뮬레이션(.mtd) 파일이 사용되며 현재 포스트 프로세서와 가공 기계에 대하여 정확한 정보가 필요하다.

디자인 변화, 표준과 다른 설정, 공차 문제 때문에 각 기계 시뮬레이션(.mtd) 파일은 결합된 모델들과 조합되어 만들어져야 하고 확인해서 조정해야 한다.

01 >> 프로젝트 열기

- 모두 삭제(Delete All) → 모든 폼 초기화(Reset Forms)를 한다.
- 아래의 경로에서 프로젝트 파일을 불러온다.

  … \powerMILL_data\five_axis\Collision_Simulation\Swarf_Check

02 >> 다른 이름으로 프로젝트 저장

파일(File)을 선택하고 아래의 경로에 다른 이름으로 저장(Save Project As)한다.

…\COURSEWORK\powerMILL-Projects\MCTool-simulation

03 >> 툴패스 시뮬레이션

- 파워밀 탐색기에서 Outer Swarf 툴패스에서 마우스 오른쪽 버튼을 클릭하고 메뉴에서 툴패스 시작점부터 시뮬레이션(Simulate from Start)을 선택한다.

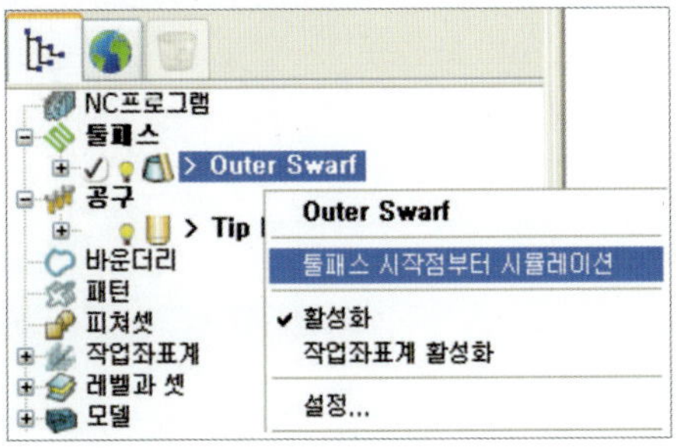

• 시뮬레이션 툴바가 나타난다.

04 ›› 기계 파일 불러오기

• 주 메뉴 뷰(View) → 툴바(Toolbar) → 시뮬레이션 기계(Machine Tool)를 선택하면 기계 시뮬레이션 툴바(Machine Tool Definition)가 나타난다.

• 공작 기계 불러오기(Import Machine Tool Model) 아이콘을 선택한다.
• powerMILL Data/Machine Data 위치에 있는 dmu50v.mtd를 선택한다.

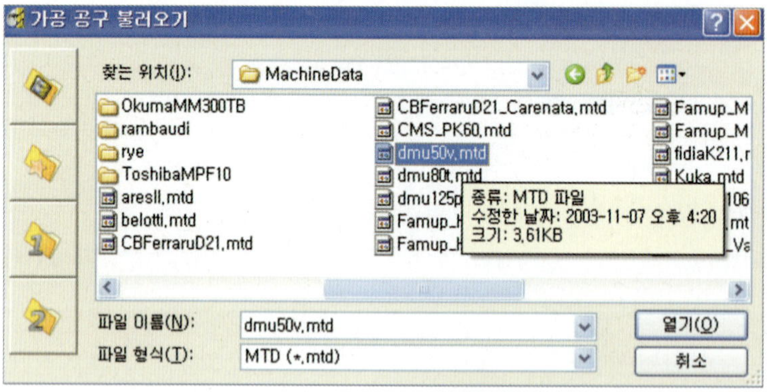

MTD 파일은 개별적인 공작 기계의 위치, 회전 등에 관련된 사항을 포함하고 있으며 좌표위치 테이블의 중심 – 가장 위쪽 위치의 기준 면과 함께 공작 기계 모델을 생성해 볼 수 있다.

파워밀에서 활성화된 공구는 자동으로 공작 기계 헤드에 위치된다.

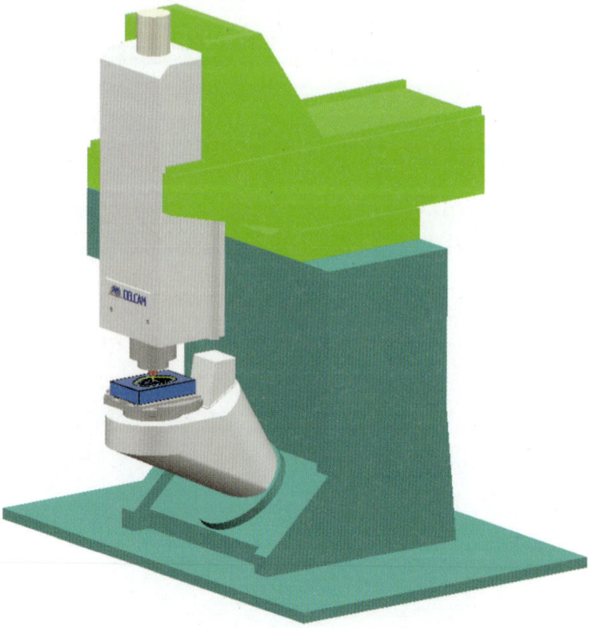

05 >> 가공 정보 보기

- 공작 기계 보이기/숨기기 아이콘 을 선택하고 공작 기계를 나타낸다.
- 정면에서 보기(–X)를 선택하고 공작 기계 주위를 확대한다.
- 시뮬레이션(Simulation) 툴바로부터 공구 중심 보기(Tool View Point) 아이콘을 클릭한다.

- 시뮬레이션 툴바에서 Open Display 옵션을 선택한다.

❶ 위치 정보

공구 위치와 충돌 위치가 시뮬레이션 정보 창에서 나타날 것이다.

포지션 탭을 선택하면 공구의 위치가 나타날 것이다. 이 기계는 5축을 가지며, A와 B를 중심으로 회전하고 X, Y와 Z는 직선으로 움직인다.

위의 그림에서 시뮬레이션된 툴패스 각각의 축이 이동 범위를 나타낸다. 제로(Zero) 버튼은 지정된 값을 절댓값을 초기화시킨다.

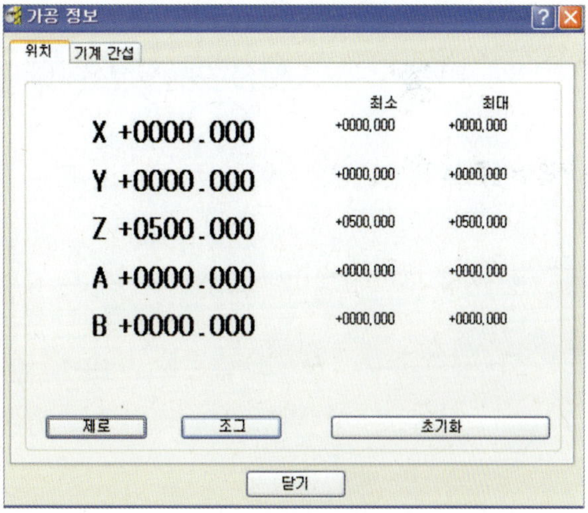

❷ 기계 간섭 정보

기계 간섭(Machine Collisions) 탭을 선택한다. 실행하는 동안 충돌이 발생되면 시뮬레이션이 끝난 후에 충돌이 발생한 부분의 위치가 나타날 것이다.

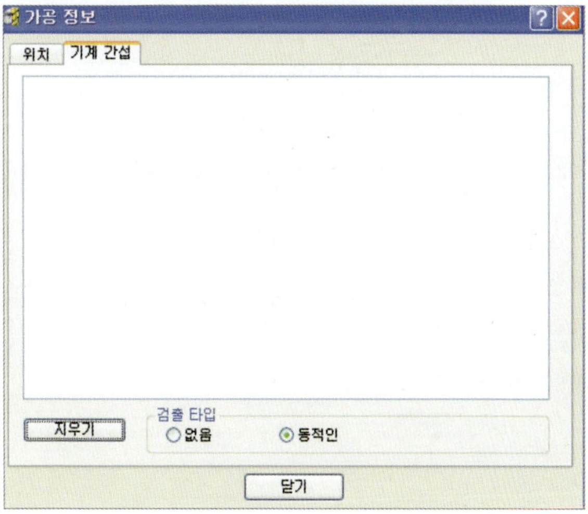

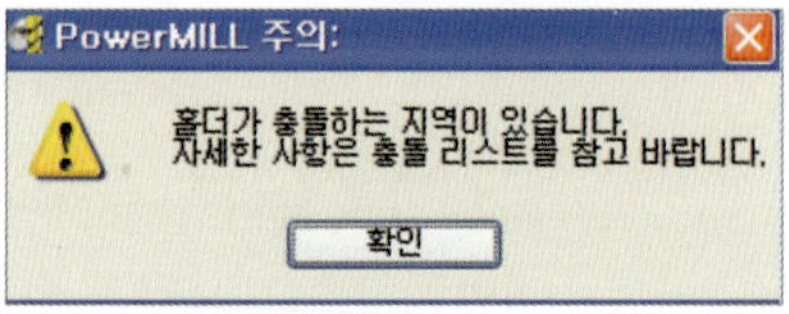

- 가공되는 형상을 확인하기 위해 아이콘 ▷을 눌러 시뮬레이션(Simulation)을 시작한다.
- 충돌이 발생하면 오른쪽 그림과 같은 경고 메시지가 나타난다.
- 시뮬레이션을 계속하기 위해서 확인 버튼을 선택한다.

❸ 충돌 지점 확인

이 메시지는 첫 번째 충돌이 발생한 지점부터 나타날 것이다. 뒤에 발생하는 충돌 위치 역시 차례대로 표시가 된다.

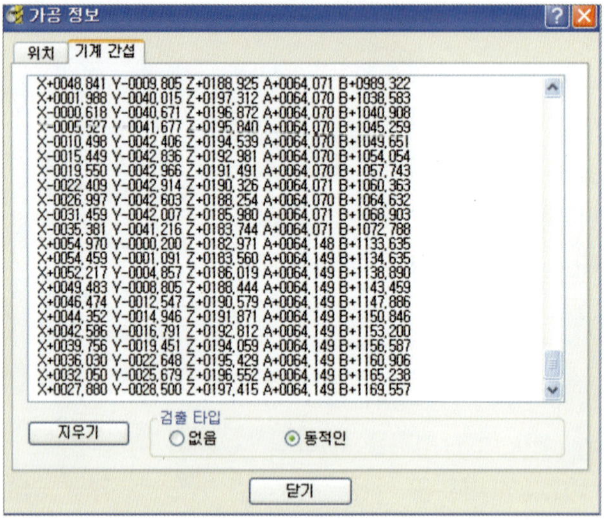

- 시뮬레이션을 종료하기 위해서 ESC를 누른다.

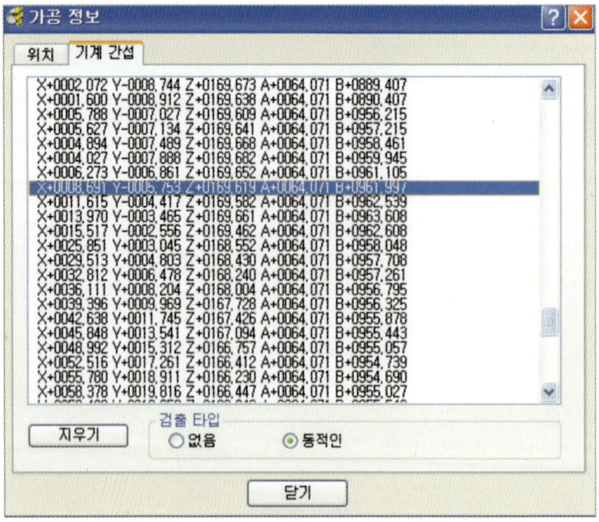

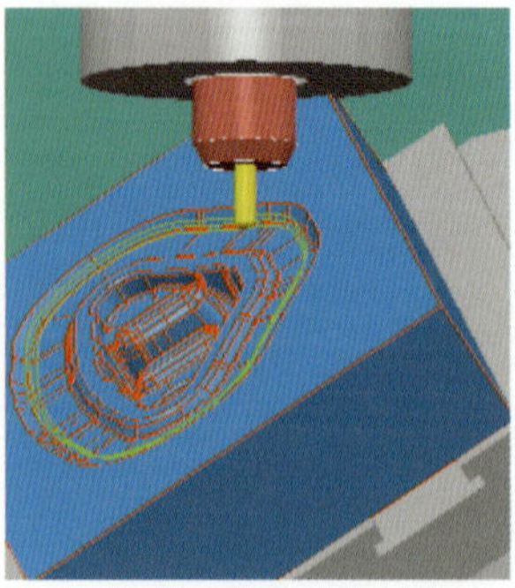

• 리스트로부터 충돌 위치를 선택한다. 시뮬레이션에서 선택한 위치 지점으로 이동할 것이고 충돌이 발생한 곳을 볼 수 있다.

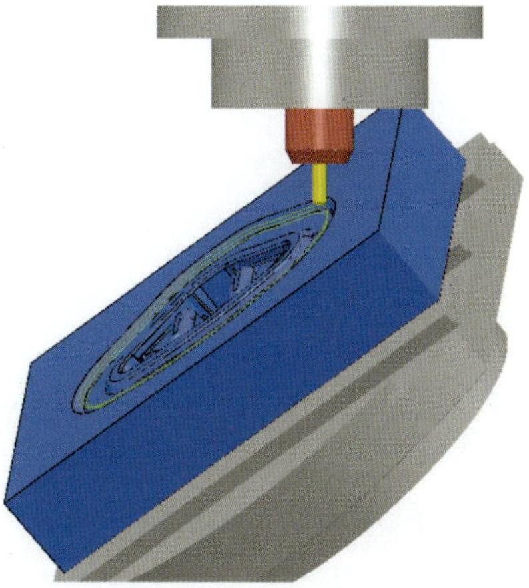

• 충돌이 발생한 지점을 보여주고 충돌을 피하기 위해 필요한 것에 대해 생각할 수 있다. 이 상태로부터 모델과 공작 기계와의 충돌을 피하기 위해 공구 길이를 연장한다.

06 >> 가공 최적 길이 다시 설정

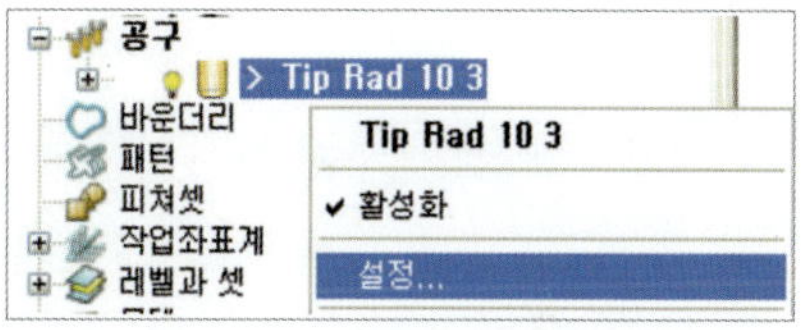

• 공구 창의 Tip Rad 10 3부분에 마우스 오른쪽 버튼을 눌러 설정을 선택한다.

• 공구로부터 홀더(Holder) 탭을 선택하고 공구 최적화 길이(Overhang)를 50으로 수정한다.

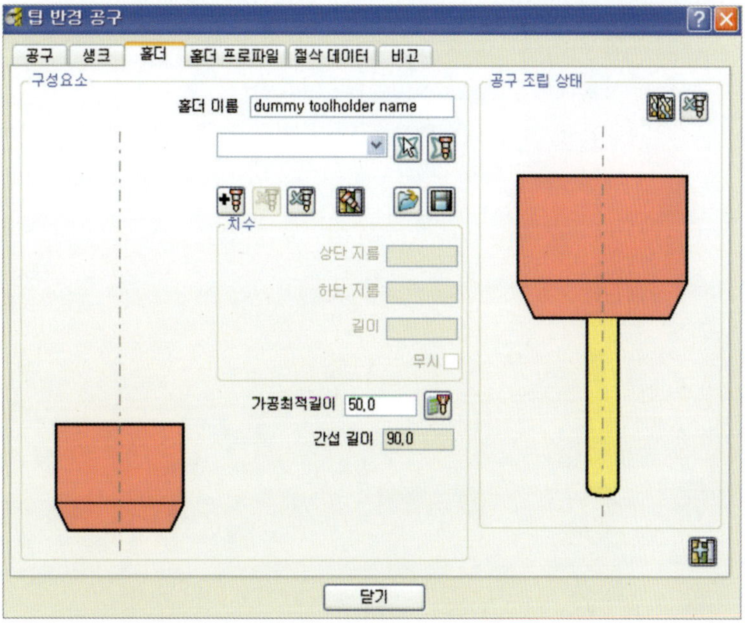

- 툴패스 창으로부터 시작점에 공구 위치시키기를 선택하고 공구 창을 닫는다.

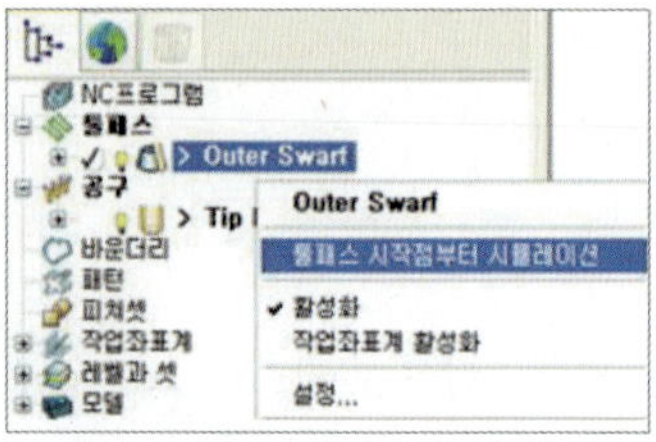

07 ›› 시뮬레이션

- 시뮬레이션 툴바에서 보이도록 설정 옵션을 선택한다.

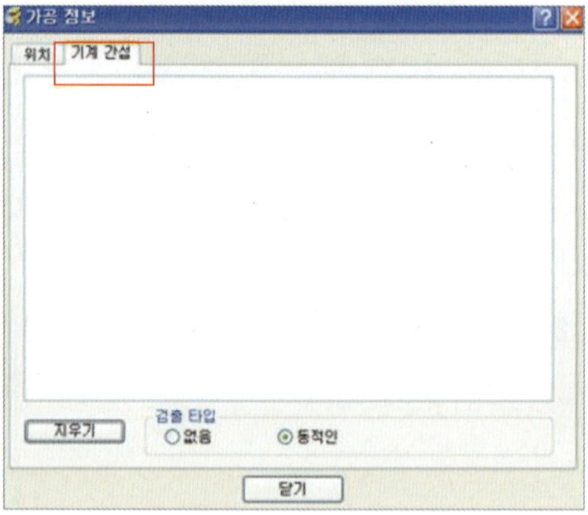

- 기계 간섭(Collisions) 탭을 선택한다.
- 현재 존재하는 충돌리스트 지우기 위해 지우기를 선택한다.
- 시뮬레이션(Simulation)을 시작한다.
- 충돌이 발생하는 부분이 없기 때문에 충돌 탭 부분이 비어 있다.
- 파일(File) → 프로젝트 저장(Project Save)을 클릭한다.

powerMILL

C.h.a.p.t.e.r 14

공구 축 편집

1절 공구 축 편집

1 공구 축 편집의 정의 및 설정

① 개 요

가공 경로를 따라 공구가 이동을 하는 동안 과도한 회전 이동이 일어날 수 있는 5축 가공 방법에 적용되는 다양한 타입의 공구 정렬 옵션이 있다. 사용자는 이러한 갑작스런 회전 움직임을 줄이기 위하여 사용자가 정의한 범위 안에서 공구 정렬을 변화시켜 가공 경로를 수정할 수 있다.

❶ 정 의

5축 가공 데이터 생성 시 일반적인 경우 공구의 축이 가변적으로 움직이는 경우 사용자가 원하는 구간마다 임의로 공구의 축을 변경할 수 있다.

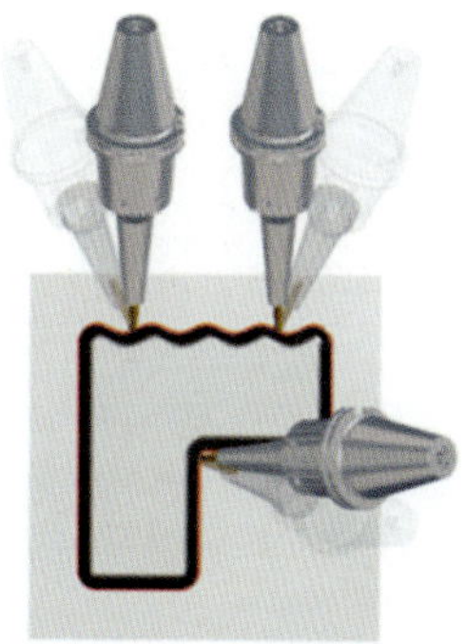

❷ 이 점

5축 가공 데이터의 경우 회전 축의 움직임이 적은 경우 일반적으로 고품질의 결과를 얻을 수 있다. 따라서 생성된 데이터의 공구 축을 사용자가 원하는 구간만을 선택하여 따로 정의를 할 수 있기 때문에 쉽게 공구 축 정의를 변경할 수 있다.

01 >> 프로젝트 열기

- 아래의 경로에서 EditToolAxis_Start라는 이름의 프로젝트를 연다.
  …\powerMILL_data \five_axis\ToolAxisEditing
- 이 프로젝트 안에는 5파이 볼 공구(Ball Nosed)와 린(Lean) 각 45도가 적용된 Corner Along 가공 방법이 있다.
- 프로젝트는 읽기 전용이기 때문에 새로운 이름으로 저장해야 한다.

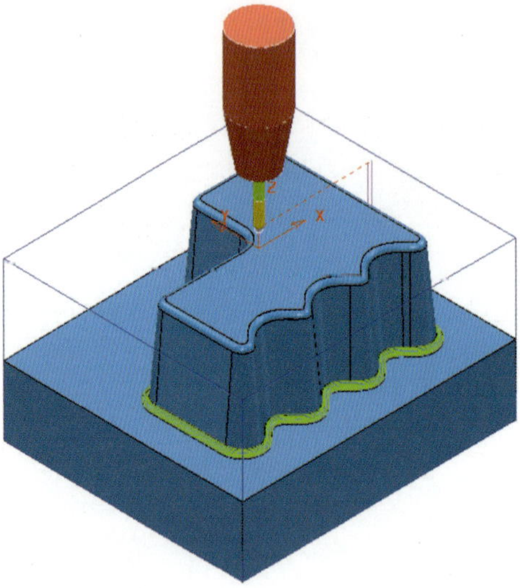

02 >> 다른 이름으로 프로젝트 저장

파일(File) → 다른 이름으로 프로젝트 저장(Save Project As)을 클릭하고 아래의 경로에 저장한다.

…\COURSEWORK\powerMILL-Projects\EditToolAxis

03 >> 기계 시뮬레이션

- 주 메뉴에서 보기(View) → 툴바(Toolbars) → 시뮬레이션 기계(Machine Tool)를 선택하여 기계 시뮬레이션(Machine Tool) 툴바를 나타나게 한다.

- 시뮬레이션 기계 모델 불러오기(Import Machine Tool Model) 아이콘을 클릭하고 powerMILL Data\Machine Data 디렉토리로 이동하여 dmu50v.mtd 파일을 선택한다.

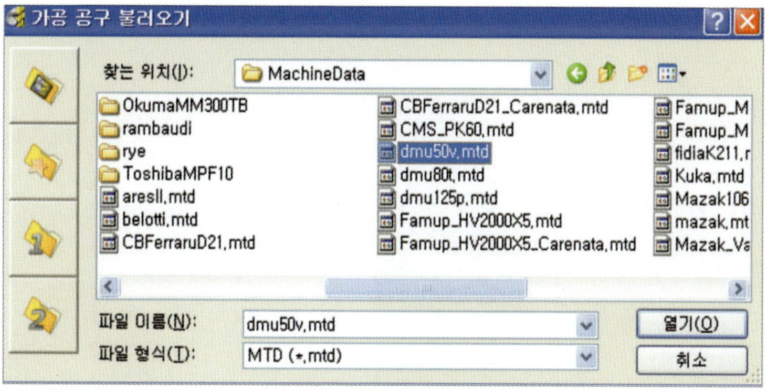

04 >> 기계 시뮬레이션을 위한 작업 좌표계 설정

- 기계 시뮬레이션(Machine Tool Simulation)을 위한 기준은 작업 좌표계(Workplane)에서 Base를 선택한다.
- 공작 기계를 보이게 하기 위해 시뮬레이션 기계 보이기/숨기기(Draw/Undraw Machine Tool) 아이콘 을 선택한다.
- 보기 → 왼쪽(-X)을 선택하고 가공 영역을 확대한다.
- 시뮬레이션(Simulation) 도구 바에서 공구 보기(Tool View) 아이콘  을 선택한다.

05 >> 기계 시뮬레이션

- BN5-Rest-Lean45 툴패스에서 마우스 오른쪽 버튼을 클릭하고 메뉴에서 툴패스 시작점부터 시뮬레이션(Simulate from Start)을 선택한다.

- 시뮬레이션 도구 바에서 Open Display  를 선택한다.

- 공작 기계의 원점을 정의하기 위해 Workplane → Base를 선택한다.

• 실행(Play) 아이콘을 선택하고 기계의 움직임을 관찰한다.

물결 모양의 측벽이 가공되는 동안 테이블의 움직임이 과도하게 보여진다. 또한 물결 모양의 안쪽 측벽에서 공구 홀더 간섭(Tool Holder Collision)이 일어난다.

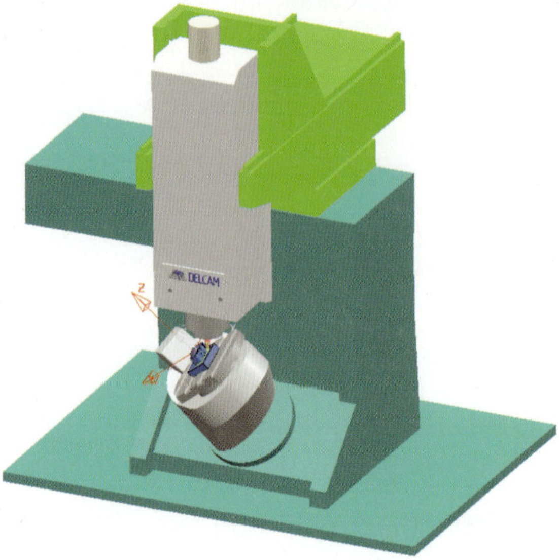

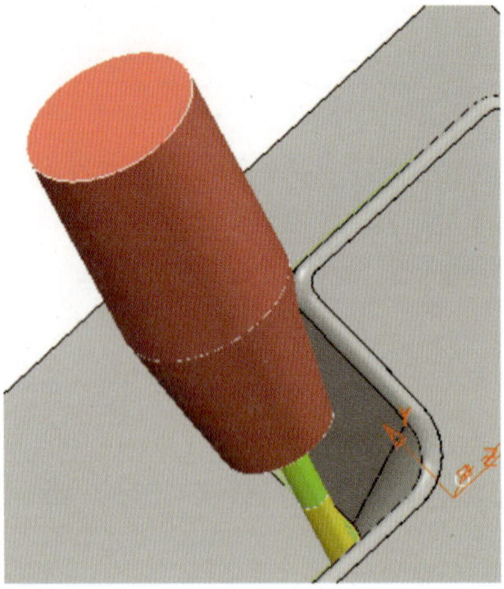

위의 문제는 공구 축 정렬을 부분적으로 수정하고 툴패스에 적용하여 해결할 수 있다.

기계 시뮬레이션(Machine Tool Simulation) 툴바에서 기계 입력 박스를 빈 공간으로 하여 dmu50v.mtd를 제거할 수 있다.

06 >> 공구 축 편집

• 공구 축 편집을 하기 위하여 변경하고자 하는 영역의 툴패스가 아래의 그림과 같이 폴리곤 영역 안에 포함되도록 회전 이동을 이용한다.

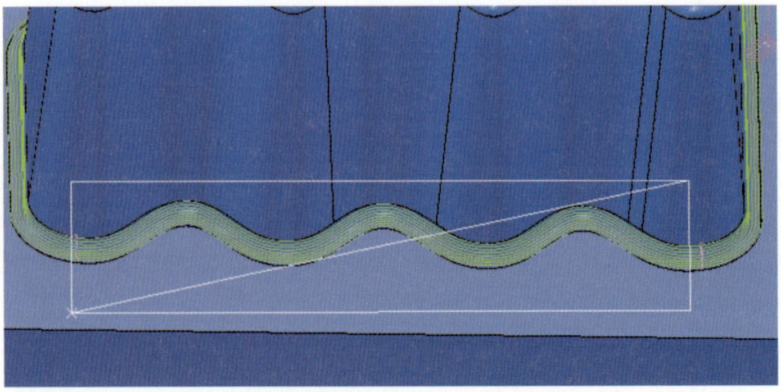

- 공구 축 정렬이 수정되어야 하는 영역을 정의하기 위하여 위의 그림과 같이 폴리곤을 이용한다.
- 툴패스 BN5-Rest-Lean45 위에서 오른쪽 버튼을 이용하여 편집(Edit) → 공구 축(Tool Axis)을 선택하면 아래와 같은 폼이 나타난다.
- 영역 선택(Select Regions) 창의 영역에 의한 정의(Define Region By)는 폴리곤(Polygon)으로 측벽(Side)은 안쪽(Inner)으로 설정되어 있다.

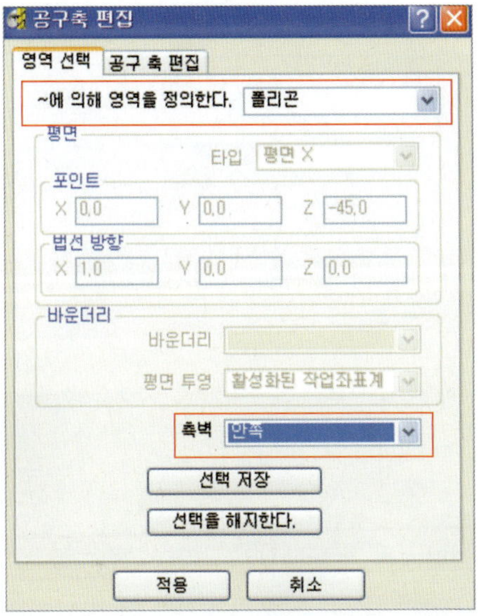

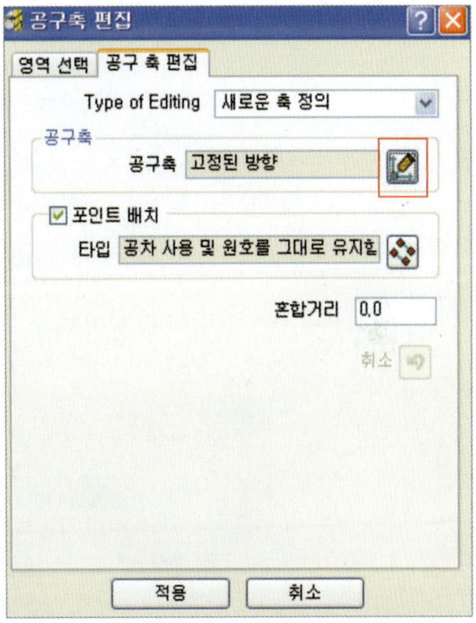

- 공구 축 편집(Edit Tool Axis) 탭을 선택하고 공구 축 아이콘 을 클릭하여 공구 축(Tool Axis)을 고정된 방향(Fixed Direction)으로 설정한다.
- 공구 축(Tool Axis) 폼에서 방향(Direction)에 I 0, J -1, K 1을 입력하고 확인을 클릭한다.

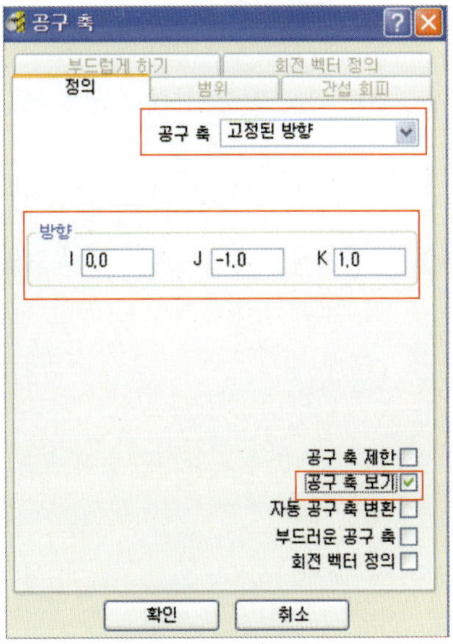

- 공구 축 편집(Tool Axis Edit)의 영역을 정의하기 위해 마우스 왼쪽 버튼을 이용하여 네 개의 코너로 폴리곤을 정의하고 적용을 클릭한다.
- 주 메뉴에서 보기(Draw) → 마우스 커서(Cursor) → 십자 모양(Cross Hair)을 선택한다.

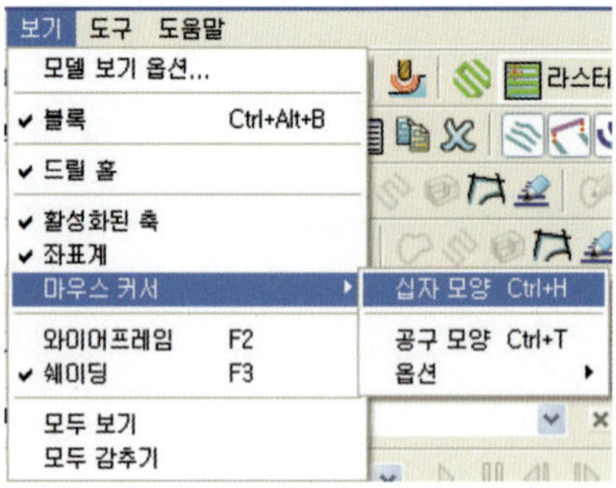

- 위의 그림처럼 메뉴를 선택하면 파워밀 그래픽 영역에 커서의 위치가 십자 모양으로 나타나며 스넵 포인트에 정렬되는 것을 볼 수 있다.

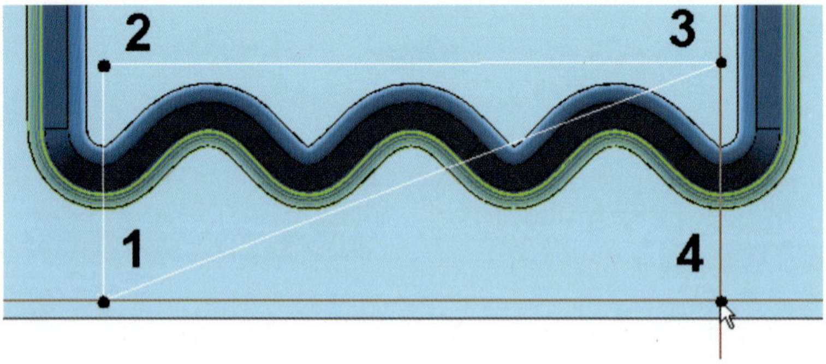

07 >> 시뮬레이션

Iso 1 뷰 상태에서 툴패스 시뮬레이션을 하면 공구 축 정렬이 더 이상 물결 모양의 측벽 구간에서 회전 축의 움직임이 과도하게 발생하지 않음을 관찰할 수 있다.

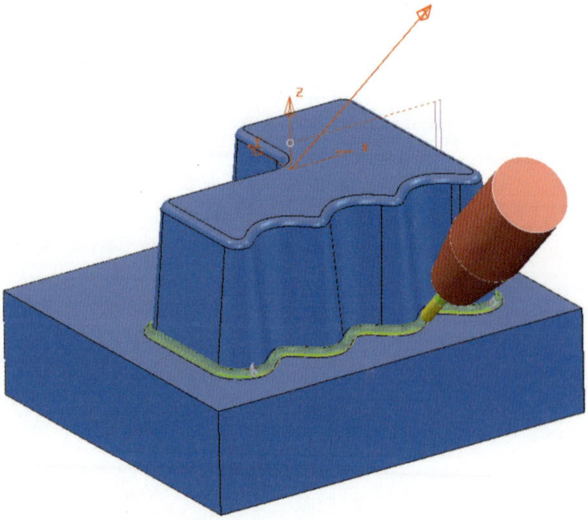

08 ›› 공구 축 편집

- Z 방향 보기(View Down Z)를 선택한다.
- 파워밀 탐색기의 BN5-Rest-Lean45 툴패스에서 마우스 오른쪽 버튼을 클릭하고 메뉴에서 편집(Edit) → 공구 축(Tool Axis)을 선택해 창을 다시 나타나게 한다.
- 영역 선택(Select Regions) 창의 영역에 의한 정의(Define Region By)는 폴리곤(Polygon)으로 측벽(Side)은 안쪽(Inner)으로 설정되어 있다.

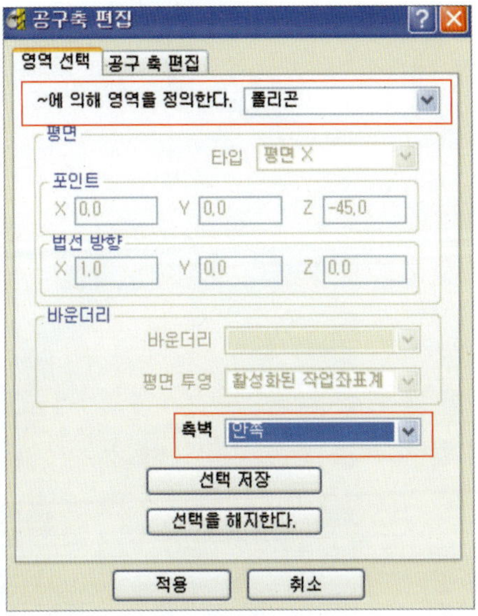

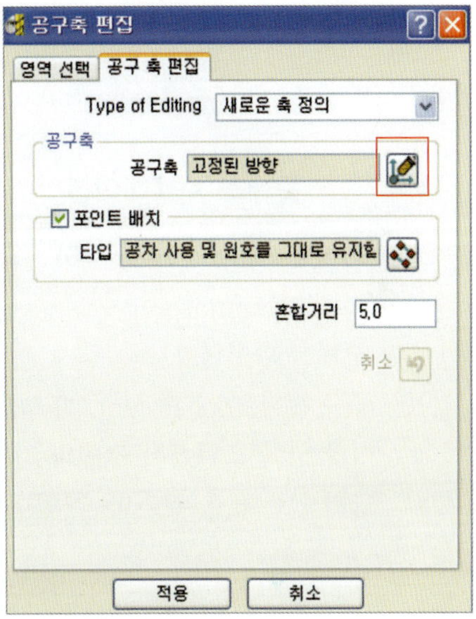

- 앞의 과정과 똑같이 반복하여 공구 축(Tool Axis)을 포인트로부터(From Point)로 정의하고 좌표 값은 X 15, Y 25, Z 25로 정의한다.

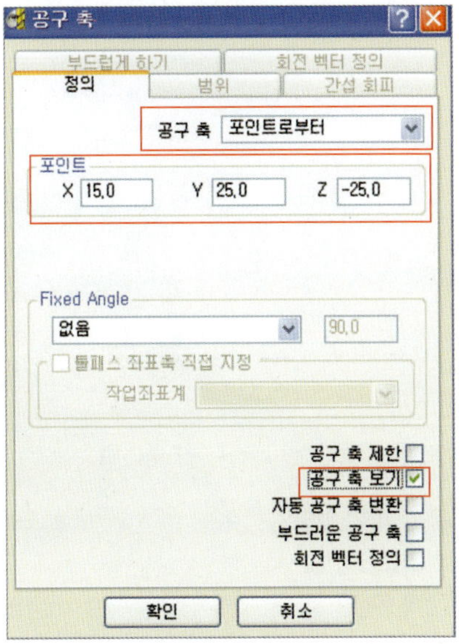

공구 축(Tool Axis) 정렬 포인트

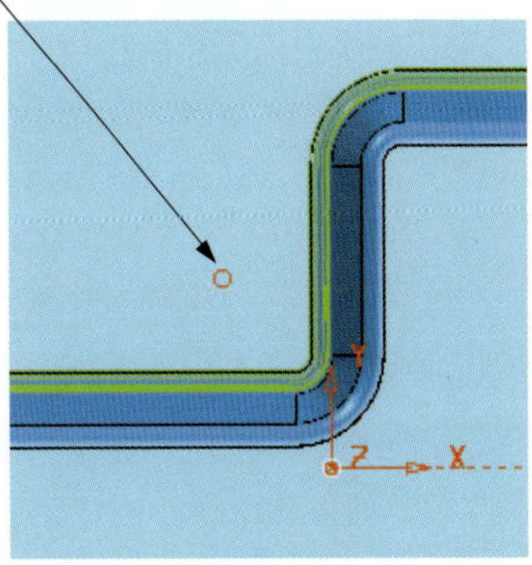

- 오른쪽 그림과 같이 폴리곤(Polygon)을 이용하여 사각 영역을 정의하고 선택 영역 저장을 선택한 후 적용을 클릭한다.

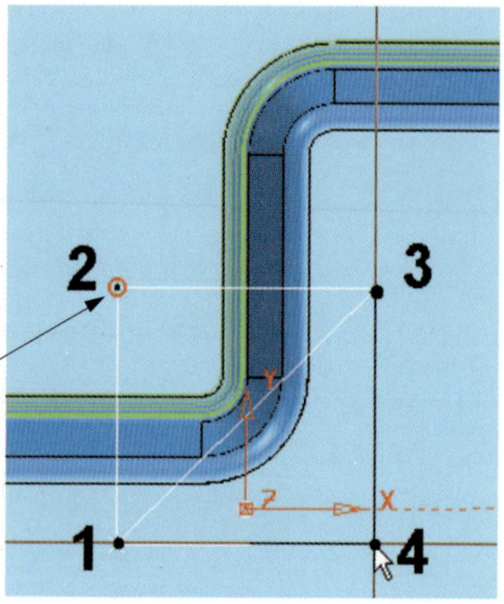

09 >> 툴패스 시뮬레이션

- Iso 1 뷰로 보기 상태를 두고 툴패스를 시뮬레이션(Simulate)하여 공구 축의 변화된 상태를 확인한다.
  - 공구 홀더(Tool Holder) 체크를 하면 더 이상 안쪽 코너에서 모델과 간섭이 일어나지 않는 것을 확인할 수 있다.

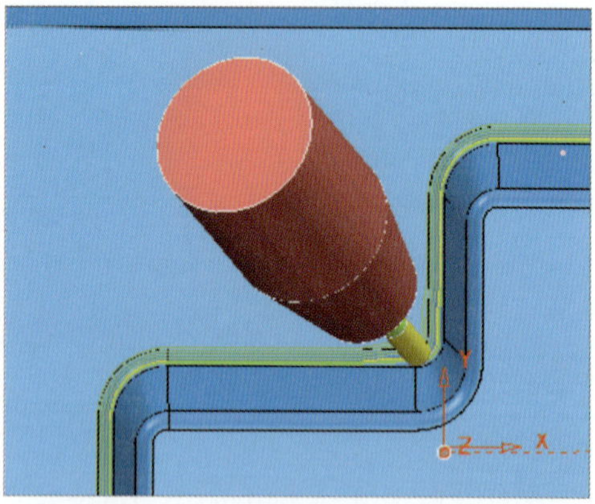

- DMU50V와 테이블 중심 보기를 선택하여 공작 기계 시뮬레이션(Machine Tool Simulation)을 다시 생성한다.
  - 이번에는 회전 축의 흔들림 움직임이 최소화되고 공구 홀더 간섭(Tool Holder Collision)이 제거되었음을 확인할 수 있다.

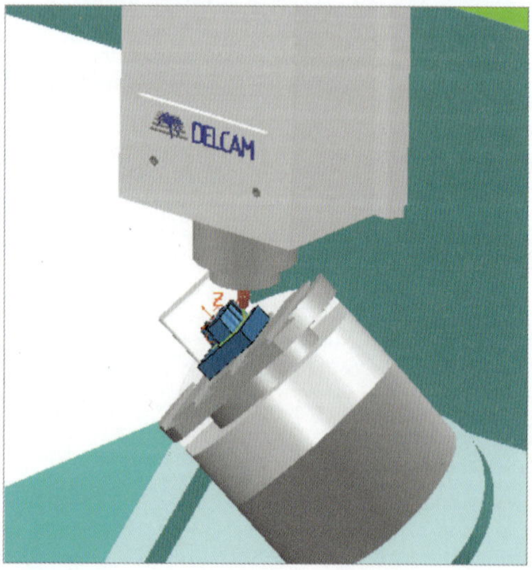

- 파일(File) → 저장(Save)을 클릭하여 프로젝트(Project)를 저장한다.

Chapter 15

4축 로터리 가공

1절 4축 로터리 가공

1 4축 로터리 가공의 정의 및 설정

① 개 요

로터리 가공법은 로터리 축에 고정된 소재를 가공하기 위해 구상되었다. 밀링 가공이 이루어지는 동안 소재는 X축을 따라 회전을 하고 공구는 동시에 3축 이동을 한다.

로터리 가공의 주요 옵션은 다음의 페이지에 요약되어 나타나 있다.

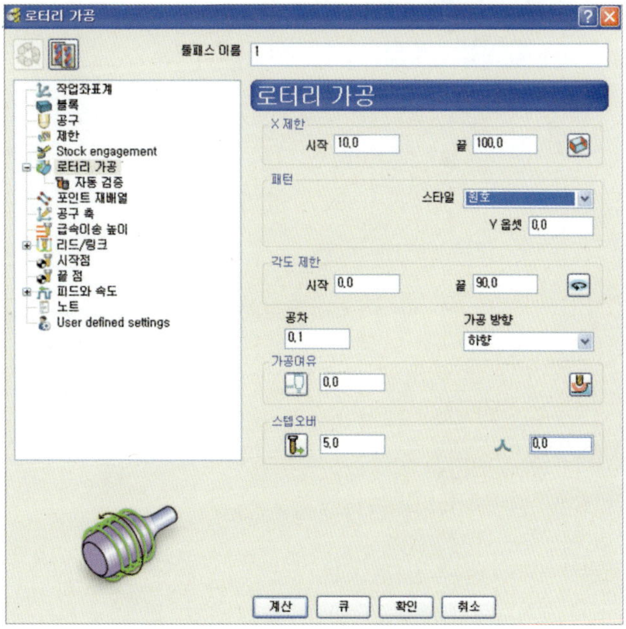

❶ X 제한

X 제한이 생성될 툴패스의 영역을 제한한다.
수동으로 정의할 수도 있고, 블록을 제한함으로써 자동으로 정의해 줄 수도 있다.

❷ 패 턴

로터리 밀링의 가공 방법을 원호, 직선, 스파이럴로 정의할 수 있다.

❸ Y 옵셋

Y 옵셋 거리는 공구의 팁으로 가공되는 것을 피하기 위해 사용될 수 있다. 아래의 보기는 X축을 따라 옵셋된 공구가 원기둥에 어떻게 접근하는지를 보여준다.

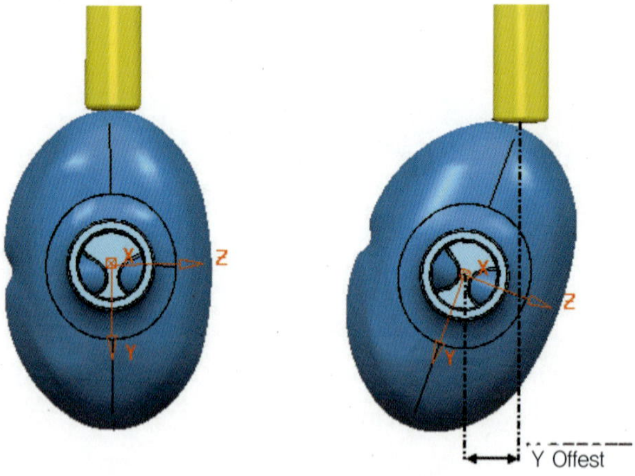

❹ 각도 제한

이 옵션은 원호(Circle)나 라인(Line) 방식을 사용할 때 사용 가능하다. 각도 제한(Angular Limits)은 시작과 끝의 각도 사이에서 정의된다.

각도 한계는 -X 방향의 뷰로 볼 때 반시계 방향으로 측정된다. 측정된 지역은 시작과 끝 각도 사이에 있다.

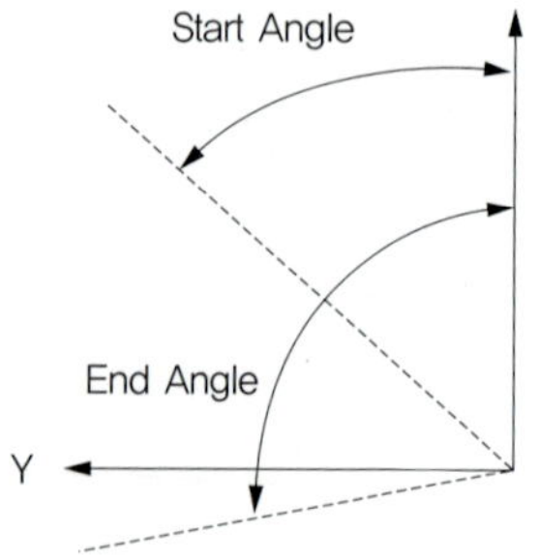

⑤ 방 향

이 옵션은 상향, 하향, 임의로 밀링 방향을 결정할 수 있다.

⑥ 스텝오버

원호나 스파이럴의 경우에 각 회전체 사이의 간격을 정의한다. 직선인 경우에는 인접한 툴패스 사이의 스텝오버, 중심 라인에서부터의 각도로 정의된다.

2 ▸▸ 원호 로터리 가공

아래의 예제는 X축을 중심으로 하는 모델이다. 원호의 방법을 사용하면 공구는 고정된 상태에서 소재는 회전을 한다. 공작물은 회전하는 동안 공구는 설정된 축을 따라 이동을 할 것이다. 공구는 툴패스의 피치에 따라 이동할 것이고 이러한 과정이 반복되면서 가공이 이루어질 것이다.

01 >> 모델 불러오기

- 모두 삭제(Delete All)를 누르고 모든 폼 초기화(Reset Forms)를 선택한다.
- 아래의 경로에서 Rotary_bottle.dgk 모델을 불러온다.
  …\powerMILL_data\Models\rotary_bottle.dgk

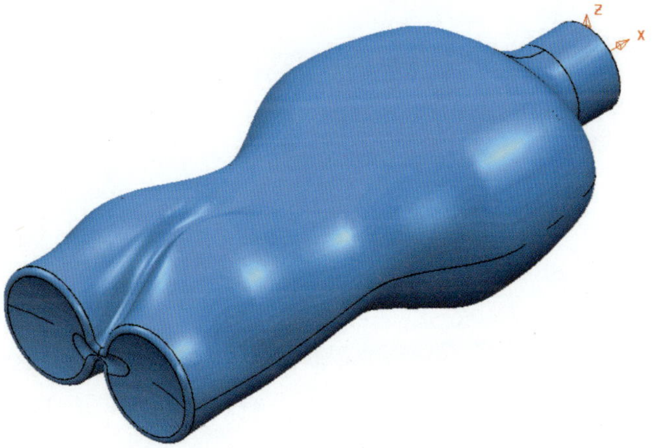

02 >> 블록 및 공구 설정

- 블록(Block) 정의를 박스(Box)로 타입을 모델(Model)로 설정한다.
- 지름 10 mm인 볼 공구(Ball Nosed)를 BN10 이름으로 생성한다.

03 >> 급속 이송 높이 및 시작과 끝 포인트 설정

- 급속 이송 높이(Rapid Move Heights)에서 계산(Calculate)을 선택한다.
- 시작과 끝 포인트(Start and End Point)에서 사용(Use)에 절댓값(Absolute)으로 변경하고 좌표값을 X 20, Y 0, Z 40으로 만든다.

04 >> 로터리 가공 창 설정

- 가공 패턴(Toolpath Strategies) 아이콘 선택 후 로터리 가공(Rotary Finishing)을 선택한다.
- 툴패스 이름 Rotary1_BN10을 입력한다.
- X 제한(X Limits)은 블록의 한계(As Block Limits)를 초기화하는 버튼을 클릭한다.
- 스타일은 원호(Circular)로 선택한다.
- 스텝오버에 5를 입력한다.
- 가공 방향은 하향으로 설정한다.

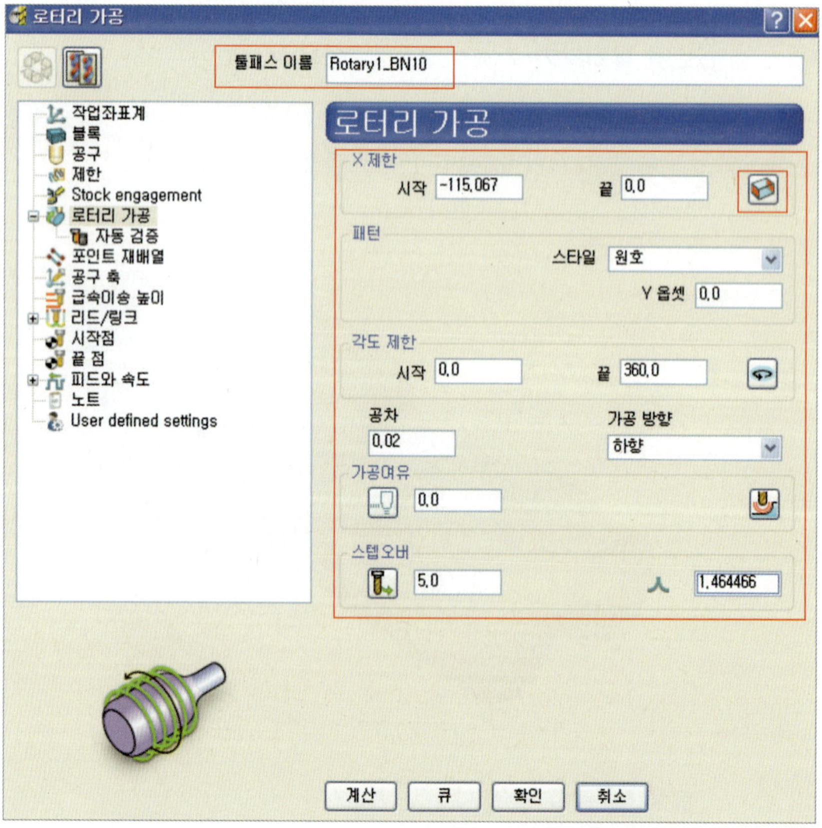

- 계산(Calculate)을 선택하고 툴패스를 생성한 다음 취소(Cancel)를 눌러 로터리 가공 창을 닫는다.

05 >> 툴패스 시뮬레이션

- 탐색기의 Rotary1_BN10 툴패스에서 오른쪽 버튼을 클릭한 후 나오는 메뉴에서 툴패스 시작점부터 시뮬레이션(Simulation Toolbar)을 선택한다(시뮬레이션 툴바가 열릴 것이다).
- 시뮬레이션 툴바(Simulation Toolbar) 상의 공구 보기(Tool View Point) 를 클릭한다.
- 시뮬레이션 툴바(Simulation Toolbar)에서 시작(Play) 버튼 을 클릭한다.

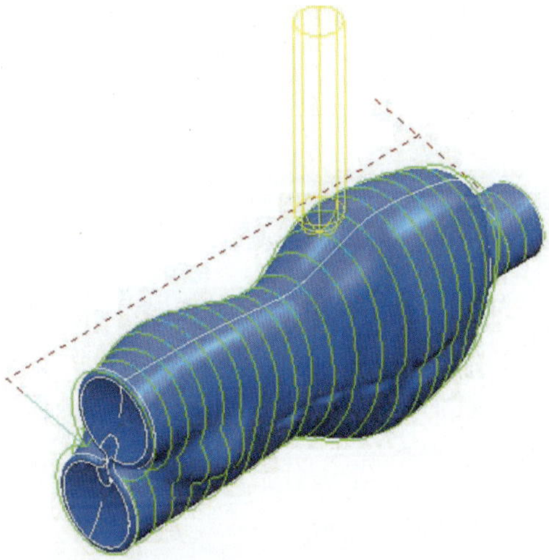

- 공구를 기준으로 공작물이 회전하는 시뮬레이션을 볼 수 있다(마치 실제로 가공되는 것을 보는 것과 같다).

위의 예제는 각 부분이 하향 가공으로 설정된 것이다. 가공물은 블록 값에 의해 설정된 X 제한 값에 의해 가공될 것이다. 상향을 선택하면 공구의 진행 방향이 바뀌어 툴패스가 생성되고 임의를 선택하면 상향과 하향을 번갈아 가며 툴패스가 생성될 것이다.

06 >> 툴패스 가공 방향 변경

- 툴패스 수정(Recycle) 을 선택하고, 가공 방향(Cut Direction)에서 임의(Any)를 선택하고 계산(Calculate)을 눌러 툴패스를 생성한 뒤 취소(Cancel)를 눌러 로터리 가공 창을 종료한다.
- 공구의 방향이 어떻게 변하는지를 확인하기 위해 시뮬레이션(Simulate)을 실행한다.

③ ▸▸ 직선 로터리 가공

직선 가공법을 사용하면, 공구는 X 방향을 따라 이동한다. 공구는 각 경로의 끝에서 초기 위치로 돌아갔다가 다음 경로의 시작으로 움직인다. 동시에 로터리 축은 스텝오버와 공구에 의해서 정의된 각도만큼 회전을 하며 이후에 공구는 다음 가공으로 이동한다.

01 >> 로터리 가공 설정 수정

- 이전 예제와 같이 툴패스 수정(Recycle) 을 선택하고 가공 방법에서 직선, 가공방향(Cut Direction)에서 하향(Climb)을 선택한다.
- 각도 제한(Angular Limits)에서 시작에 90, 끝에 −90을 넣어준다.

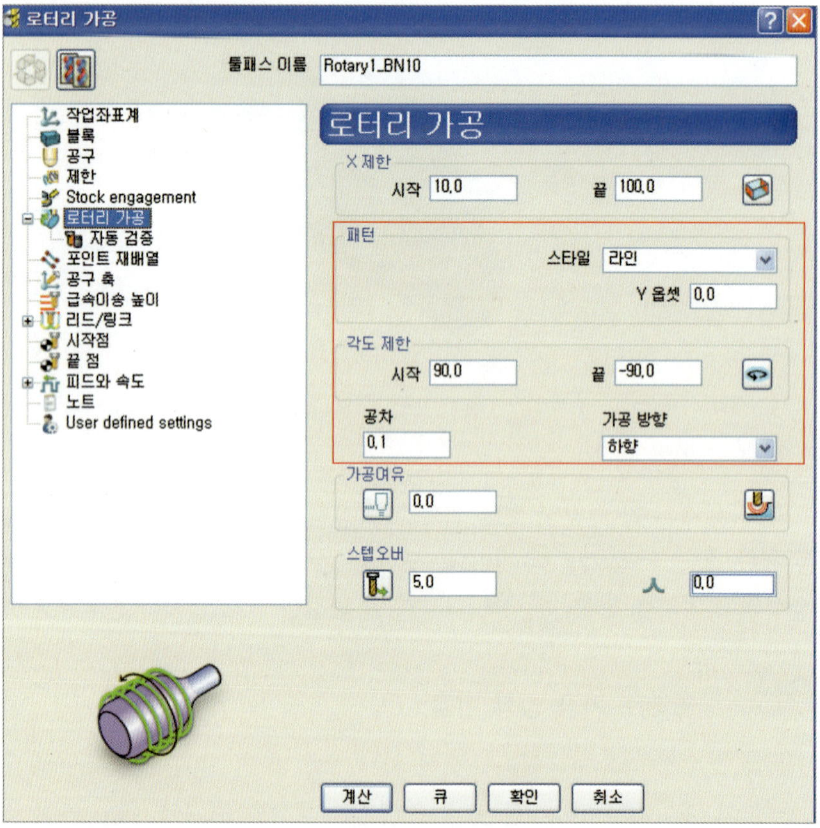

02 >> 리드/링크 설정

리드/링크(Leads/Links) 아이콘을 선택하고, Z 높이(Z Heights) 탭에서 스킴거리(Skim Distance)를 20으로 입력한다.

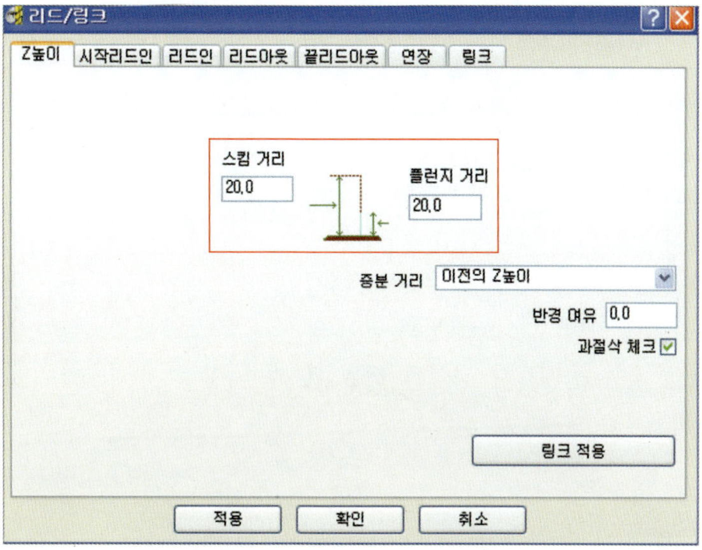

03 >> 링크 설정

- 링크(Links)는 모두 스킴(Skim)으로 설정한다.

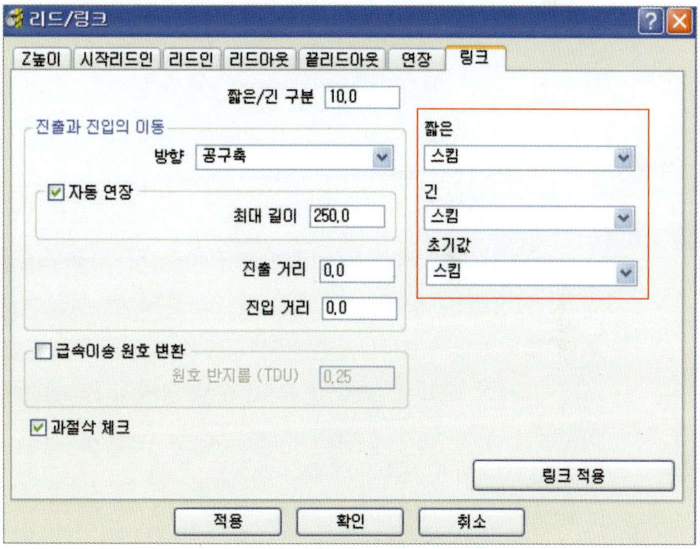

- 계산(Calculate)하고 창을 닫는다.

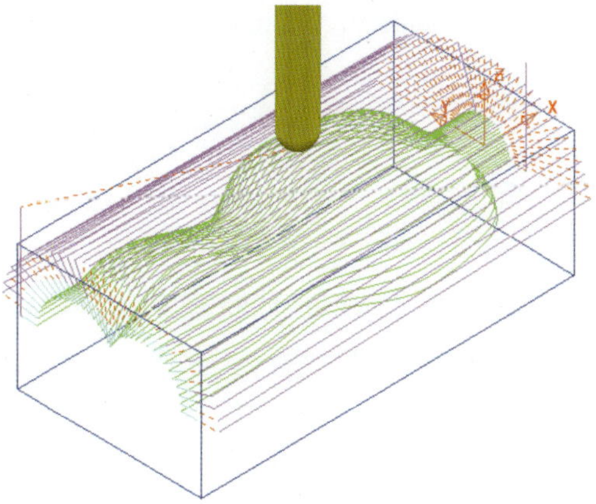

04 >> 시뮬레이션

- 시뮬레이션(Simulate)을 실행하면 아래와 같이 일정 방향을 갖는 툴패스가 생성된 것을 확인할 수 있다.
- 툴패스 수정(Recycle) 을 선택하고, 가공 방향(Cut Direction)에서 임의(Any)를 선택한다.
- 적용(Apply)을 누르고 시뮬레이션(Simulate)하면 오른쪽 그림과 같이 양 방향을 갖는 툴패스가 생성된 것을 볼 수 있다.

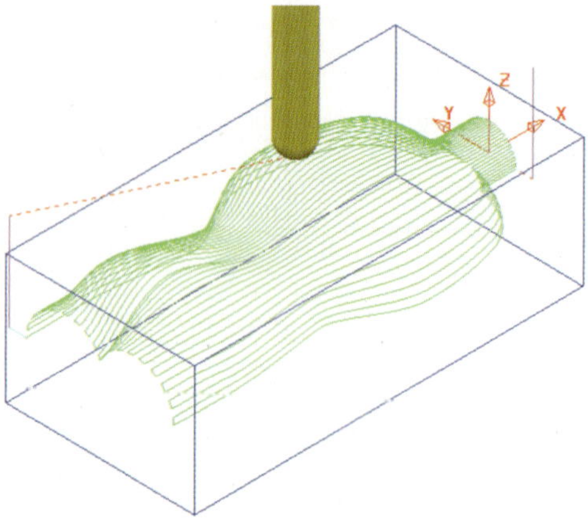

4 ▸▸ 스파이럴 로터리 가공

스파이럴 가공 방법을 선택하면 X축을 따라 공구가 전진하는 연속적인 툴패스가 만들어진다. 일정한 X 값을 가지고 툴패스의 시작에서 끝으로 가므로 깔끔한 툴패스를 생성하기 위해 툴패스는 일정한 X 값으로 시작하고 끝이 난다. 스파이럴 툴패스는 하나의 선으로 이어져서 가기 때문에 상향 또는 하향만 선택할 수 있다. 같은 이유로 각도 제한 옵션은 사용이 불가능하기 때문에 선택 칸에 입력할 수 없게 나올 것이다.

- 툴패스 수정(Recycle) 을 선택하고 가공 방법에서 스파이럴(Spiral) 방식, 가공 방향(Direction)에서 하향(Climb)을 선택한다.
- 툴패스 창에서 계산(Calculate)을 누르면 오른쪽 그림과 같은 툴패스가 생성된 것을 확인할 수 있다.
- 새로운 툴패스를 시뮬레이션(Simulate)으로 확인한다.

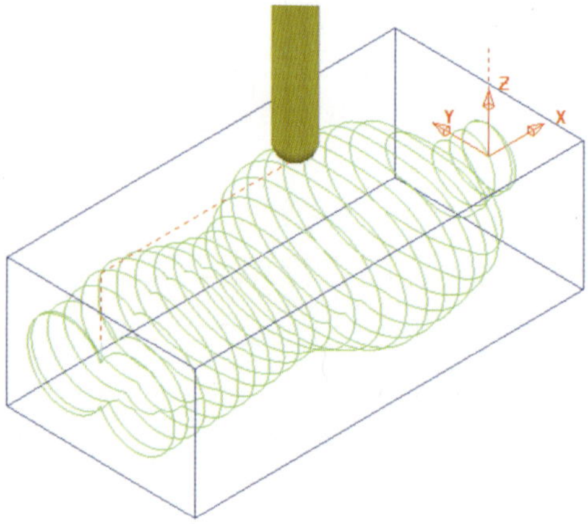

C.h.a.p.t.e.r 16

블리스크 가공

1절 블리스크(Blisks) 가공

1 블리스크 가공의 정의 및 설정

1 개 요

임펠러를 가공할 수 있는 새로운 가공 방법 블리스크 옵션이 추가 되었다.

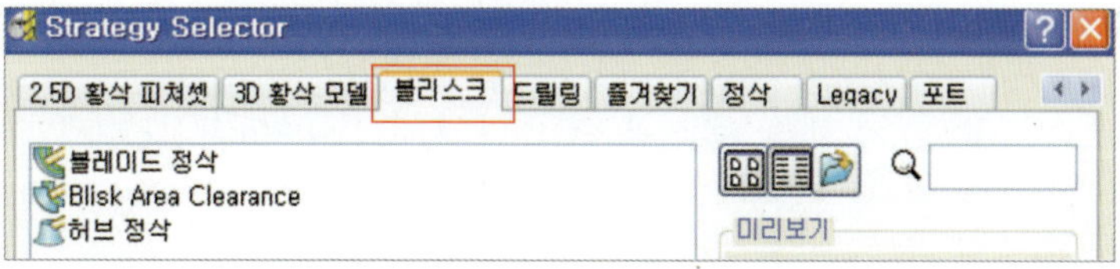

○ 임펠러 예제(Impeller Example) - 1

01 >> 프로젝트 열기

- 파일(File) → 모두 삭제(Delete All)를 선택한다.
- 도구(Tools) → 모든 폼 초기화(Reset Forms)를 선택한다.
- 다음의 경로에서 프로젝트 파일을 불러온다.

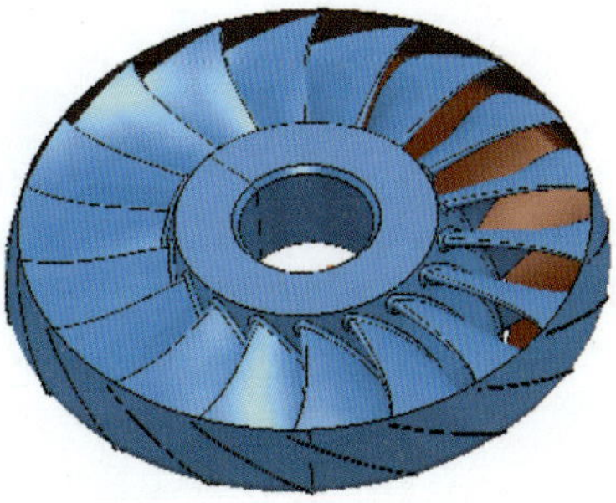

…\powerMILL_Data\FiveAxis\Blisks\BliskSimple_Start

02 >> 다른 이름으로 프로젝트 저장

파일(File)을 선택하고 아래 경로에 다른 이름으로 프로젝트 저장(Save Project As)한다.

…\powerMILL_Data\FiveAxis\Blisks\BliskSimple_Example

03 >> 작업 좌표계 및 블록 정의

- 작업 좌표계(Workplane) 1을 활성화(Activate)한다.
- 블록(Block) 정의를 원통(Cylindrical)으로 선택하고 타입을 모델(Model)로 설정한다.

04 >> 급속 이송 높이 및 시작과 끝점 설정

- 급속 이송 높이(Rapid Move Heights)를 초기값으로 다시 설정한다.
- 시작과 끝 포인트(Start and End Points)에서 시작점은 시작점과 안전높이(First Point Safe Z), 끝점은 끝점과 안전높이(Last Point Safe Z)로 설정한다.

05 >> 리드/링크 설정

리드/링크(Leads/Links) 창에서 링크(Links)는 모두 스킴(Skim)으로 설정한다.

06 >> 블리스크 모델의 각 서피스들의 레벨 설정 확인

블리스크(Blisks) 가공 옵션은 부품의 서피스들이 지정된 레벨(levels) 이름으로 설정되어야 한다. 불러온 서피스는 이미 적절한 레벨이 설정되어 있다.

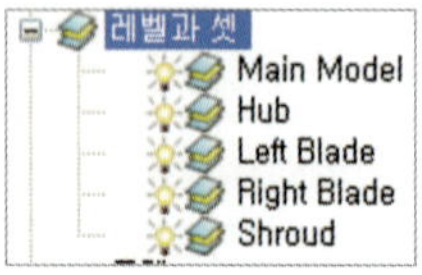

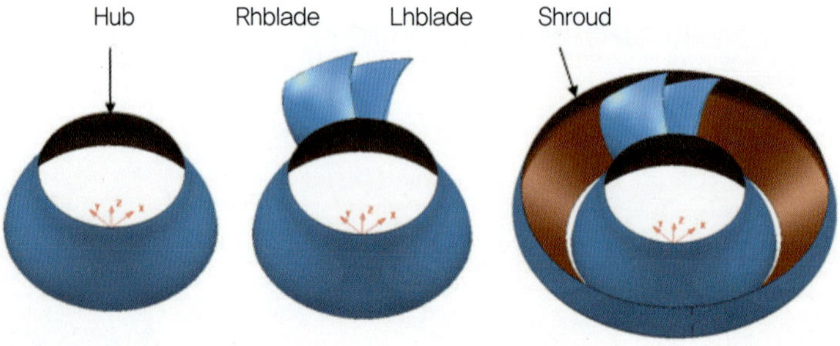

07 >> 공구 설정

이름이 BN25인 볼 공구(Ball Nosed)를 활성화한다.

08 >> 가공여유 설정

- 가공여유 설정(Default Thickness) 창을 열고 서피스 기본(Surface Defaults) 탭을 선택한다.

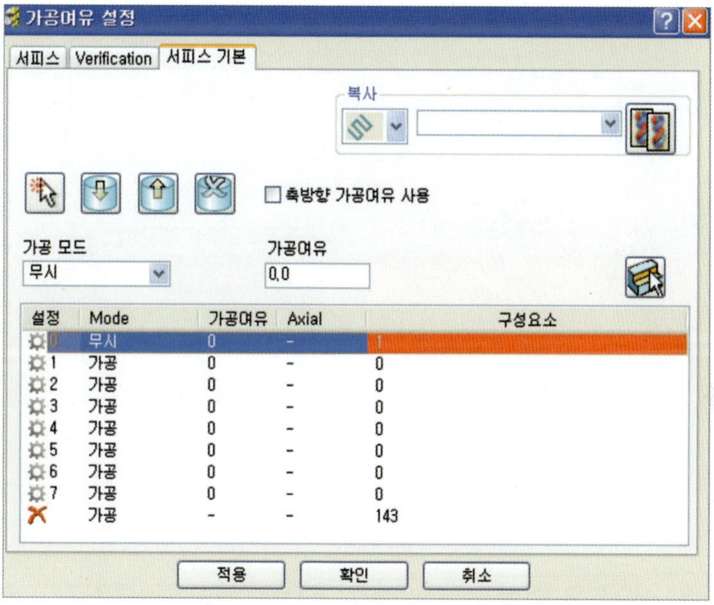

- Shroud 서피스를 선택하고 위의 가공여유 창에서 첫 번째 구성 요소 추가(Acquire) 를 선택한다.
- 오른쪽에 보이는 것과 같이 파워밀 탐색기 영역의 레벨과 셋에서 Shroud 서피스를 선택한다.
- 가공모드(Machining Mode)를 무시(Ignore)로 선택하고 적용(Apply)을 누르고 확인(Accept)을 클릭한다.

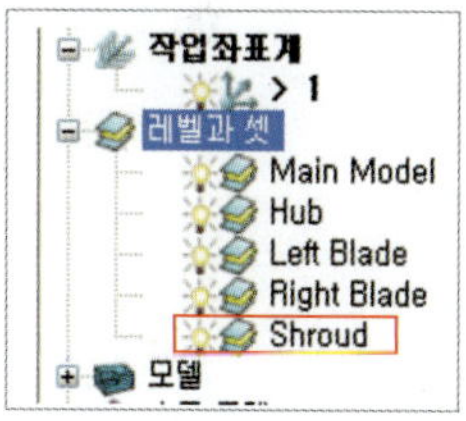

2 ▶ 블리스크 황삭 가공 설정

01 >> 황삭 가공 창 설정

- 가공 패턴(Tooplath Strategies) 창에서 블리스크(Blisks) 탭을 선택하고 3개의 가공 옵션들 중에서 블리스크 황삭(Blisk Area Clearance)을 선택한다.
- 다음 보이는 창과 동일하게 설정하고 필렛(Fillets)과 Splitter Blade 설정은 비워 놓는다.

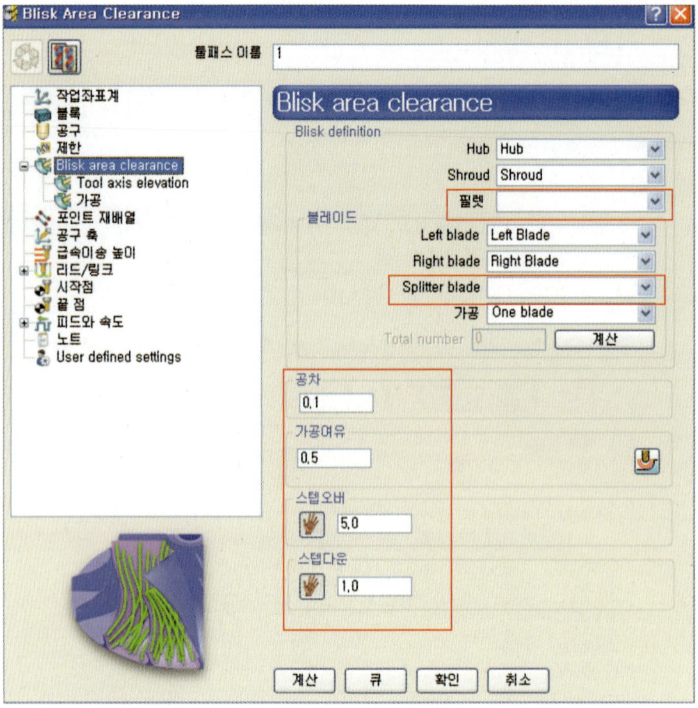

02 >> 공구 축 설정

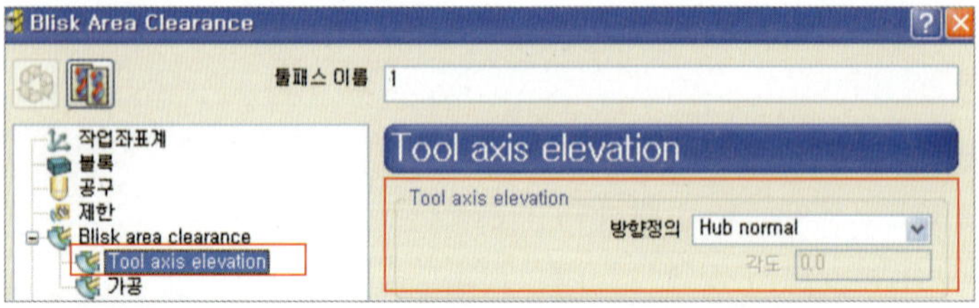

03 >> 가공 옵션 설정

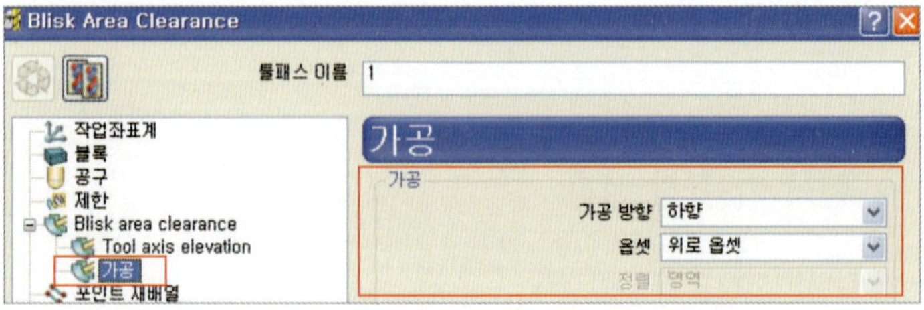

큐(Queue)를 선택한다.

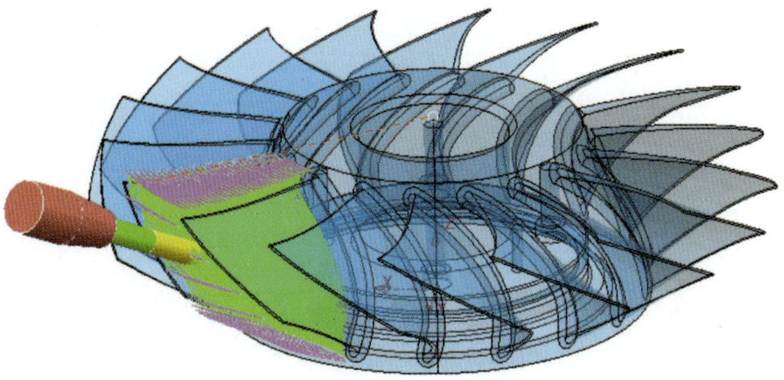

3 ▸▸ 블레이드 정삭 가공 설정

01 ›› 공구 설정

이름이 BN15인 볼 공구(Ball Nosed)를 활성화한다.

02 ›› 정삭 가공 창 설정

- 가공 패턴(Tooplath Strategies) 창에서 블리스크(Blisks)를 선택하고 블레이드 정삭 가공(Blade Finishing)을 선택한다.
- 아래 보이는 창과 동일하게 설정하고 필렛(Fillets)과 Splitter Blade 설정은 비워 놓는다.

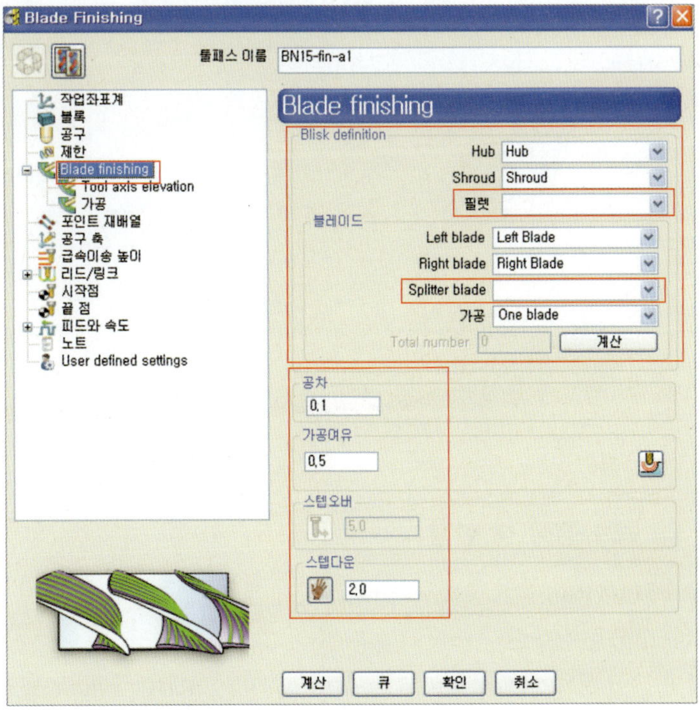

03 >> 공구 축 설정

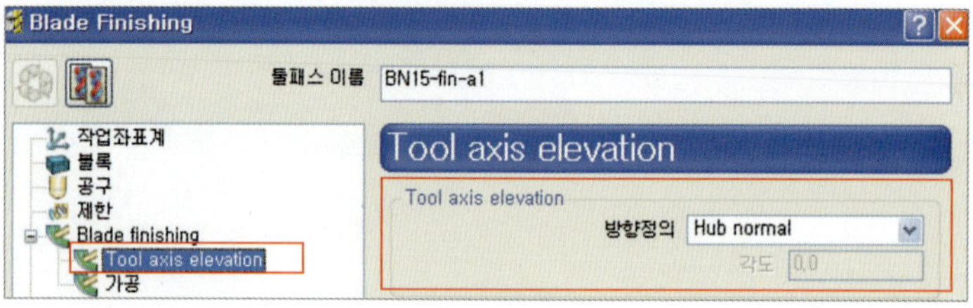

04 >> 가공 옵션 설정

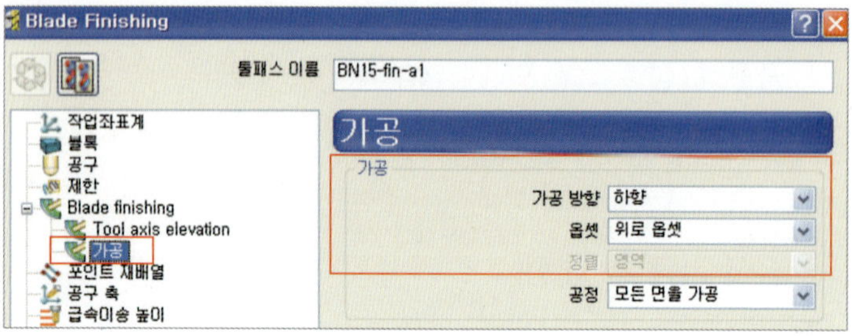

- 블레이드 정삭 가공 창에서 큐(Queue)를 선택한다.

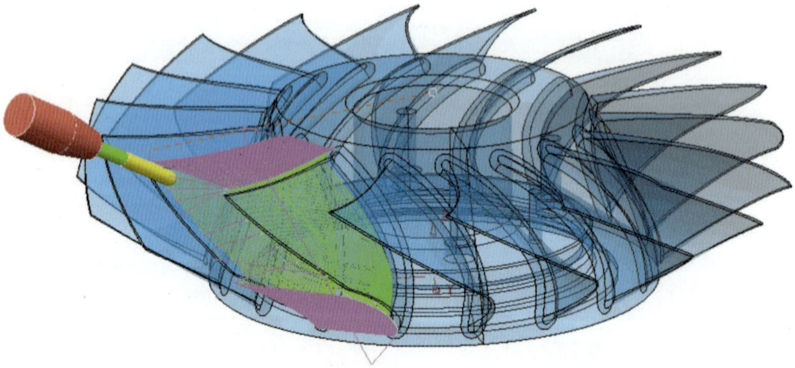

4 ▸ 허브 정삭

01 >> 허브 정삭 창 설정

- 가공 패턴(Tooplath Strategies) 창의 블리스크(Blisks) 탭에서 허브 정삭(Hub Finishing)을 선택한다.
- 그림과 같이 동일하게 설정하고 필렛(Fillets)과 Splitter Blade 설정은 비워 놓는다.

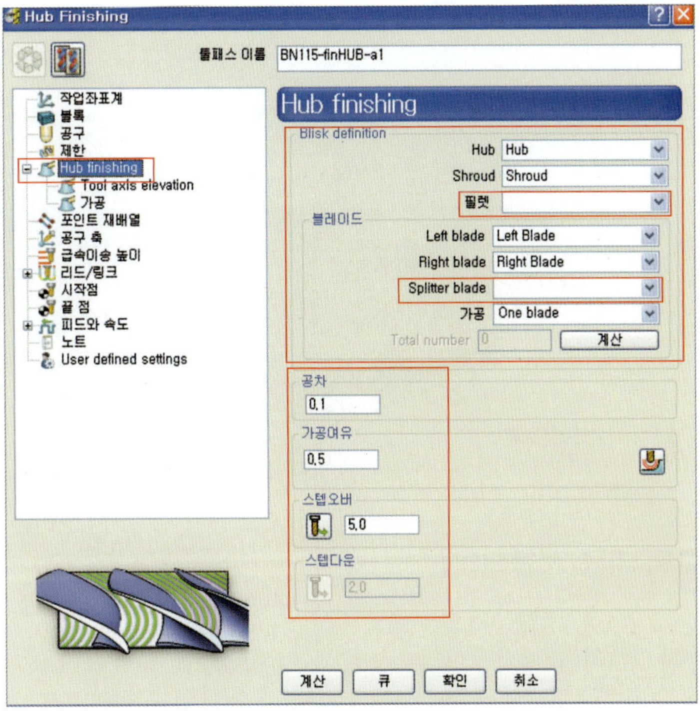

03 >> 공구 축 설정

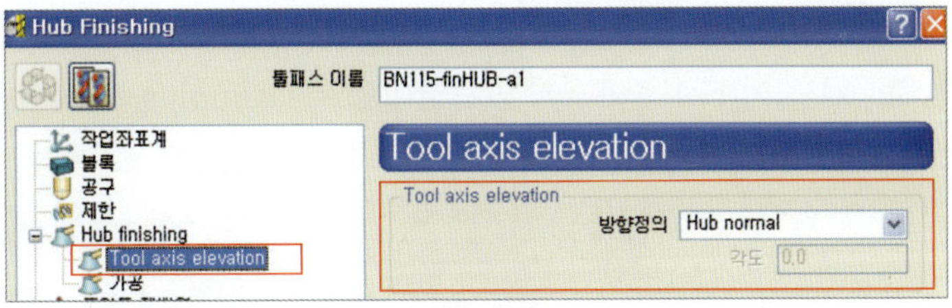

04 >> 가공 옵션 설정

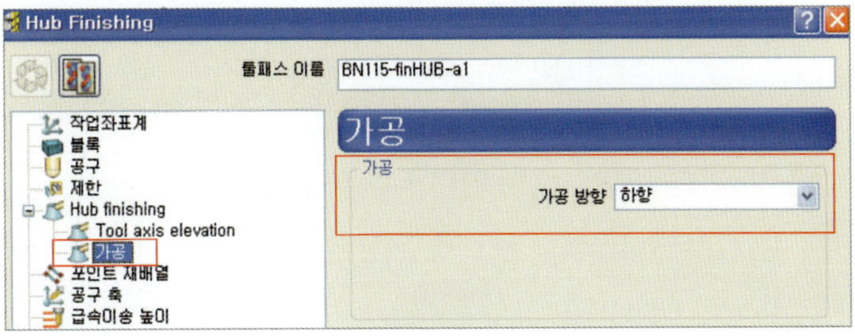

- 허브 정삭 가공 창에서 큐(Queue)를 선택한다.

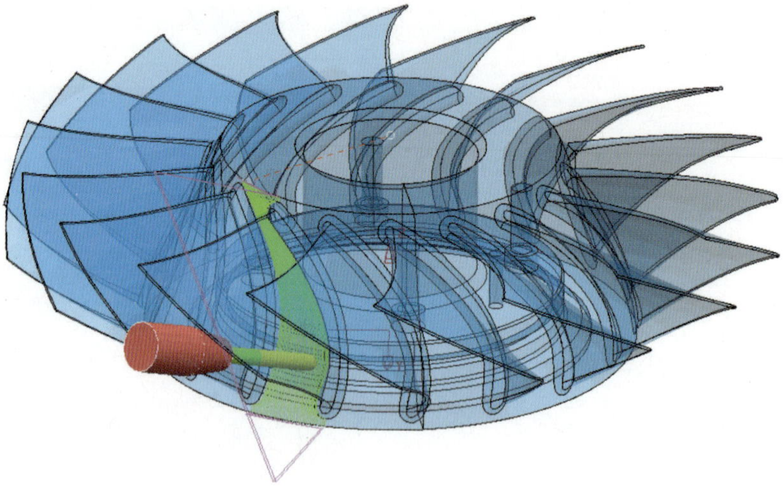

5 모의 가공 시뮬레이션

생성된 3개의 툴패스를 모의 가공(ViewMILL)을 사용하여 시뮬레이션(Simulation) 한다.

모의 가공을 실행하기 전 블록 정의를 트라이앵글 모델로 다시 설정해야 한다.

01 >> 트라이앵글 블록 불러오기

- 블록(Block) 정의(Defined By)를 트라이앵글(Triangles)로 선택하고 외부 데이터를 블록으로 정의(Load Block from File) 아이콘을 선택한다.

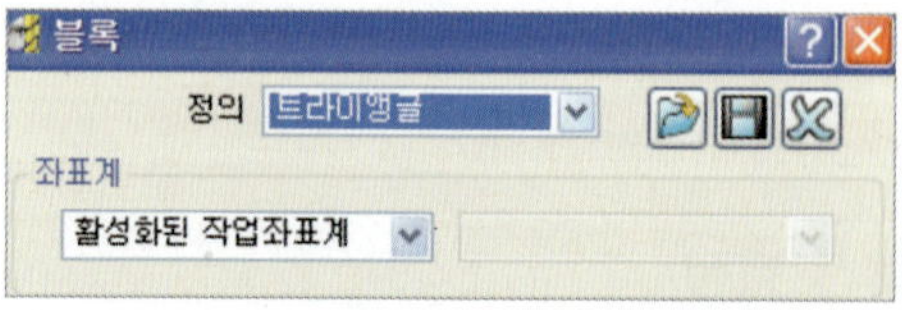

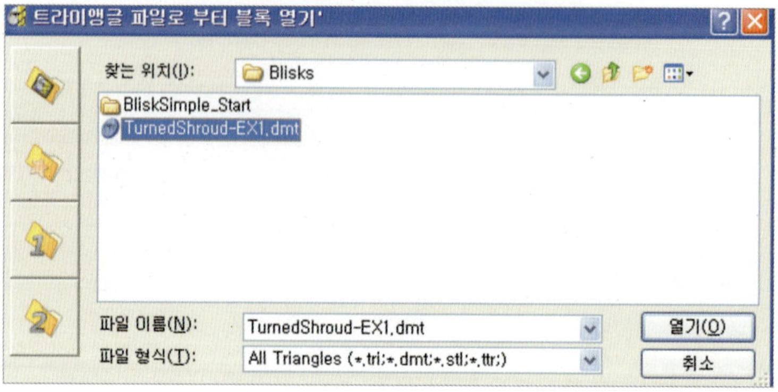

- 아래의 경로에서 트라이앵글(Triangle) 파일을 불러온다.
  …\powerMILL_Data\FiveAxis\Blisks\TurnedShroud.dmt

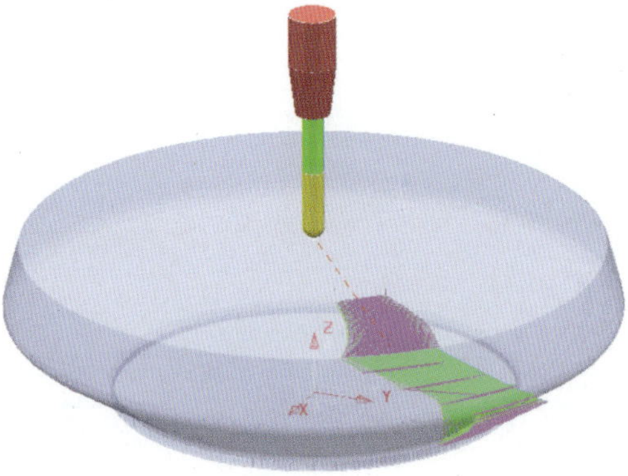

02 >> 모의 가공 시뮬레이션 실행

- 블록(Block)을 활성화하고 모의 가공 시뮬레이션(ViewMILL Simulation)을 실행한다.

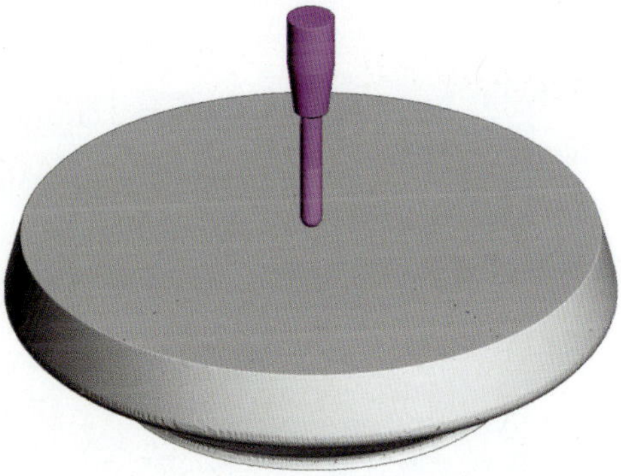

- BN25-Rgh-a1 툴패스에 마우스 오른쪽 버튼을 클릭하고 툴패스 시작점부터 시뮬레이션(Simulate from Start)을 선택한 뒤 시뮬레이션 툴바에서 실행(Play) 버튼을 클릭한다(블리스크 황삭).

- Toolpath BN15-fin-a1 툴패스를 모의 가공 시뮬레이션을 계속 진행한다(블레이드 정삭).

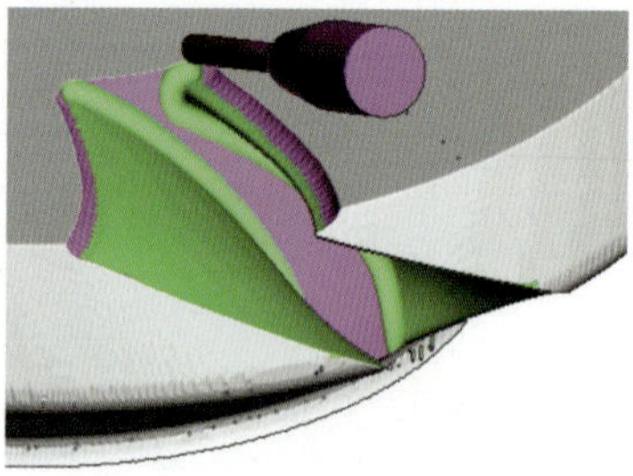

- Toolpath BN15-finHUB-a1 툴패스를 모의 가공 시뮬레이션을 계속 진행한다(허브정삭).

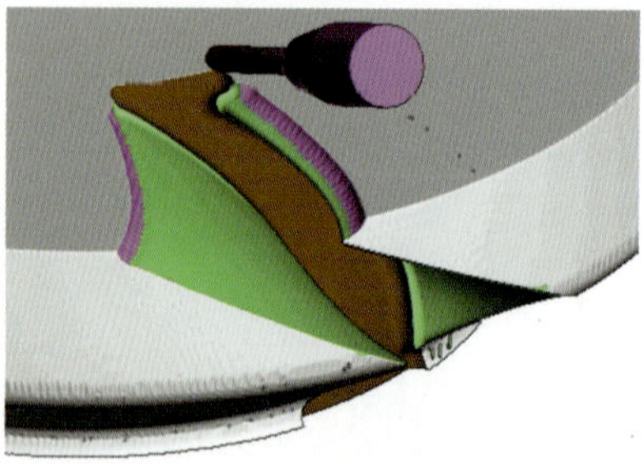

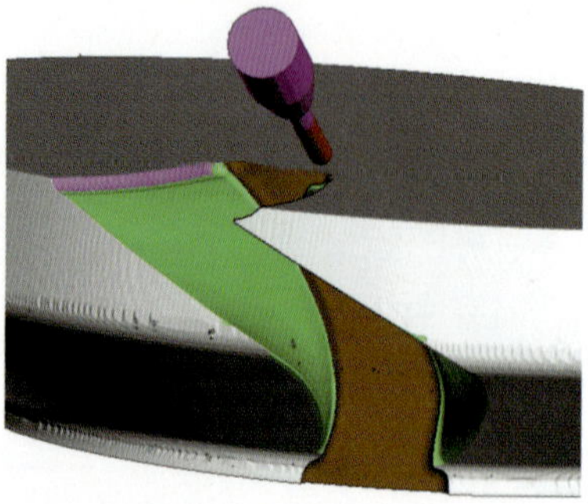

- 아래에 보이는 그림은 툴패스를 Z를 기준으로 각도 20만큼 툴패스 변환(Transformed)의 복사 기능을 사용하여 블리스크 툴패스 생성을 하고 모의 가공 시뮬레이션(ViewMILL Simulation)을 진행한 결과이다.

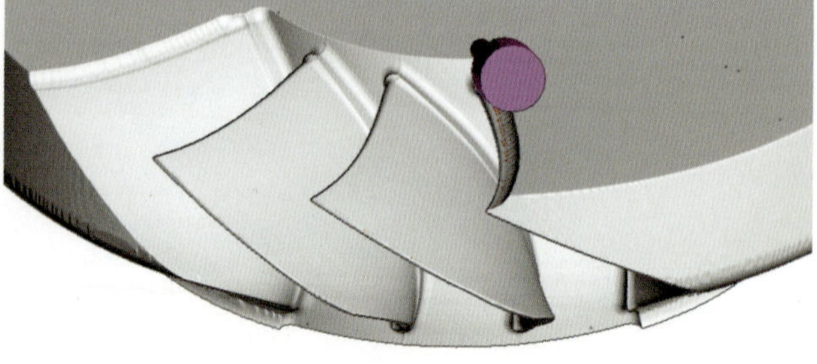

C.h.a.p.t.e.r 17

Hint and Tip

1절 Hint and Tip

1 ▸▸ 유용한 미리보기 명령

많은 미리 보기 명령이 있는데 파워밀 상에서 만들어진 5축 툴패스를 검토하는데 도움을 줄 것이다. 현재 이러한 것들은 명령 창을 통해서 타자하면 보여진다.

• 툴패스 편집 : Axial_Offest

새로운 5축 툴패스가 옵션을 가진 활성화된 5축 툴패스로부터 만들어지게 한다. 새로운 툴패스의 모든 점들은 오래된 툴패스로부터 계산되지만 공구 축 벡터를 따라가면 옵셋된다. 실제의 툴패스 이름은 삽입된다(툴패스가 활성화되지 않았다면).

• EDIT TOOLPATH SHOW_TOOL_AXIS 30

존재하는 5축 툴패스로부터 공구 축 벡터를 나타내준다. 명령 창에 30이란 값은 벡터의 길이이다. 이 값은 따른 값으로도 바꾸어 줄 수 있다.

- EDIT SURFPROJ AUTORANGE OFF
- EDIT SURFPROJ RANGEMIN -6
- EDIT SURFPROJ RANGEMAX 6

위의 명령은 ±6의 Surface Projection 거리 범위를 제한한다.

• EDIT SURFPROJ AUTORANGE ON

Surface Projection 거리 범위를 No Limit 설정으로 되돌린다.

2 ▸▸ 참조 서피스 법칙(Reference Surface Rules)

① 서피스를 단순한 상태로 유지한다.
② 너무 근접하게 모델의 형태를 따라가게 하지 않는다.
③ 참조 서피스(Reference Surfaces)는 모델의 안과 밖 그리고 양쪽이 되게 할 수 있지만, 반드시 프로젝션 범위 내에 있어야만 한다.
④ 불연속을 피한다.
⑤ 일정한 변숫값을 갖게 한다.
⑥ 작은 프로젝션 범위는 계산을 빠르게 한다.
⑦ 복제된 툴패스 요소를 가지므로 일치하는 롱지투디널(Longititude)/레터럴(Lateral)을 피한다.

❶ 서피스를 단순한 상태로 유지한다(Keep them Simple).

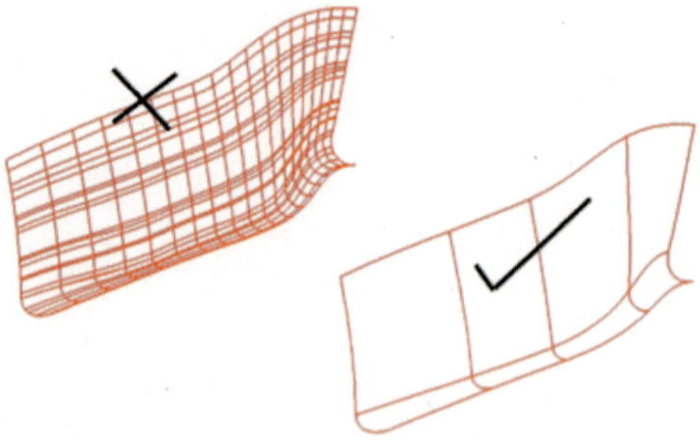

❷ 너무 근접하게 모델의 형태를 따라가게 하지 않는다.

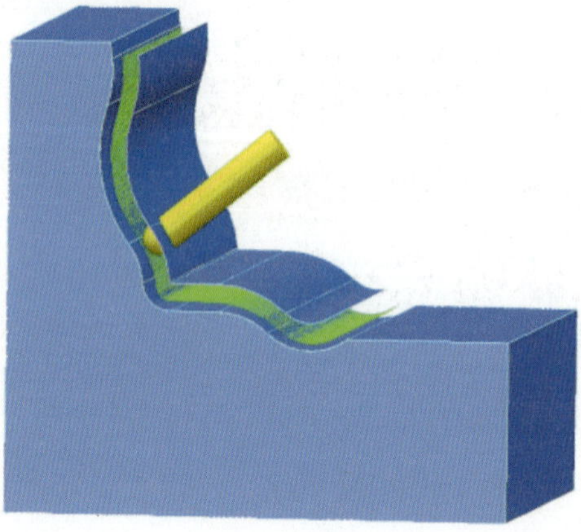

❸ 참조 서피스(Reference Surfaces)는 모델의 안과 밖 그리고 양쪽이 되게 할 수 있지만, 반드시 프로젝션 범위 내에 있어야만 한다.

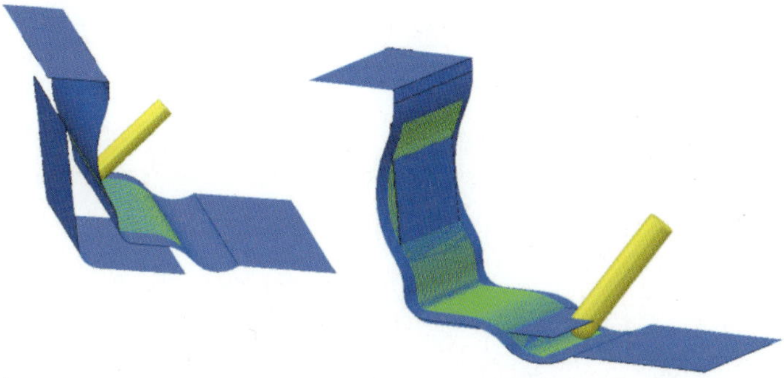

(가공여유 설정에서 선택 면을 무시라는 모드로 놓아야 위의 그림처럼 가공된다)

❹ 작은 프로젝션 범위는 계산을 빠르게 한다.

프로젝션 범위란 무엇인가?
프로젝션 범위를 설정한다.
(명령 프롬프트 창에 입력할 명령어)
EDIT SURFPROJ AUTORANGE OFF
EDIT SURFPROJ RANGEMIN -10
EDIT SURFPROJ RANGEMAX 10

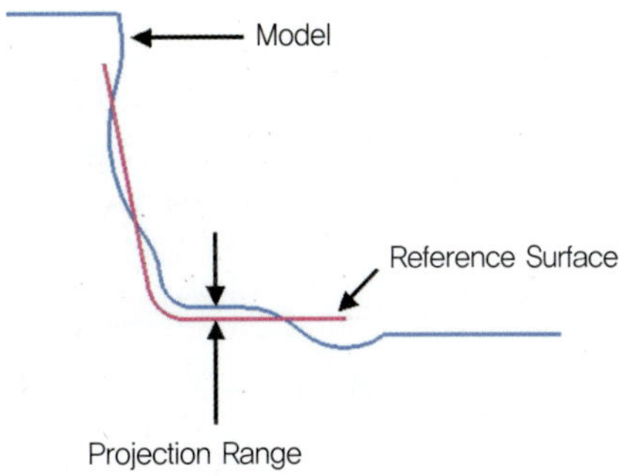

❺ 불연속을 피한다.

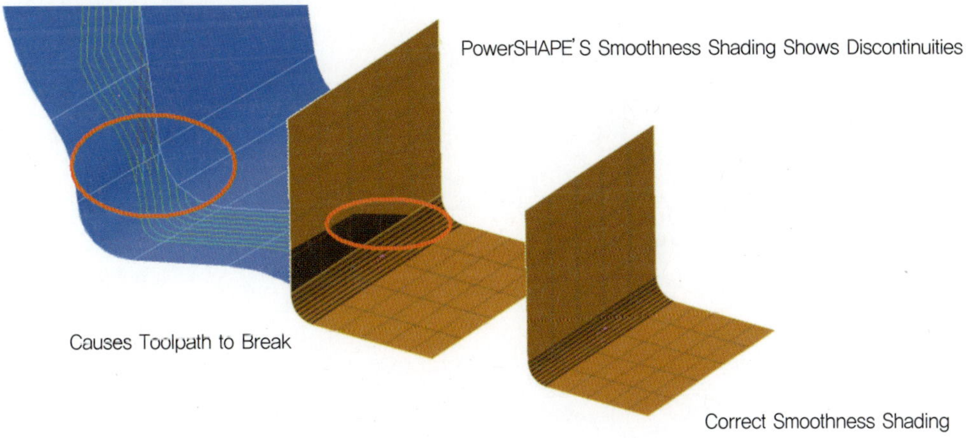

Use PowerSHAPE'S 'Edit Tangent Angle' Command to Correct Discontinuities

⑥ 일정한 변숫값을 갖는다.

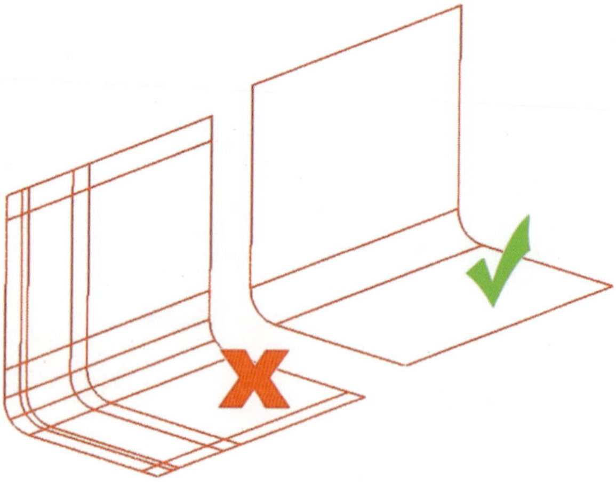

⑦ 복제된 툴패스 요소를 가지므로 일치하는 롱지투디널(Longititude)/레터럴(Lateral)을 피한다.

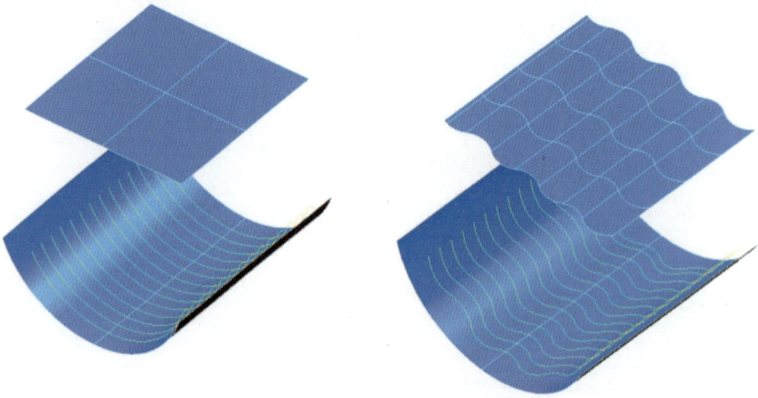

powerMILL을 이용한
5축 가공기술

2012년 9월 20일 인쇄
2012년 9월 25일 발행

저 자 : 엄정섭
펴낸이 : 이정일

펴낸곳 : 도서출판 **일진사**
www.iljinsa.com

140-896 서울시 용산구 효창원로 64길 6

대표전화 : 704-1616, 팩스 : 715-3536
등록번호 : 제3-40호(1979. 4. 2)

값 28,000원

ISBN : 978-89-429-1319-0